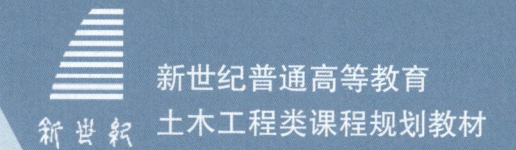

新世纪普通高等教育
土木工程类课程规划教材

智能测绘技术及应用

主　编　伊晓东

ZHINENG CEHUI JISHU JI YINGYONG

大连理工大学出版社

图书在版编目(CIP)数据

智能测绘技术及应用 / 伊晓东主编. --大连：大连理工大学出版社，2024.2(2024.2重印)
ISBN 978-7-5685-4626-3

Ⅰ.①智… Ⅱ.①伊… Ⅲ.①人工智能－应用－测绘学 Ⅳ.①P2-39

中国国家版本馆 CIP 数据核字(2023)第 195598 号

大连理工大学出版社出版

地址：大连市软件园路 80 号　邮政编码：116023
电话：0411-84708842　邮购：0411-84708943　传真：0411-84701466
E-mail:dutp@dutp.cn　URL:https://www.dutp.cn
大连天骄彩色印刷有限公司印刷　　大连理工大学出版社发行

幅面尺寸:185mm×260mm	印张:16.75	字数:386 千字
2024 年 2 月第 1 版		2024 年 2 月第 2 次印刷

责任编辑：王晓历　　　　　　　　　　　　责任校对：孙兴乐

封面设计：对岸书影

ISBN 978-7-5685-4626-3　　　　　　　　　　定　价：55.80 元

本书如有印装质量问题，请与我社发行部联系更换。

前　言

当今社会,已迈入智能化需求的时代。测绘学科也已经开始由数字化测绘向信息化测绘跨越。近年来,人工智能引发的智能化测绘模式正逐渐蔓延,给测绘地理信息产业带来了新的挑战。智能化测绘硬件装备的发展是推动测绘科技变革的根本动力之一。另外,诸如智能建造等专业的发展也对时空位置智能测绘服务需求提出了更高要求。

本教材就是在这种时代发展的大背景下,结合这些年扑面而来的智能化测绘学科的新技术、新知识的日新发展而编制的。本教材以智能化空间数据采集及数据应用为核心,介绍了当代基于空间信息技术测绘及开发的新理论和技术,如行业需求导向下的实景三维建设。尤其是空天测绘技术与智能建造的联系和融合。同时,结合智能建造、环境及建筑保护等需要,介绍了包括无人机航测、三维激光扫描仪、倾斜摄影测量实景建模、多波束水下地形测量等新型测量装备及其数据集成和融合。这些新技术应用对于相关专业学科的发展,会起到相辅相成的作用,同时也让相关专业的读者从另一个角度开阔了视野和应用思路。本教材配有数字化拓展资源,有关智能测绘在建设工程中的应用、智能监测与监测自动化集成、空间大数据融合与信息挖掘的内容因篇幅有限未能在教材中详细介绍,读者可自行扫码观看。

为响应教育部全面推进高等学校课程思政建设工作的要求，本教材编者深入推进党的二十大精神融入教材，不仅围绕专业育人目标，结合课程特点，注重知识传授能力的培养与价值塑造统一，还体现了专业素养、科研学术道德等教育，立志培养有理想、敢担当、能吃苦、肯奋斗的新时代好青年，让青春在全面建设社会主义现代化国家的火热实践中谱写绚丽华章。

教材编者深入推进党的二十大精神融入教材，充分认识党的二十大报告提出的"实施科教兴国战略，强化现代人才建设支撑"精神，落实"加强教材建设和管理"新要求，在教材中加入思政元素，紧扣二十大精神，围绕专业育人目标，结合课程特点，注重知识传授、能力培养与价值塑造的统一。

在编写本教材的过程中，编者参考、引用和改编了国内外出版物中的相关资料以及网络资源，在此表示深深的谢意！相关著作权人看到本教材后，请与出版社联系，出版社将按照相关法律的规定支付稿酬。

限于水平，书中仍有疏漏和不妥之处，敬请专家和读者批评指正，以使教材日臻完善。

编 者

2024 年 2 月

所有意见和建议请发往：dutpbk@163.com

欢迎访问高教数字化服务平台：https://www.dutp.cn/hep/

联系电话：0411-84708462　84708445

第 11 章　智能测绘在建设工程中的应用	第 12 章　智能监测与监测自动化集成	第 13 章　空间大数据融合与信息挖掘

目 录

第1章 绪 论 ··· 1
  1.1 智能测绘技术实质 ·· 1
  1.2 测绘信息采集技术发展概述 ·· 3
  1.3 智能化测绘信息技术特点 ·· 7
  1.4 智能测绘与应用 ··· 12
  1.5 智能建造与智能测绘关系 ··· 14

第2章 现代测绘数据解算基准 ·· 17
  2.1 现代测绘的测量基准 ·· 17
  2.2 不同视角下的点位坐标表达 ·· 23
  2.3 智能测绘中的高程基准 ··· 30
  2.4 现代智能测绘基准构成 ··· 33
  2.5 不同基准下坐标成果换算 ·· 36

第3章 智能测绘空间数据采集要素 ·· 41
  3.1 确定点位坐标之测量要素 ·· 41
  3.2 高程数据采集方法 ·· 43
  3.3 平面坐标外业采集要素 ··· 48
  3.4 电磁波测距原理 ··· 55
  3.5 测量距离矢量化 ··· 57
  3.6 平面控制对角度、距离测量要求 ···································· 60

第4章 基于特征点采集的智能测量 ·· 62
  4.1 特征点及坐标采集 ·· 62
  4.2 智能全站仪坐标测量 ·· 64
  4.3 GPS 坐标测量 ··· 75

第5章 基于扫描技术的智能测绘 ·· 88
  5.1 激光及激光扫描测量 ·· 88
  5.2 三维激光扫描测量原理 ··· 90
  5.3 LiDAR 动态扫描智能测量 ·· 92
  5.4 微波雷达智能测量 ·· 106

第6章 基于影像面阵采集技术的智能测绘 ······························· 122
  6.1 数字影像智能测量 ·· 122

6.2 数字影像空间数据采集方式 ··· 125
6.3 数字影像测量内业解算基础 ··· 134
6.4 数字影像的定向 ··· 135
6.5 数字摄影测量中影像采样 ·· 140
6.6 数字摄影测量中影像匹配 ·· 144
6.7 数字摄影测量输出成果 ··· 149

第7章 基于UAV影像的测绘技术 ··· 151
7.1 UAV的定义 ·· 151
7.2 基于UAV测绘系统构成 ··· 153
7.3 UAV影像测绘外业工作 ··· 157
7.4 UAV影像内业数据处理 ··· 161
7.5 基于UAV倾斜摄影与BIM建模 ··· 169
7.6 UAV影像测量软件介绍 ··· 176
7.7 UAV影像行业应用 ·· 181

第8章 DEM模型建立与地形可视化 ··· 187
8.1 DEM特性及分类 ··· 187
8.2 DEM数据获取 ·· 192
8.3 DEM数据模型处理技术 ·· 198
8.4 DEM质量评估和数据共享管理 ··· 204
8.5 基于DEM模型的工程应用 ·· 207
8.6 表达地形的其他数字模型 ·· 209

第9章 从二维DLG到实景三维的智能测绘 ·································· 213
9.1 数字地图与DLG产品特性 ··· 213
9.2 数字地形图基础 ··· 219
9.3 实景三维地图特征 ·· 223
9.4 实景三维模型基础测绘数据 ··· 228
9.5 实景三维模型的应用 ··· 233

第10章 空间数据的质量及采集误差分析 ····································· 236
10.1 空间数据采集及质量 ·· 236
10.2 空间实测数据误差 ··· 238
10.3 评估空间数据质量的指标 ·· 241
10.4 空间数据模型可靠性评判 ·· 251
10.5 数字测量模型质量检查的指标 ··· 254
10.6 实景三维建模质量评估 ··· 255

参考文献 ·· 260

第 1 章

绪 论

1.1 智能测绘技术实质

测绘是对客观物质对象进行描述的信息采集技术。具体说,研究并能描述和确定地面上(水下)自然形态及要素和地面上(地下)人工设施的形状、大小、空间位置及其属性是测绘的主要任务,而智能测绘实质就是利用智能化的软硬件技术手段,对研究的客观对象(地面、地下、水下等)空间形态进行描述和定位的技术。

1. 智能测绘任务

智能测绘(Smart Surveying)包含两个主要内容。其中"测"是指利用各种测量设备和平台,实施空间内的关于角度、距离、高差等要素测量,以确定地面目标在三维空间的位置及其随时间的变化信息;"绘"则是对采集的空间数据进行处理,使其从抽象的一维、二维或三维数据,变成各种形态(图、表)表达的可视化信息。

因此,研究如何获取实体空间点在时空分布信息有关的量测、处理、显示、管理和利用就成了智能测绘的任务。

2. 空间点及空间点云的特征

空间点是描述客观事物形态的最小数学单元。从抽象的角度来看,世界万物都是由点组成的,我们描述一个对象的最小单元是点,测量上最基本的采集单元也是点。线、面、体都是由点构成的。实质上点是人类感知和认知世界最为原始的概念。

由海量数据构成的空间点云是现实世界映射到数字世界不可或缺的重要数据资源。智能测绘也是一个探究如何把现实世界变成一个数字世界的技术或手段。在连接物理世界和数字世界的过程中,空间点云(图 1-1)是海量空间数

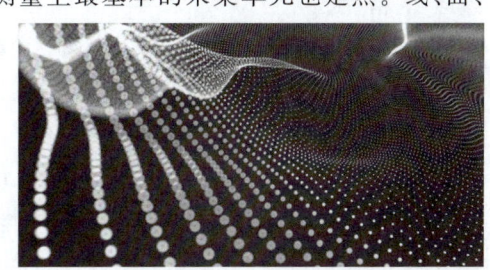

图 1-1 空间点云

据的最直接呈现。

当智能化的空间数据采集变得便捷和多维化,基于多维多属性的空间云数据应用场景便会层出不穷,如数字孪生、元宇宙等概念的出现。

3. 智能测绘信息技术泛概念

(1)人类活动与测绘信息关系

时间、空间、属性是测绘地理信息的三大要素,是人们在生活和一切活动中都会涉及的问题。

据统计,生活在地球上的人类,其活动的70%与地理空间信息紧密相关(图1-2)。如什么时间?什么地方?发生了什么事情?事发地点及其周围环境发生什么变化,有什么关联?

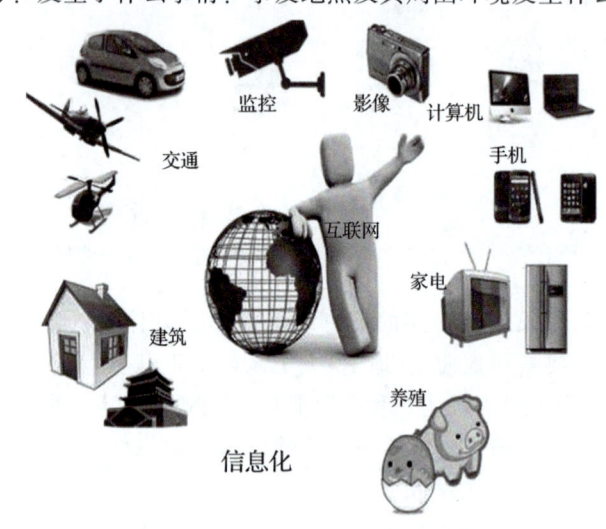

图1-2 地理空间信息遍布生活圈

当今社会经济、政治、军事发展对测绘信息需求迅速增长,空间测绘信息内容和服务方式也发生了深刻变化。

(2)测绘信息技术的应用范围和服务对象

从控制到测图(制作各种比例地形图)的任务扩大到与地理空间信息有关的各个领域。特别是当代在建设"数字中国和智慧中国"中构建用于集成各类自然、社会、经济、人文、环境等方面信息的统一的地理空间载体,即国家地理空间信息和时空信息基础设施。这些措施也切合二十大报告中关于"赛道之'新',集中体现在数字化、智能化、低碳化融合渗透"的精神。

党的二十大报告关于开辟发展新领域新赛道的阐述,明确了把握"四度"发展趋势塑造发展新动能新优势的主战场所在,为我们在新科技革命的时代背景下和现代化的历史坐标中,把握原理、掌握方法提供了指引。领域之"新",源于跨学科深度交叉,根技术广泛集成、开枝散叶,"高原"之上形成"高峰";赛道之"新",集中体现在数字化、智能化、低碳化融合渗透,数字、生物、能源、太空等经济科技领域方兴未艾,"两新"共同推动世界进入崭新的创新密集时代。

1.2　测绘信息采集技术发展概述

1. 测绘空间信息采集技术路线发展

从古至今，测绘信息技术可以分为五个发展阶段，见表1-1。

表1-1　测绘信息技术发展阶段

序号	1	2	3	4	5
时期	20世纪以前	20世纪初至20世纪90年代	20世纪90年代至21世纪初	21世纪初	近5年到远景
发展阶段	早期测绘发展	传统测绘	数字化测绘	信息化测绘	智能化测绘
技术及产品	司南、制图六体	钢尺、经纬仪、水准仪	"3S"技术+"4D"产品	数据获取自动化、信息服务网络化	云计算、大数据、AI人工智能、区块链

结合测绘设备发展、数据采集方式发展，对面向应用的互联网时代的智能测绘信息采集特点进行如下叙述：

(1) 测绘设备智能化发展

测绘设备是指那些用于数据获取、信息处理、成果表达等方面的专用工具，对于提高人们测绘活动中的感知、认知、表达、行为能力至关重要。

① 近代采集测量设备(第1～第2阶段)

社会生产的需求促进了测绘技术兴起，同样社会的进步也使测绘技术得到更大发展。如图1-3所示为传统测绘设备的进化。

指南车　　　记里鼓车

(a) 中国古代指南车　　　　　　　　(b) 近代光学经纬仪

图1-3　传统测绘设备的进化

② 当代采集测量设备(第3～第5阶段)

人类知识的大爆炸发生在近百年。尤其是近几十年来科技的发展，带动了测绘学科的几次技术革命。其中GPS、全站仪(图1-4(a))、摄影测量工作站、数码航空相机、激光扫描仪等是现代测绘仪器装备的重要代表。而空天测绘技术的发展，尤其是自组网对地感知认知系统(图1-4(b))让智能化测绘在更大视野中展现出其社会作用。

(a)全站仪 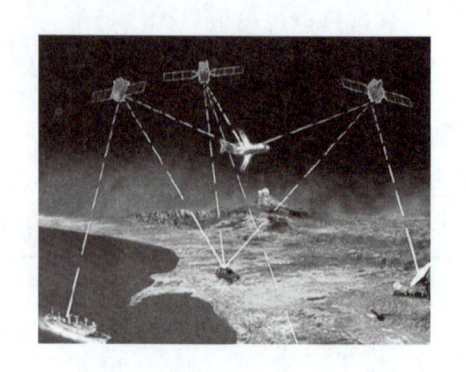　　　　　　　　　(b)自组网对地感知认知系统

图1-4　智能化测绘设备

当代以云计算、物联网、智能芯片、人工智能为代表的新兴技术,为未来智能化测绘实用化提供了技术支持,基于智能化自主学习的测绘设备已日渐成熟。如图1-5所示的智能化自主学习测绘机器人,包含了移动测量机器人、飞行测量机器人、水下测量机器人、应急搜寻测量机器人等,能服务于特殊的空间定位采集需求。

(a)移动测量机器人 　　(b)飞行测量机器人

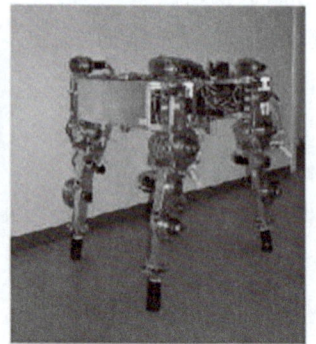

(d)应急搜寻测量机器人

(c)水下测量机器人

图1-5　智能化自主学习测绘机器人

(2)现代智能测绘技术特点

现代测绘软硬件技术包括了智能硬件设备(如测绘无人机、测量机器人)、基于智能化的测绘管理系统(如智能测量数据处理软件、智能在线监测系统、全组合智能导航系统、智能识图系统),以及利用智能设备和其所带的智能传感器(如iPad的激光传感器)开发的数据采集外业系统,它们是智能测绘实施的技术保证,也是区别传统测绘与智能测绘的根本所在。表1-2列出了在技术路线上,传统测绘与智能测绘的主要区别。

第1章　绪　论

表 1-2　传统测绘与智能测绘的主要区别

技术路线	传统测绘	智能测绘
数据源	可见光数据源为主	多重数据源(传感网、激光、SAR、高光谱、FMCW、视频……)
计算工具	刀片机工厂化计算	双并行云计算(CPU 云＋GPU 云＋高速存储)
测绘目的	面向图幅成图	面向实体、生产(全息三维/结构化三维/实体三维/语义三维)
工作范围	地表为主	地表、室内、地下、水下……
更新周期	慢(以城市为例,三个月一次)	逐渐加快(以自动驾驶为例,最终会到秒级以下)
与通信融合	很少依赖通信,事后计算为主	逐步发展成实时计算(实时服务、实时动态监测)
服务	面向政府及事业单位的 BS/CS 结构服务方式	增加面向公众的手机 AR-GIS 服务

图 1-6 对传统测绘与智能测绘信息获取的区别进行了展示。

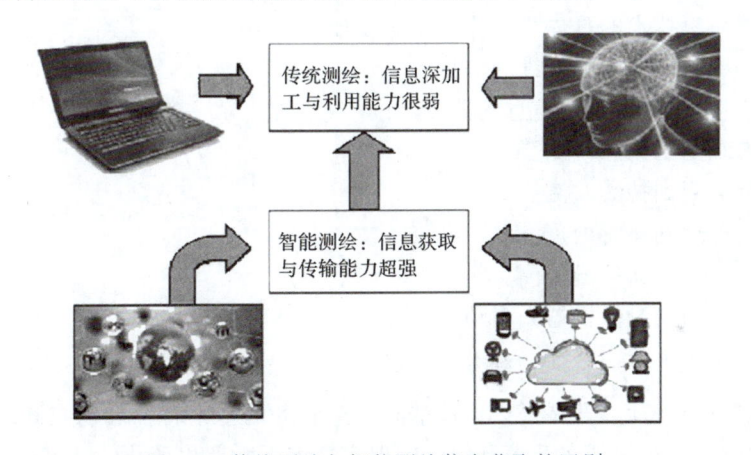

图 1-6　传统测绘与智能测绘信息获取的区别

当代测绘空间信息的获取和处理方式具有如下特征：人机结合；知行结合(感知与行动)；虚实结合(虚拟与现实)。如智能测绘空间数据采集重要技术之一的摄影与遥感智能化,其从影像数据采集到分析的过程(图 1-7)就可以很好说明这些特征。

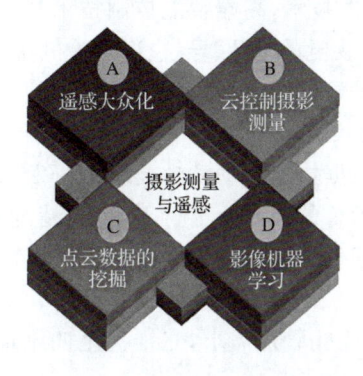

图 1-7　智能化影像数据采集到分析的过程

当代测绘包括航空航天摄影测量、近景摄影测量和工业摄影测量,它们都具有人机结合、知行结合、虚实结合的特征,如基于多型无人机载体下的摄影与遥感技术(人机结合)、实施倾斜摄影测量以及多传感器集成的对地观测技术(知行结合)、获取数字三维(多维)等实景模型的(虚实结合)应用。

2. 互联网时代的智能测绘信息采集技术

智能化时代的工具特点及现代信息技术的高速发展极大地扩展了智能测绘的信息收发能力。而测绘仪器和数据采集的智能化最终都是以如何更好地描绘地球、认识地球、辅助管理地球为根本目的。

如计算机科学、数据库技术、网络技术等的发展催生了GIS地理信息系统技术;通信技术、卫星技术等的发展催生了卫星导航定位技术;卫星技术、摄影技术、光电技术等的发展催生了遥感技术;光电子、AI等技术的发展催生了高精尖的测量装备。

未来智能测绘将利用空、天、地、海,多平台、多传感器耦合观测手段以及人工智能技术,建立以空间数据为基础、算法为核心、知识为引导、应用为驱动的智能化测绘新范式。

空间数据采集技术的具体智能化手段体现如下:

①从一维、二维、三维到四维的信息。

②从点信息、面信息到体信息的获取。

③从静态观测到动态观测。

④从周期监测到持续监测。

⑤从事后处理到实时处理。

⑥从接触量测到无接触遥测。

⑦从人工观测到测量机器人自动观测等。

3. 应用需求驱动下的智能测绘未来发展

测绘主要为经济社会发展提供地理空间信息服务的基本特征和内在要求。随着经济社会的快速发展,其对地理空间信息服务的现实需求不断产生变化。

(1)智能测:基于无人智能测绘系统装备提供给未来应用领域。

①无人机自主控制和汽车、船舶、轨道交通自动驾驶等智能技术。

②服务机器人、空间机器人、海洋机器人、极地机器人技术。

③无人车间/智能工厂智能技术,高端智能控制技术和自主无人操作系统。

④复杂环境下基于计算机视觉的定位、导航、识别等机器人及机械手臂自主控制技术。

(2)智能绘:基于地图开发相关技术提供给未来应用领域。

①为满足各行各业日益增长的高现势性、高精度地理信息需求,高分辨率遥感影像实时获取与海量多源地理信息数据快速自动处理技术的研发得到推进。

②为满足人民群众日益增长的便利化出行需求,高精度导航电子地图不断更新。

③为满足各行各业对地理信息快速便捷获取的实际需求,各种网络化的地理信息系统应运而生。

④为满足城市精细化、智能化管理需求,三维甚至四维地理信息云服务系统和平台得到开发。

1.3 智能化测绘信息技术特点

1. 智能测绘的内涵

新时代是信息时代、网络时代,对其提供技术支持的时空数据来源主要是星载、空载和船载传感器,以及地面的各种自动测量技术,人们可利用计算机硬件和软件对这些空间数据进行开发和使用。

在新时代对时空信息有极大需求的背景下,形成的软学科就是智能测绘。它能更准确地描绘测绘学科在现代信息社会中的作用。而原来几个专门的测绘学科(如空间大地测量、航天遥感测绘、地图制图与地理信息工程)之间的界限已随着计算机技术的发展逐渐变得模糊了。

现代智能测绘中最本质的内涵和特征就是实现实时地理信息综合服务,而建立"信息化测绘体系"就是我国测绘在信息化社会中实现这种信息服务能力的建设目标。

2. 智能测绘的研究体系

①基础体系:根据当今空间数据采集的多源、多相、多时等特点,确定空间的智慧数据管理框架,评估海量数据的质量并进行优选等,为智能测绘的开展奠定基础。

②技术方法:面向特定测绘目标或任务,需要利用智能原理与知识,研究发展适宜的技术方法,解决"怎样做"和"怎样做得好"的问题。

③应用系统:研制能够支持数据采集、处理、分析、管理的新一代智能化业务系统,提升产品生产与服务的水平与效率,是智能化测绘的一个重要发展方向。

④仪器装备:测绘仪器装备是指用于数据获取、信息处理、成果表达等方面的专用工具,对于提高人们测绘活动中的感知、认知、表达、行为能力至关重要。

⑤跨学科合作与融合:智能化测绘的研究与应用涉及测绘、地理、人工智能、大数据等诸多学科,是一项复杂的系统工程,亟须进行跨学科的交叉与融合,在学科结合中寻找增长点,取得新突破,培养创新型人才。

3. 智能测绘之空间信息采集的集成化

(1)空间信息获取集成化

空间信息获取集成化也称为 3S(GNSS+RS+GIS)测绘技术及集成,最早在20世纪90年代后期就被提出,包括如下:

全球卫星导航系统(Global Navigation Satellite System,GNSS):利用卫星导航系统(如 GPS、BeiDou)采集空间点位。

遥感影像(Remote Sensing Image,RS):利用各种非接触传感器(如相机),采集空间点位及其几何、物理特性。

地理信息系统(Geographic Information System,GIS):把采集的现实对象地理数据,通过数据抽象及模型化,在计算机空间进行对象虚实的再采集、表达过程。

(2)智能测绘信息采集的空地集成化

无论是地面测量仪器、地下或水域测量仪器、对地观测仪器,还是特种精密专用仪器,在精度、可靠性、自动化、智能化、数字化、实时、快速,以及大信息获取方面都有日新月异的发展。

如图1-8所示是基于智慧城市综合管理的空、天、地、下信息采集技术。它涵盖了"探、感、测、检、视",是基于"空、天、地、下"层圈一体化的综合测绘技术,能为城市空间的合理开发利用及安全提供服务和保障。

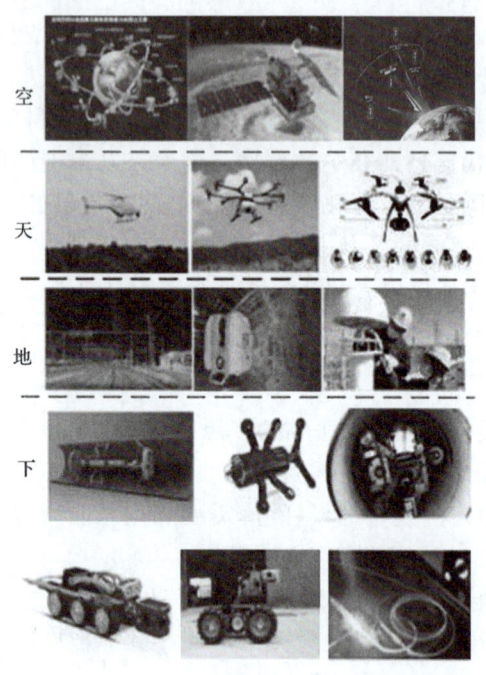

图1-8 空、天、地、下信息采集技术

(3)空、天、地多源(异源)数据的集成与融合

多源数据融合技术是指利用相关手段将调查、分析获取到的所有信息全部综合到一起,并对信息进行统一的评价,最后得到统一的信息的技术。该技术研发出来的目的是将各种不同的数据信息进行综合(图1-9),吸取不同数据源的特点,然后从中提取出统一的、比单一数据更好、更丰富的信息。如基于空间遥感数据的多源数据融合技术中,可以采用三种模式方法,即像素级融合、特征级融合以及决策级融合。

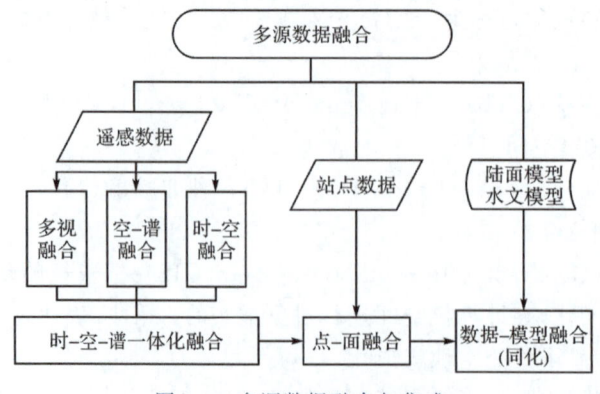

图1-9 多源数据融合与集成

4. 智能化测量数据的架构和特征

作为在网络环境下，充分利用空间技术和信息技术，实现快速灵活地为社会经济提供地理信息综合服务的一种现代化测绘模式，智能测绘是继传统测绘和数字化测绘后，测绘发展的一个新阶段，能支撑大规模的城市化建设。

（1）智能测绘的信息化标志

智能测绘的信息化标志包括测绘基准现代化、信息服务网络化、数据获取实时化、信息应用社会化、数据处理自动化、业务管理信息化、数据管理智能化。

上述各种标志的说明具体如下：

① 中国测绘基准现代化

中国测绘基准现代化建设是现代测绘智能展开的核心，目前我国已陆续建成了分布于全国的 GNSS-CORS 基准站、高程基准系统、重力基准系统、基准数据服务系统等，形成了高精度、三维、地心、动态、适应信息化社会发展的现代测绘基准框架体系。

② 基于网络化的云端测量数据服务

在大数据时代，尤其是以影像处理等重点工作场景为主的智能测绘数据，都是海量级的存在传统测绘 IT 架构面临重重挑战，包括资源利用率低下，存储性能差，业务连续性差。因此，通过一站式运维平台实现云主机全生命周期管理，基于多租户和工单功能实现资源自助申请、自动计量计费，提供云服务目录，帮助测绘行业传统数据中心向云平台转型，如图 1-10 所示是基于云端的测绘数据分析中心的层次架构。

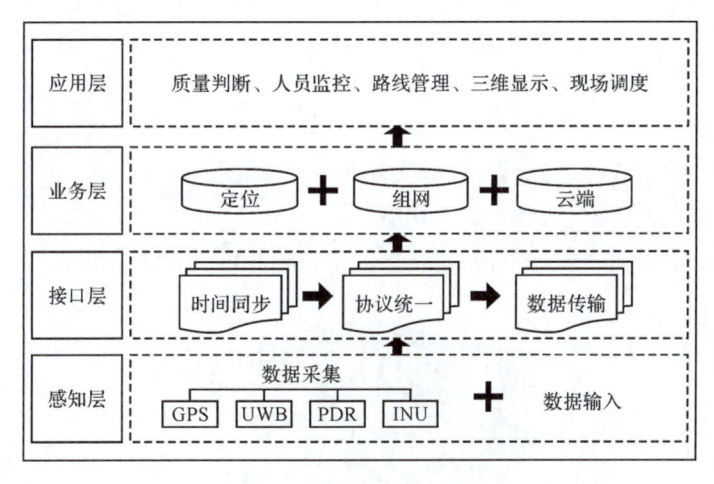

图 1-10　基于云端的测绘数据分析中心的层次架构

③ 数据采集的实时性和连续性

如基于物联网的在线监测方式，通过远程实时监测，回传测绘采集数据，然后提供实时的各种形式和内容的位置服务，如图 1-11 所示的面向对象的形变监测服务。

(a)地铁穿越　(b)隧道施工　(c)深基坑　(d)大坝　(e)楼宇

图 1-11　面向对象的形变监测服务

④面向社会应用的智能测绘产品

数字化时代,面向政务、产业、公众的需求,需要有效利用基础测绘、地理国情监测、数字城市、数字乡村、海洋测绘等数据资源,整合政府和相关部门的公共信息,以及各类资源信息和全球基础地理信息数据,因此面向社会应用的智能测绘产品就是发展的趋势。

⑤数据处理自动化

以地图产品为例,可以了解数字测绘产品自动化进程的飞跃。地图产品的变迁情况见证了人类文明的发展历程,从 2 000 年前马王堆原始雏形地图到 400 年前康熙全览地图,从 20 世纪末的模拟手绘地形图到进入 21 世纪的数字地图就是这种见证。

当代,在大数据驱动下,基于数字孪(衍)生的测绘产品也如雨后春笋成长,如实景三维、全景地图、激光点云图等。

⑥空间信息数据管理智能化

大数据、物联网、空间可视化等前沿技术的落地发展,也让测绘空间数据业务的精细化、智能化管理成为可能,形成测绘时空一体大数据格局(图 1-12)。具体体现如下:

A. 智能测绘数据是面向实体而不是按图幅(成图)的。

B. 数据成果是结构化的。

C. 数据是"纯"三维的,时效性更强,实现时空一体化。

D. 数据可基于物联网、云计算、AI 管理。

E. 数据产品主要面向机器使用,也可以输出定制化的图件供人观看。

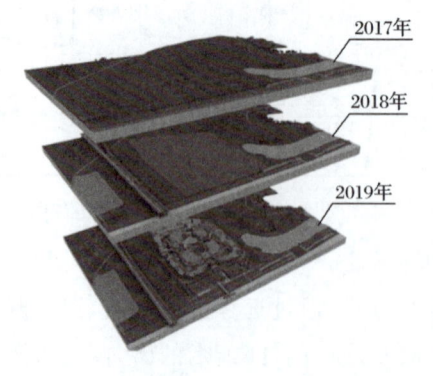

图 1-12　测绘时空一体大数据格局

⑦智能测绘服务与大数据管理

将测绘地理信息和现代通信与物联网、云计算、大数据、AI人工智能、区块链等技术融合，形成当今基于智能测绘技术的大数据服务体系，实现了泛在感知、自动化处理、智慧化分析、智能化共享数据服务格局。如图1-13所示是基于智能测绘的城市出行轨迹大数据服务体系。

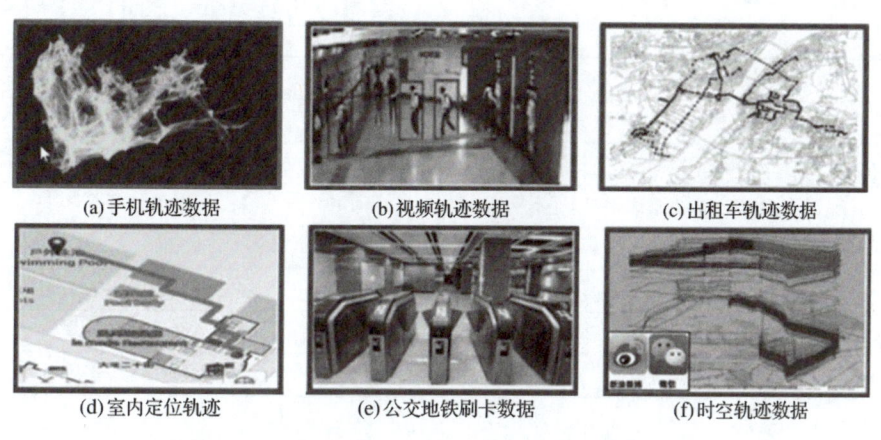

(a) 手机轨迹数据　(b) 视频轨迹数据　(c) 出租车轨迹数据
(d) 室内定位轨迹　(e) 公交地铁刷卡数据　(f) 时空轨迹数据

图1-13　基于智能测绘的城市出行轨迹大数据服务体系

(2) 智能化测绘数据架构的核心要素

智能化测绘是以知识和算法为核心要素的，如图1-14所示的智能化测绘架构就表达了这一思想。

针对传统测绘算法、模型难以解决的高维、非线性空间求解问题，在知识工程、深度学习、逻辑推理、群体智能、知识图谱等技术的支持下，对人类测绘活动中形成的自然智能进行挖掘提取、描述与表达，并与数字化的算法、模型相融合，构建混合型智能计算范式，实现测绘的感知、认知、表达及行为计算，产出数据、信息及知识产品。

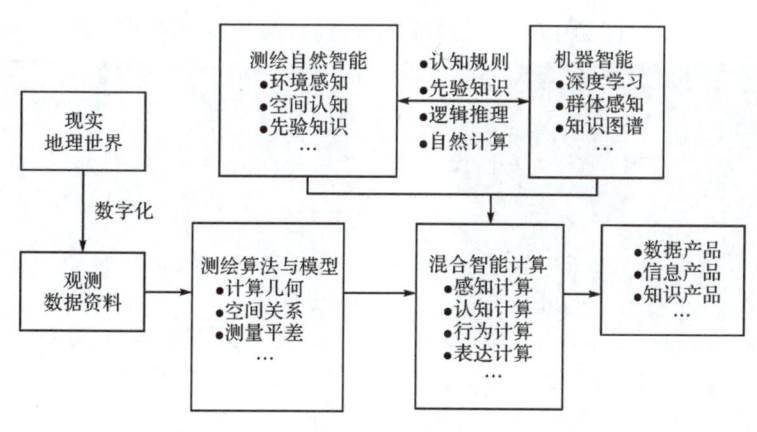

图1-14　智能化测绘架构

5. 智能测绘中软、硬件技术特点

首先，智能测绘硬件在实现深度学习时空大数据、智能分析空间动态信息、实时进行

决策与控制辅助的智能化测绘地理信息技术中扮演着关键的角色。其次,智能测绘软件在能提供采集的海量空间数据处理和数字建模能力上,还应提供实时、在线服务的技术支持,如云端智能测绘技术是以提供实时可靠的服务为主要形式的服务软件系统。测绘行业的软件正从单机化软件向并行计算、网格计算等云计算模型进行转型。表1-3列出了智能测绘中软、硬件技术特点。

表1-3　　　　　　　　　　智能测绘中软、硬件技术特点

软件	硬件
数据通信多样化	海量采集
数据链智能化	自动化
多源空间数据集成化	网络化
异源数据融合	动态化
数据精密化	设备多样:几何、物理
实景化	多样属性采集化
点云场景语义化	宏观微观延展

1.4 智能测绘与应用

1. 地学及空间探索中的智能测绘

在国防事业中,国界勘查、战场感知、航天测控、弹道定位等都离不开测量技术;在地学研究方面,测量技术为地壳升降、海陆变迁、地震监测、灾害预警提供监测工具;在空间探索方面,测量技术为宇宙探测、航空航天技术提供基础研究资料等。

图1-15所示为月球探测中的智能测绘技术,包括探测器着陆过程及月表测绘。

(a)探测器着陆过程　　　　　　　　(b)月表测绘

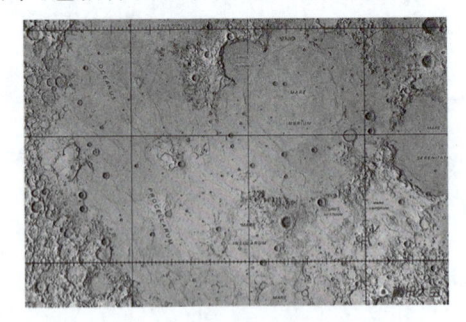

图1-15　月球探测中的智能测绘技术

2. 基于民生需要的智能测绘

(1)在经济生活中,资源勘察和能源开发、精品农业、市政建设管理、江河治理和土地整治管理、生态环境保护、行政界线勘定、交通物流运输等都有智能测绘的参与。

(2)在水利、港口工程建设,海洋工程开发,桥隧工程以及其他建设工程的规划、设计、施工、管理中,需要精确勘测大量现势性强的信息数据,需要智能测绘保证施工的顺利开展。

如图1-16所示为基于无人测船及海洋调查船的水库、海洋水下地形调查。

(a)无人船测水库　　　　　　　　(b)海道测量

图1-16　水库、海洋水下地形调查

3. 现代智慧城市信息化的时空数据基座

现代智慧城市信息化的时空数据基座以各种影像资料(高分卫片、中低航空影像),基于空地 LiDAR 等测绘手段,获取各种比例地形图库,生产满足地理信息共享的数据库,并为智慧城市(图1-17)时空信息云平台、"天地图"等的建设与完善提供测绘实时保证。

图1-17　智慧城市

如以1∶2 000地形库数据为基础,生产1∶2 000地理信息共享数据库,按照国家制图规范要求,可制作满足智慧城市时空大数据的信息云平台(图1-18)、"天地图"的矢量地理底图。

图1-18　智慧城市时空大数据的信息云平台

4. 应用技术展望

（1）跨界融合是发展的必然。测绘与 5G、互联网、大数据、云计算、人工智能、区块链等深度融合，催生了新产品、新服务、新业态和新基建。

（2）智能测绘技术朝着自动化、精确化、立体化和智能化的方向发展。空、天、地、网一体，从空中到地面、地上到地下、二维到三维、室内到室外、静态到动态。

（3）智能测绘服务向泛在发展。聚焦"经济、政治、文化、社会和生态文明建设"五位一体。

1.5 智能建造与智能测绘关系

1. 智能建造与智能测绘联系

智能建造是在数字化、网络化大背景下，建筑行业升级改造的产物。当代一系列新技术，包括人工智能、BIM 技术、3D 打印、机器人、智慧城市、装配组合式建筑方法等，正是其中的应用体现。

智能测绘是以建筑工程技术专业为基础，融合计算机应用技术、机械自动化、大数据和工程管理等专业发展起来的新兴交叉专业

建设工程数字化设计、工厂化生产、装配化施工、信息化管理、智能化升级各阶段和过程中均与现代智能测绘技术融合和交叉。如建筑施工中数字孪生的应用、建筑管理中物联网的应用、建筑业大数据应用。

建筑施工中数字仿真的实际应用如图 1-19 所示，它使建筑设计模型与建设中的每个状态实景模型结合起来，使质量控制措施更全面。

(a) 施工实景模型　　　　　　　　(b) 设计模型

图 1-19　建筑施工中的数字仿真的实际应用

实际上，基于数字孪生的智能测绘技术在智能建设过程中的最大作用是使工程建设模型化、透明化、可视化。这样智能测绘技术就可以应用到智能建设过程中的各阶段。如图 1-20 所示就是智能测绘技术在智能建设过程中的应用。

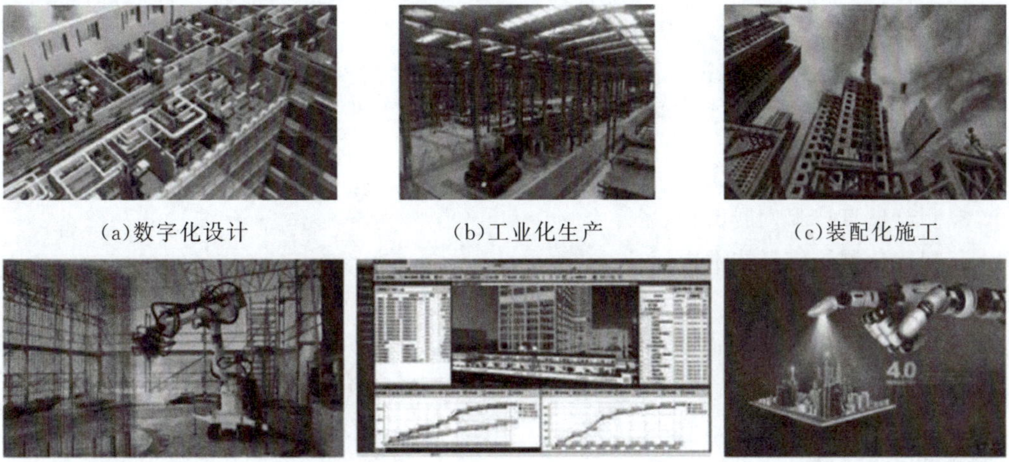

(a)数字化设计　　　　　　　(b)工业化生产　　　　　　　(c)装配化施工

(d)建筑施工机器人　　　　　(e)信息化工地管理　　　　　(f)智能化建筑模型

图 1-20　智能测绘技术在智能建设过程中的应用

2. 施工建设中的智能测绘工作

施工控制测量:按测量任务所要求的精度,采用静态 GPS 技术,测定一系列控制点的平面位置和高程,建立起测量控制网,作为各种测量的基础。

施工过程放样:将图纸上设计的建筑物的平面位置、形状施工放样测量和高程标定在施工现场的地面上,并在施工过程中指导施工,使工程严格按照设计的要求进行建设。如基于视觉的智能放样。

施工过程监测:对施工过程中施工对象本身以及周围环境的变形进行智能监测,以保证建设安全以及优化设计。现代智能测绘技术,可以提供实时、智能和自动化的监测。

施工验收测量:对工程项目的定位是否满足规划设计要求条件进行全过程实测建模检查。

3. 智能建造与智能测绘区别

智能建造是指在建造过程中充分利用智能技术和相关技术,通过应用智能化系统,提高建造过程的智能化水平,减小对人的依赖,达到安全建造的目的,提高建筑的性价比和可靠性。

智能测绘则在建设过程中充分利用智能设备相关软、硬件和相关开发技术,通过应用智能化系统,提高测绘生产过程的智能化水平,减小对人的依赖。

表 1-4 列出了智能建造与智能测绘内容区别。

表 1-4　　智能建造与智能测绘内容区别

项目	智能建造	智能测绘
目的	提高建造过程的智能化水平	提高测绘生产过程的智能化水平
手段	充分利用智能技术和相关技术	充分利用智能设备相关软硬件和相关开发技术
形式	如何建立应用智能化系统	如何应用空间智能化成果的融合与嵌入

本章知识点概述

1. 测绘技术实质。
2. 测绘信息技术泛概念。
3. 测绘信息技术发展历程。
4. 智能化测绘信息技术内涵。
5. 智能测绘与应用。
6. 智能测绘技术发展展望。

思考题

1. 测绘实质是什么？现代智能测绘的内涵又是什么？
2. 智能测绘信息化标志包括哪些方面？
3. 简述3S智能测量的概念。
4. 描述智能建造与智能测绘关系。
5. 何为时空位置认知，它与智能测绘关系如何。
6. 基于智能测绘的大数据服务体系包括什么？
7. 工程测绘涵盖工程建造哪几个阶段？

第 2 章

现代测绘数据解算基准

2.1 现代测绘的测量基准

1. 地球的描述

(1)地球是南北极稍扁,赤道稍长,平均半径约为 6 371 km 的椭球。

(2)地球的自然表面有高山、丘陵、平原、盆地、湖泊、河流和海洋等,呈现高低起伏的形态,并不平坦。其中海洋面积约占 71%,陆地面积约占 29%。

如世界最高峰珠穆朗玛峰 8 848.86m(2021 年,图 2-1),最深的马里亚纳海沟深 11 034 m(1957 年,图 2-2),它们与地球的半径比,可以近似忽略。

图 2-1　珠穆朗玛峰　　　　　　图 2-2　马里亚纳海沟

考虑到上面诸因素,一般情况下认为地球是一个由液体包围的圆球体。由于地球大部分的表面由海水覆盖,因此,由海水面延伸穿过大陆与岛屿形成的闭合曲面与地球的总形体应最符合。

2. 测量工作的基准

(1)基准面与基准线

水准面即为静止的水面。过不同水面可以有无数个水准面。由于地球上海洋占比超 7 成,因此选择过某点平均海水面作为基准面是合理的。

由于地球潮汐现象,为能确定计算的基准,一般取过某点平均海平面的水准面,并穿过岛屿陆地形成的封闭曲面即为大地水准面(图2-3(b)),它是测量工作基准面。

基于全球的大地水准面能作为封闭曲面的条件就是,过水准面任一点切线要与这一点对应的重力线(铅垂线)垂直。铅垂线也称为测量基准线(图2-3(a))。

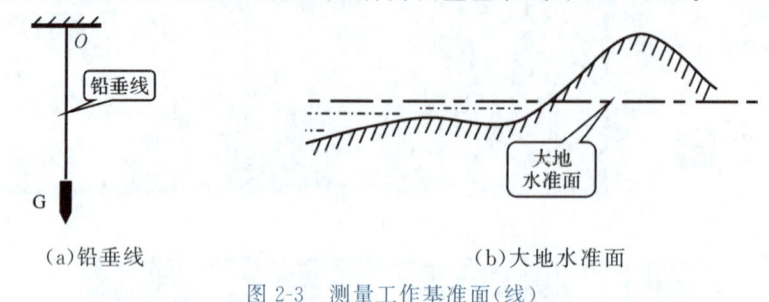

图2-3 测量工作基准面(线)

(2)大地水准面特征

大地水准面的形状和大小与地球总形体最为拟合,而大地水准面形状则由地球重力场分布决定。

大地水准面物理特征:过大地水准面某点的切线(面)总是与其铅垂线方向(重力方向)垂直。由于地球重力分布的不规则性,大地水准面是非常复杂的曲面,且某点绝对重力值难以获得,因此一般用某点平均重力描述模型近似描述大地水准面形状,称其为似大地水准面。似大地水准面是一个最接近平均海水面的重力位等位面,是我国法定高程起算面。目前描述似大地水准面精度最好的地球重力场模型为WDM2001。

结合如图2-4所示的测量基准要素分布示意,表2-1介绍了地面某点 A 的参考基准线与过测量基准面交点的切线间的几何关系。

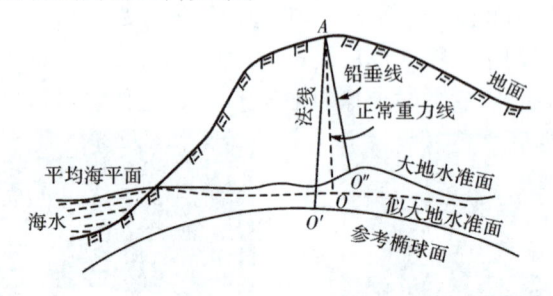

图2-4 测量基准要素分布示意

表2-1　　　　　　地面某点参考基准面、线关系

过测量基准面的切线	参考基准线	几何关系
过水准面的切线	铅垂线	垂直
过平均海平面的切线	铅垂线	垂直
过大地水准面的切线	铅垂线	垂直
过似大地水准面的切线	正常重力线	垂直
过参考椭球面的切线	法线	垂直

(3)测量基准建立的意义

①建立基准的几何意义

确定测量平面基准,可以建立平面坐标;

确定测量高程基准,可以获取高程参照。

②建立基准的物理意义

基于测量基准线,进行重力研究,获取全球重力场分布。建立描述地球形状的精确重力位等位面模型,进而能得到精准的似大地水准面,为不同测绘工作开展提供便利。

(4)测量基准的简化形式

由于似大地水准面也是非常复杂的曲面,为了便于在基准上的各种计算,简化的基准面即参考(地球)椭球就成为测量基准的必选。选定参考(地球)椭球须满足两个条件:①简单的几何形体;②与大地水准面最佳吻合(图 2-5)。

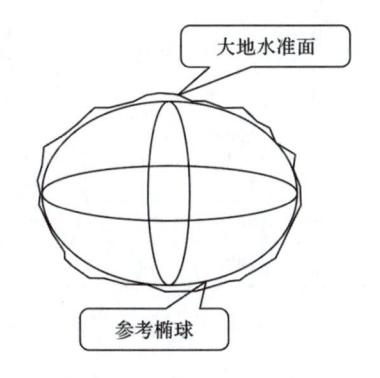

图 2-5　大地水准面与参考椭球最佳吻合

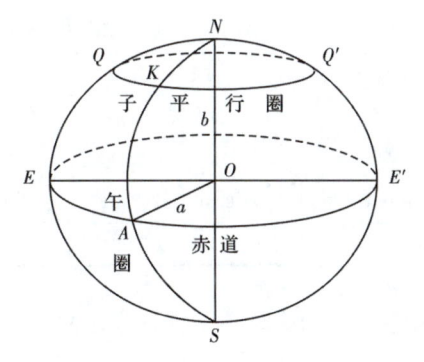

图 2-6　旋转椭球

(5)测量基准的几何模型化——旋转椭球

①旋转椭球定义

用一个椭圆绕其短轴旋转而成的,称为旋转椭球(图 2-6)。旋转椭球形状与大小,主要用其长半轴 a 和扁率 α 描述。

确定实际基准面需解决的问题:

A. 基准面的几何形状和大小选择。

B. 如何确定与大地水准面相关位置关系(椭球定位和定向)。

C. 如何能与大地水准面形状达到最佳吻合。

②旋转椭球分类

参考椭球(Local Ellipsoid):把拟合一个区域的旋转椭球面称为参考椭球,其椭球中心与地球质心一般不重合。

地球椭球(Global Ellipsoid):测量学中把拟合地球总形体的旋转椭球面称为地球椭球,其椭球中心与地球质心重合。

如图 2-7 所示,显示了不同椭球与大地水准面位置关系。

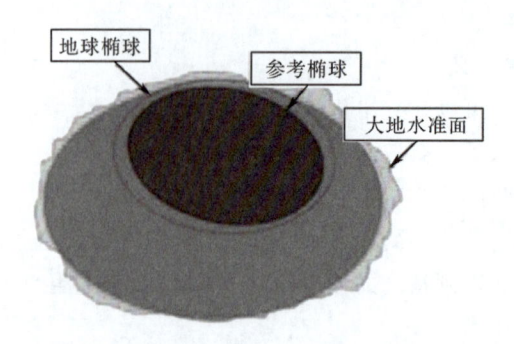

图 2-7 不同椭球与大地水准面位置关系

表 2-2 列出了地球椭球和参考椭球的基本几何参数。

表 2-2 地球椭球和参考椭球的基本几何参数

参数名称	地球椭球		参考椭球	
坐标系	WGS-84 协议坐标	2000 国家大地坐标	1980 西安坐标系	1954 北京坐标系
长半轴 a/m	6 378 137	6 378 137	6 378 140	6 378 245
短半轴 b/m	6 356 752.3142	6 356 752.31414	6 356 755.2882	6 356 863.0188
扁率 α	1/298.257223563	1/298.257222101	1/298.257	1/298.3
第一偏心率平方 e^2	0.00669437999013	0.006694380023	0.00669438499959	0.006693421622966
第二偏心率平方 e'^2	0.006739496742227	0.006739496775	0.00673950181947	0.006738525414683

3. 基于不同椭球下坐标框架定义

由于地球椭球和参考椭球定义不同,基于其基准建立的空间大地坐标系也不同。

参心地固坐标系如图 2-8 所示,参心地固坐标系是通过参考椭球的定向、定位,先将椭球固定在地球上,然后将空间直角坐标系安放在椭球上。

地心坐标系如图 2-9 所示,地心坐标系是直接将空间直角坐标系固定在地球上。坐标系的定义和参考框架的实现都与椭球无关。只是由于经纬度坐标使用起来更方便,因此引入地球椭球,安放在空间直角坐标系框架上。

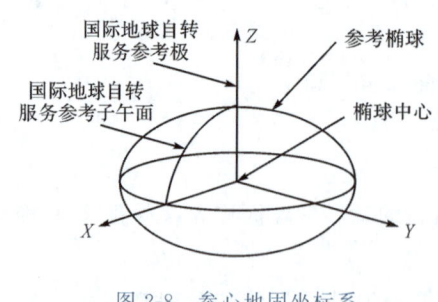

图 2-8 参心地固坐标系

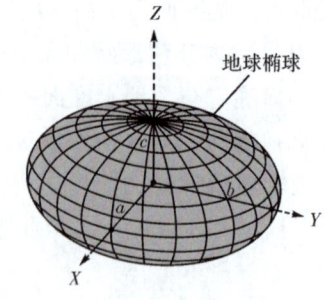

图 2-9 地心坐标系

下面介绍 4 个基于地球椭球和参考椭球所定义的测量工作中常用坐标系。

(1)基于参考椭球建立的大地坐标:54 北京坐标系

采用克拉索夫斯基参考椭球(1940 年提出的参考椭球),基于苏联 1942 年普尔科沃坐标系,由中国东北联测(一等锁控制点)后扩展全国(图 2-10(a))。

54 北京坐标系属于参心大地坐标系,是我国第一个全国统一坐标系(图 2-10(b))。

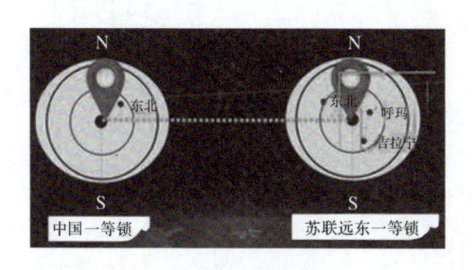

(a)三角锁联测　　(b)54 北京坐标系定义

图 2-10　54 北京坐标系

(2)基于参考椭球建立的大地坐标:1980 年国家大地坐标系

1980 年国家大地坐标系又称西安 80 坐标系,为参心坐标(以坐标原点为基准,通过重力平差获取)。其中,坐标系地原点位于陕西泾阳县永乐镇(图 2-11(a)),对应地理坐标:北纬 34°32′27.00″,东经 108°55′25.00″。

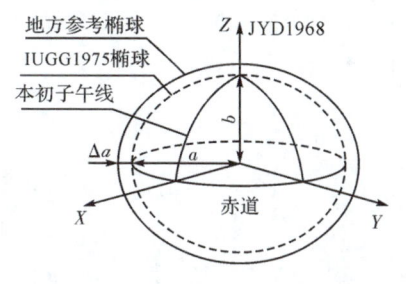

1980 年国家大地坐标系定义如图 2-11(b)所示,1980 年国家大地坐标系三个坐标轴具体含义:Z 轴平行于由地球地心指向 1968.0 地极原点(JYD1968)的方向,大地起始子午面平行格林尼治平均天文台子午面,X 轴在大地起始子午面内与 Z 轴垂直,指向经度零方向,X、Y、Z 轴构成右手坐标系,对应的椭球参数为 1975 年 IUGG 第 16 届大会推荐的数值。高程基准则与 54 北京坐标系相同。

(a)1980 年国家坐标大地原点　　(b)1980 年国家大地坐标系定义

图 2-11　1980 年国家大地坐标系

(3)基于地球椭球建立的大地坐标:2000 国家大地坐标系

2000 国家大地坐标系如图 2-12 所示,2000 国家大地坐标系(CGCS2000)的原点 M 为包括海洋和大气的整个地球的质量中心;Z 轴由原点指向历元 2000.0 的地球参考极的方向,该历元的指向由国际时间局给定的历元为 1984.0 的初始指向推算。X 轴由原点指向格林尼治参考子午线与地球赤道面(历元 2000.0)的交点,Y 轴与 Z 轴、X 轴构成右手正交坐标系。

CGCS2000 是通过 GPS 大地控制网遍布全国的 2 500 个框架点(对准 ITRF97 框架)而实现的。

图 2-12　2000 国家大地坐标系

(4) 基于地球椭球建立的大地坐标：WGS-84 坐标系

WGS-84（World Geodetic System 1984）坐标全称为 1984 世界协议大地坐标（Conventional Terrestrial System，CTS），简称为 WGS-84。WGS-84 坐标系实现如图 2-13 所示，WGS-84 的几何定义是，原点位于地球质心，Z 轴指向国际时间局（Bureau International de I'Heure，BIH）于 1984 年定义的协议地球极（Conventional Terrestrial Pole，CTP）方向，X 轴指向 BIH1984 零子午面和 CTP 赤道的交点，Y 轴按构成右手坐标系取向。

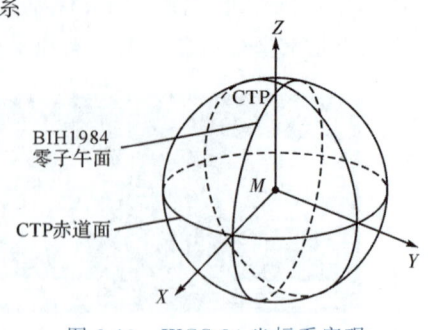

图 2-13　WGS-84 坐标系实现

(5) ITRF 坐标框架

为满足全球大尺度高精度空间定位需求，对基于地球椭球的惯性地面坐标框架，现代 GNSS 测绘引入了地球参考系统，并由国际地球参考框架（International Terrestrial Reference Frame，ITRF）实现。

ITRF 就是一个地心参考框架，由空间大地测量观测站的坐标和运动速度来定义，是国际地球自转服务的地面参考框架。

由于地球的章动、岁差尤其是极移的影响，国际协定地极原点在发生变化，导致 ITRF 每年也都在变化，所以根据不同时段和需要可以定义不同的 ITRF。

如前面介绍的与地心相关的坐标系均统一于 ITRF 系统。其中我国的 CGCS2000 坐标采用了 ITRF97；WGS-84 世界协议坐标采用了 ITRF2008；我国的北斗卫星导航系统则采用了 ITRF2014（图 2-14）。

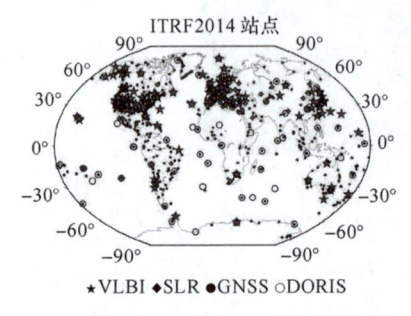

图 2-14　ITRF2014 站点分布

4. 我国大地坐标系应用现状

由于 54 北京坐标系和西安 80 坐标系均属于参心坐标系，其坐标原点不在地球质量中心，不能适应人造卫星发射、远程武器试验、地球动力学研究、卫星大地测量以及研究全球性测量问题等对坐标基准的应用需求，需要建立以地球质量中心为原点的地心坐标系。

国家自然资源部宣布自 2019 年 1 月 1 日起，全面停止向社会提供 54 北京坐标系和西安 80 坐标系基础测绘成果服务。

2.2 不同视角下的点位坐标表达

在选择好的椭球基准面上建立空间点坐标框架。基准与点坐标如图 2-15 所示,任意空间点 A 坐标,就是由投影到基准面上的平面(曲面)坐标系上的点 A_0 定位以及 A 到基准面的垂直距离得到的,其中投影到参考椭球表面的垂距称大地高,大地高没有物理意义。点位坐标数学表达的方式包括球面和平面两种形式(图 2-16)。

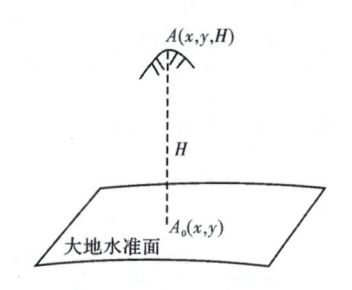

图 2-15　基准与点坐标

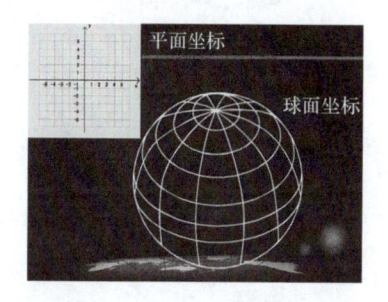

图 2-16　点位坐标数学表达方式

1. 球面坐标系

经纬网(绕着球体的一种网格状参考网)是基于球面坐标系的,又称大地坐标,是表示地面点在球面上位置的坐标系统。为了确定一个点在球面的坐标,需要利用该点在经纬网上相对起始参考经纬网基线的两个平面夹角获取。

如图 2-17 所示的地球经纬网,地面某点 R 与地球南北极共面称为过该点的子午面,通过地心 O 垂直于地球自转轴的平面为赤道面。子午面与地球表面相交的线为子午线,赤道面与地球面相交的线为赤道。过地球面某点 R 的子午面 $PRKP_1$ 与过伦敦格林尼治天文台的首子午面 PMP_1 组成的二面角,为点 R 的经度 L(或 φ)。经度由首子午面起算,分别向东西方向各度量 $0°\sim180°$,对东半球称为东经,对西半球称为西经。过球面某点 R 的法线或铅垂线 OR 与赤道面 $EMKQ$ 的夹角,为该点的纬度 B(或 λ)。纬度以赤道起算,分别向南北方向各度量 $0°\sim90°$,对北半球称为北纬,对南半球称为南纬。

网上地球浏览器均采用基于球体的球面坐标系统。

(1)球面坐标表达方式

根据基准线选择的不同,球面坐标表达方式分成天文地理坐标及大地地理坐标。

若以法线为依据,以参考椭球面为基准面的地理坐标称为大地地理坐标,分别用 L、B 表示。

若以铅垂线为依据,以大地水准面为基准面的地理坐标称为天文地理坐标,分别用 λ、φ 表示(图 2-18)。

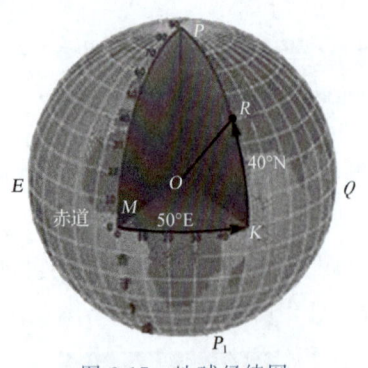

图 2-17　地球经纬网

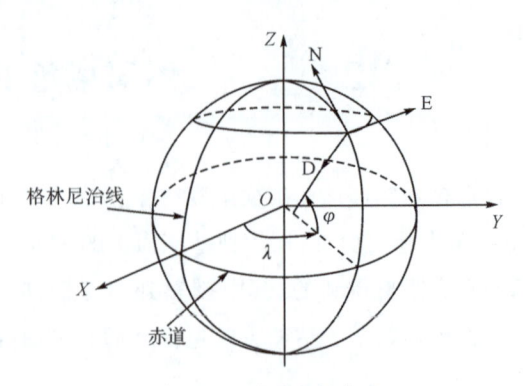

图 2-18　地理坐标定义

(2) 地理坐标不同视角下图形视觉表达

地球椭球为不可展曲面。地理坐标为球面坐标,不方便在此基准框架内进行距离、方位、面积等参数的量算。

基于球面坐标系统下,两个不同视角下电子地图视觉表达如图 2-19 所示。

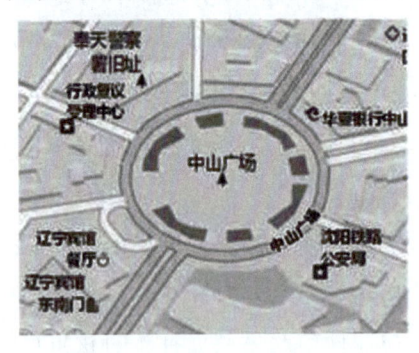

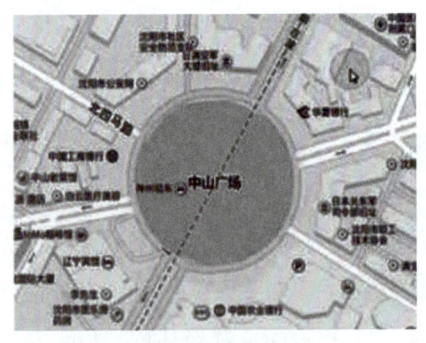

(a) 45°视角　　　　(b) 垂直视角

图 2-19　不同视角下电子地图视觉表达

(3) 地理(大地)坐标缺点

自古人们习惯看平面的物体。如果将地理坐标系统直接对应到纸张也可以,但映射过来的形状都特别奇怪,以至于在现实世界中的一块圆形的农田,映射后变成平面地图上的一个奇怪的椭圆形。人们看到地图上的形状跟真实世界的物体对应不上,此时地图不但没有帮助人们理解空间,反而起了误导作用。

因此,就需要设计一套满足需求的投影系统,让真实世界中圆形的农田,投影到地图上依然是圆形,这样人们就很容易将地图和真实世界联系起来。

普通地图一般为平面投影后的产品,符合人的视觉心理。根据不同需求,选择不同的投影方式,就可以得到如等角度、等距离或者等面积的不同地图平面投影结果。

2. 平面坐标系统

(1) 测量工作中大地坐标转平面坐标目的

地球是一个不可展的曲面,通过各种投影方法将地球表面点位换算到平面上投影存在变形,需要根据目的要求选择不同的投影方法。

由于大地坐标在局部测量工作中不方便使用,智能测量数据分析一般需要在平面直角坐标系中进行。

(2) 不同用途需求的投影选择

地图投影的种类很多，一般按照两种标准进行分类：一是按投影的变形性质分类，二是按照投影的构成方式分类。

如果按照投影的变形性质划分则包括等角投影、等积投影、任意投影等。根据投影构成方式可以分为两类：几何投影和解析投影。

几何投影是把椭球面上的经纬网直接或附加某种条件投影到几何承影面上，然后将几何面展开为平面而得到的一类投影，包括方位投影、圆锥投影和圆柱投影。几何投影常用的分类如下：

A. 方位投影：以平面作为几何承影面，使平面与椭球面相切或相割，将球面经纬网投影到平面上而成的投影。在切点或割线上无任何变形，离切点或割线越远，变形越大。

B. 圆锥投影：以圆锥作为几何承影面，使圆锥与椭球面相切或相割，将球面经纬网投影到圆锥面上而成的投影。该投影适用于中纬度地带沿纬线方向伸展地区的地图，我国的地图多用此投影。

C. 圆柱投影：以圆柱作为几何承影面，使圆柱与椭球面相切或相割，将球面经纬网投影到圆柱面上而成的投影。该投影方式一般适用于编制赤道附近地区的地图和世界地图。

表 2-3 列出了适用于我国不同比例地图的投影及对应的主要投影参数。

表 2-3　　　　　　　　　　　我国不同比例地图投影选择

地图类型	所用投影	主要技术参数
中国全图	斜轴等面积方位投影 斜轴等角方位投影	投影中心：$j=27°30', \lambda=+105°$ 或 $j=30°30', \lambda=+105°$ 或 $j=35°00', \lambda=+105°$
中国全图 （南海诸岛作插图）	正轴等面积割圆锥投影 （Albers 投影）	标准纬线： $j1=25°00', j2=47°00'$
中国分省（区）地图 （海南省除外）	正轴等角割圆锥投影 （Lambert 投影） 正轴等面积割圆锥投影	各省（区）图分别采用 各自标准纬线
中国分省（区）地图 （海南省）	正轴等角圆柱投影 （Mercator 投影）	各省（区）图分别采用 各自标准纬线
国家基本比例尺地形图系列 1：100 万	正轴等角割圆锥投影	按国际统一 4°×6°分幅， 标准纬线：$j1=js+35', j2=jn+35'$
国家基本比例尺 地形图系列 1：5 万～1：50 万	高斯-克吕格投影 （6°分带）	投影带号 (N)：13～23 中央经线：$\lambda 0=(6N-3)$
国家基本比例尺地形图系列 1：5 000～1：2.5 万	高斯-克吕格投影 （3°分带）	投影带号 (N)：24～46 中央经线：$\lambda 0=3N$
城市图系列（1：500～1：5 000）	城市平面局域投影或 城市局部坐标的高斯投影	—

从表中可知,我国主要地形图产品(1∶50万以下)均采用基于高斯-克吕格投影的圆柱投影,具体投影方法介绍如下。

(3)测量中常用的几种投影模型

①高斯-克吕格投影(Gauss-Krüger)

高斯-克吕格投影又称横轴墨卡托投影,是通过圆柱投影展开方式,将曲面改化到平面。横轴墨卡托投影如图 2-20 所示,从投影变形特性说,它属于正射保角投影,投影后只有中央子午线上的边长方位不变。离中央子午线越远,投影后产生的边长、方向变形越大。

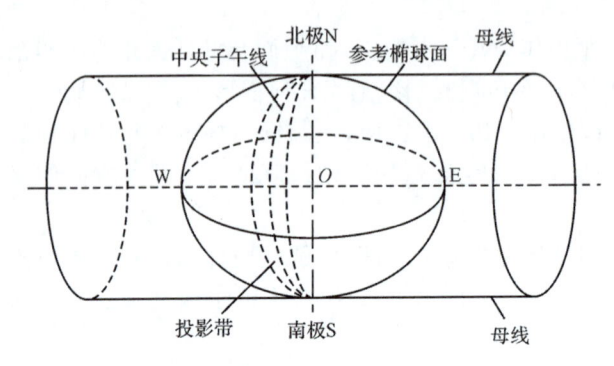

图 2-20 横轴墨卡托投影

为控制由球面正射投影到平面引起的长度变形,高斯投影采取分带投影的方法,使每带区域内的最大变形能够控制在测量精度允许的范围内。通常采取 6°分带法,即从格林尼治首子午线起每隔经差 6°划分一个投影带(图 2-21(a)),由西向东将椭球面等分为 60 个带,并依次编排带号 N。位于各带边上的子午线称为分带子午线,位于各带中央的子午线称为中央子午线(图 2-21(b))。6°带中央子午线的经度 L_0 可按式(2-1)计算:

$$L_0 = 6N - 3 \tag{2-1}$$

(a)投影带　　　　　　　　(b)分带投影带

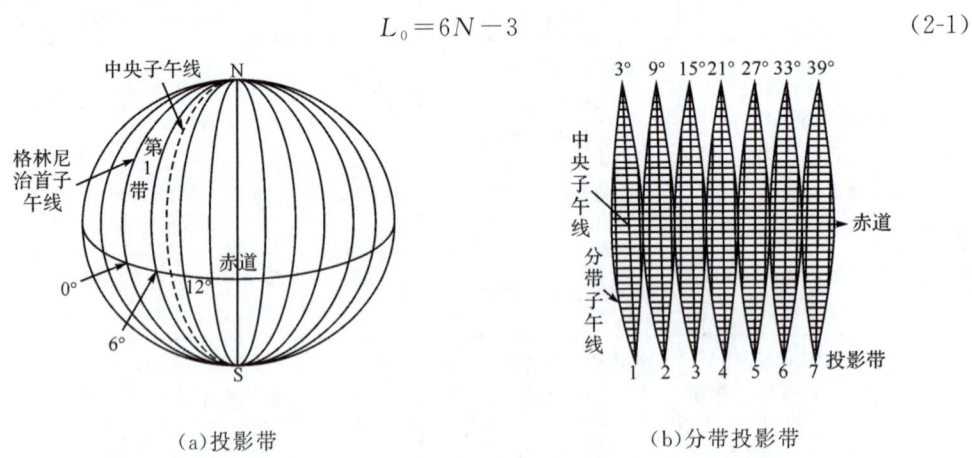

图 2-21 投影后的 6 度分带

为了更进一步控制变形,以满足精密智能测量和大比例尺测图的需要,还可细分投影带,即采取 3°分带法或 1.5°分带法进行投影分带。3°分带是从东经 1.5°开始,自西向东每隔 3°划分为 1 个投影带,带号 N' 依次编为 1~120(图 2-22)。3°带中央子午线的经度 L_0

可按式(2-2)计算：
$$L_0 = 3N' \tag{2-2}$$

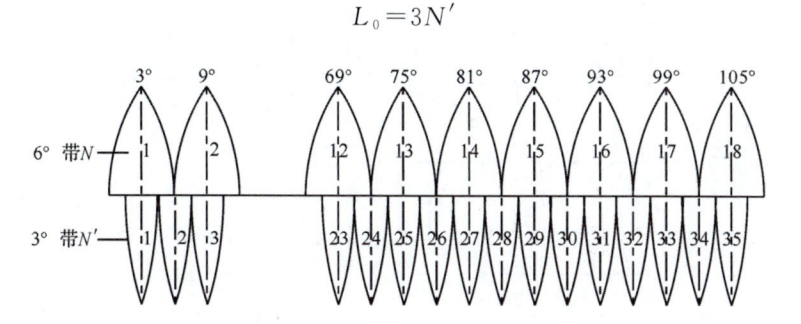

图 2-22　6°投影分带与 3°投影分带联系

②网络地图常用的投影方式

ArcGISOnline、谷歌地图、百度、腾讯等网络地理所使用的地图投影，常被称作 Web 墨卡托投影和球面墨卡托投影(Web Mercator & Spherical Mercator)，它是正轴等角圆柱投影。具体地说，它以整个世界为范围，赤道作为标准纬线，本初子午线作为中央经线，两者交点为坐标原点，向东向北为正，向西向南为负。

由于存在投影的角度变形。这种变形势必影响网络地图上的坐标精度。

③通用横轴墨卡托投影(Universal Transverse Mercator, UTM)

通用横轴墨卡托投影，是一种"等角横轴割圆柱投影"。椭圆柱割地球于南纬 80°、北纬 84°两条等高圈，投影后两条相割的经线上没有变形，而中央经线上长度比为 0.9996。该投影角度没有变形，中央经线为直线，且为投影的对称轴，中央经线的比例因子取 0.9996 是为了保证离中央经线左右约 330 km 处有两条不失真的标准经线。

UTM 投影自西经 180°起每隔 6°经差自西向东分带，将地球划分为 60 个投影带。从 180°经线开始向东将这些投影带编号，从 1 编至 60。每个带再划分为 8°纬差的四边形。四边形的横行从南纬 80°开始，用字母 C 至 X(不含 I 和 O)依次标记(第 X 行包括北半球从北纬 72°～84°全部陆地面积，共 12°)每个四边形用数字和字母组合标记。我国在 43N～53N 带。

由于 UTM 显著地减小了边缘地区的长度变形，在低纬地区这种效果更为明显。许多国家都把它作为高斯投影的改进。

UTM 与高斯-克吕格投影区别(图 2-23)：

A. 投影方式不同。

B. 椭球参数不同：高斯-克吕格投影采用的是 1975 椭球；UTM 投影采用的是 1984 椭球。

C. 分带方法不同：同一中央子午线两者 6°带号有如下换算关系：
$$N_{\text{GAUSS}} = N_{\text{UTM}} - 31 \tag{2-3}$$

D. 中央经线上长度比系数不同。

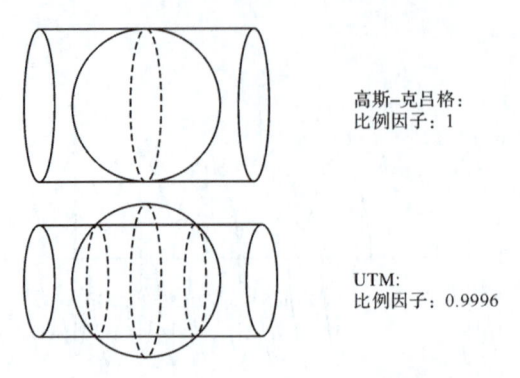

图 2-23　UTM 与高斯-克吕格投影区别

(4) 不同投影下平面直角坐标系定义

坐标系是描述物质存在的空间位置(坐标)的参照系,通过定义特定基准及其参数形式来实现。

① 高斯坐标系

基于高斯投影平面。取中央子午线与赤道交点的投影为原点,中央子午线的投影为纵坐标 X 轴,赤道的投影为横坐标 Y 轴,构成高斯-克吕格平面直角坐标系。

高斯坐标系象限如图 2-24 所示,高斯坐标系与数学的笛卡儿坐标系的差异为 X 轴与 Y 轴互换了位置,象限按顺时针方向编号。这样可保证各类三角函数计算可直接在高斯坐标系中进行。

我国位于北半球,X 坐标值恒为正,Y 坐标值则有正有负,最大的 Y 坐标负值约为 -365 km。为保证 Y 坐标恒为正,我国统一规定将每带的坐标原点向西移 500 km,即给每个点的 Y 坐标值加 500 km。

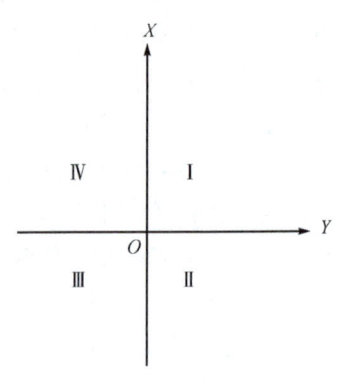

图 2-24　高斯坐标系象限

为明确投影带的位置,高斯坐标通常还在 Y 坐标前冠以带号。

② UTM 坐标系

UTM 投影平面也是取中央子午线与赤道交点的投影为原点,中央子午线的投影为纵坐标 X 轴,赤道的投影为横坐标 Y 轴,构成 UTM 平面直角坐标系。UTM 坐标(X_{utm},Y_{utm})与高斯坐标(X_{gauss},Y_{gauss})可以近似按式(2-4)、(2-5)进行互换计算。如果坐标纵轴 Y 值西移了 500 km,转换时必须将 Y 值减去 500 km 乘上比例系数后再加 500 km 进行转换。其中高斯坐标转 UTM 坐标:

$$\begin{cases} X_{utm} = 0.9996 X_{gauss} \\ Y_{utm} = 0.9996 [Y_{gauss} - 500\,000] + 500\,000 \end{cases} \tag{2-4}$$

同样,UTM 坐标转高斯坐标:

$$\begin{cases} X_{gauss} = \dfrac{X_{utm}}{0.9996} \\ Y_{gauss} = \dfrac{[Y_{utm} - 500\,000]}{0.9996} + 500\,000 \end{cases} \tag{2-5}$$

为了保证转换精度,可采用控制点上的比例因子 K 来代替 0.9996。

除了制作地形图,UTM 还可以作为卫星影像和自然资源数据库的参考格网以及要求精确定位的其他应用。

③部分在线地图坐标系

GCJ02:又称在线地图火星坐标系,如图 2-25 所示,是由中国国家测绘局制订的地理信息系统的坐标系统。是由 WGS-84 坐标系经加偏后形成的坐标系,即将真实的坐标加偏成虚假的坐标。而这个加偏并不是线性的加偏,所以各地的偏移情况都会有所不同。加偏后的坐标也常被人称为火星坐标系统。

BD09:又称百度坐标系,在 GCJ02 坐标系基础上再次加密。其中 BD09ll 表示百度经纬度坐标,BD09mc 则表示百度墨卡托米制直角坐标。

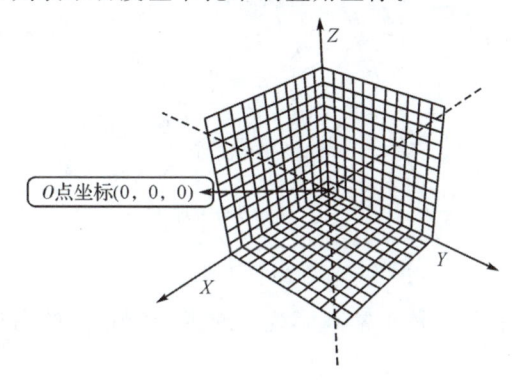

图 2-25 在线地图火星坐标系

④任意平面坐标系

当测量范围较小时,可直接把测区(或施工区域)的球面投影作为平面(数据计算时可以把地球近似为半径 $R=6\ 371\ km$ 球体),把地面点沿铅垂线投影到水平面上,用直角坐标系表示各点的位置。相对坐标系通常选择测区(或施工区域)西南角为原点,如图 2-26 所示的某大坝施工坐标系。

图 2-26 某大坝施工坐标系

2.3 智能测绘中的高程基准

高程基准选择不同,高程概念也不一样,如图 2-27 所示的高程基准面,测量当中不同高程基准对应不同高程概念,如正高对应大地水准面、正常高对应似大地水准面、大地高对应选定的地球椭球面。而正常高俗称海拔。

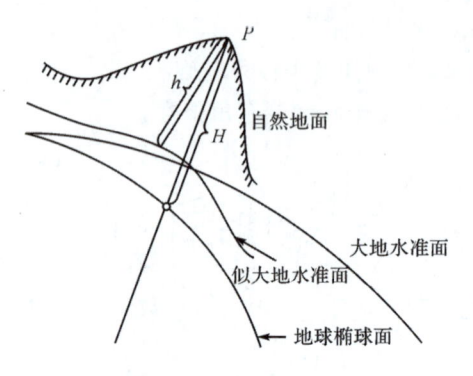

图 2-27 高程基准面

我国大范围高程系统,采用的是正常高系统。或者说测量中的高程一般是指以似大地水准面为高程基准的。

1. 高程基准及相关概念

(1)1985 国家高程基准

1985 国家高程基准(我国目前采用):根据青岛验潮站 1952 年至 1979 年的观测资料所确定的黄海平均海水面(其高程为零)作起算面的高程系统,并在青岛观象山建立了固定水准原点。

青岛观象山国家高程原点如图 2-28 所示,高程原点由一段 18 cm 长的半球形玛瑙镶嵌在建筑体内的花岗岩石顶构成(右图水准原点的高程为 72.260 m,全国各地的高程都以它为基准进行测算)。

图 2-28 青岛观象山国家高程原点

另外，我国曾经采用的 1956 年黄海高程系根据青岛验潮站 1952 年至 1956 年的观测资料所确定的黄海平均海水面，其与 1985 年国家高程基准面相差 29 mm。

(2) 理论深度基准

以当地理论深度基准面为基准(按当地水文验潮资料推算，一般以理论最低潮面为理论深度基准面，我国沿海各港口测量也采用基于最低潮面下 0.5 m 筑港零点)；除了 1985 国家高程基准，理论深度基准也是水下地形测量中常用的基准之一。图 2-29 所示为某堤坝水尺装置。

图 2-29　某堤坝水尺装置

(3) 绝对高程与相对高程

地面点沿投影方向(铅垂方向)到高程基准面的距离称为高程。最常用的高程系统是以大地水准面作为高程基准面起算的。地面点至大地水准面的铅垂距离，称为该点的绝对高程或海拔(图 2-30 中 H_A 和 H_B)。

在局部地区或独立的工程项目中，如果引测绝对高程存在困难时，可以假定一个水准面，作为假定高程基准面。地面点至假定水准面的铅垂距离，称为该点的相对高程或假定(建筑)高程(图 2-30 中 H'_A 和 H'_B)。

当某区域中两个基准面相差很小时，一定要谨慎确认选用的高程基准。

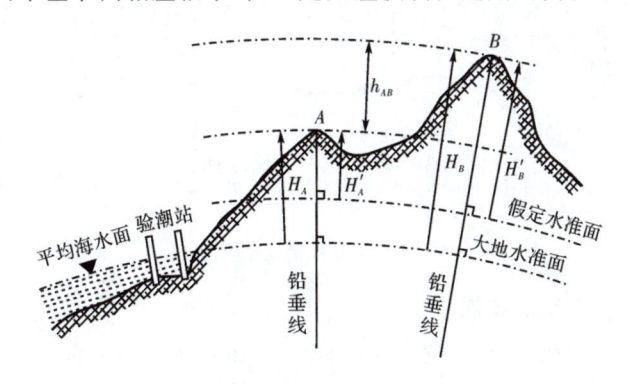

图 2-30　两个基准与高程关系

2. 高程在工程建设中作用

高程是道路、桥隧、水利、海洋、自然资源调查、地球科学等工程与科研所必需的基础性信息。工程建设中高程应用如图2-31所示。

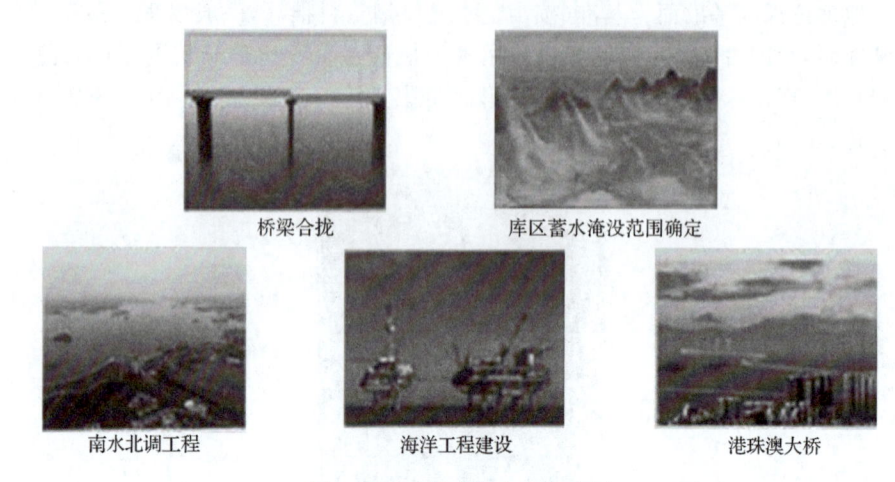

桥梁合拢　　库区蓄水淹没范围确定

南水北调工程　　海洋工程建设　　港珠澳大桥

图2-31　工程建设中高程应用

我国1975年(8 848.48 m)和2005年(8 844.44 m)、2020年(8 848.86 m)三次大规模珠峰测量，都是利用水准测量和重力测量技术，将位于青岛的黄海高程基准面值传递至珠峰地区，实现了珠峰高程起算面的确定。图2-32为珠峰顶海拔高程测量描述。

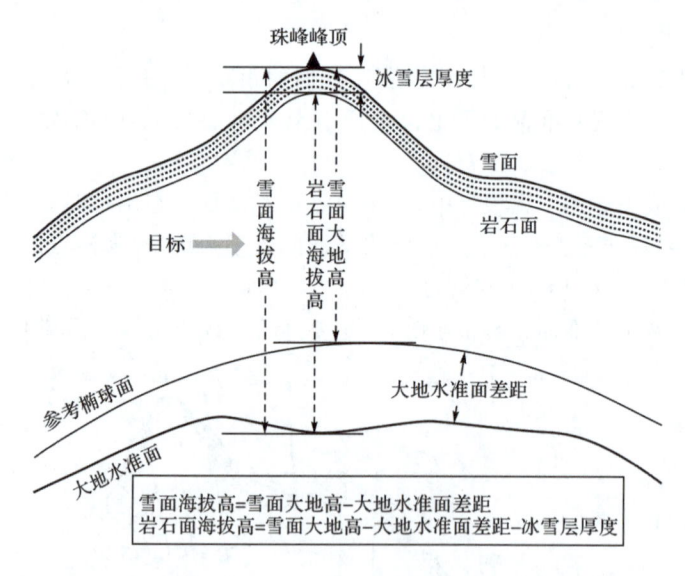

雪面海拔高=雪面大地高−大地水准面差距
岩石面海拔高=雪面大地高−大地水准面差距−冰雪层厚度

图2-32　珠峰顶海拔高程测量

3. 我国高程基准现状及发展

高程基准发展过程如图2-33所示，我国高程基准发展过程已进入第三代，并向第四代发展。

第2章 现代测绘数据解算基准

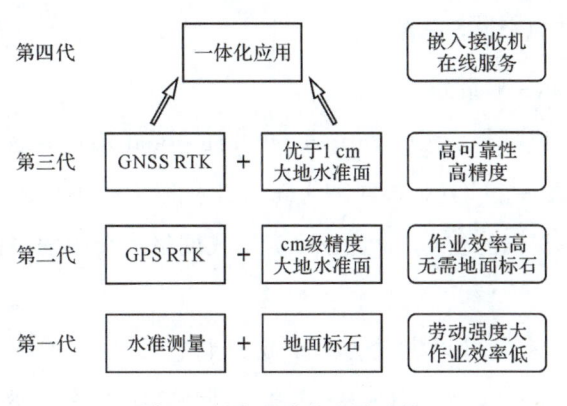

图 2-33 高程基准发展过程

2.4 现代智能测绘基准构成

1. 国家测绘基准数据库构架分布

测绘基准数据库是将国家级平面、高程、重力、GPS 测量控制点的数据，包括其点号、点名、坐标、高程等，经过编辑处理，建成的数据库。该数据库为国民经济和社会信息化提供了一个统一的空间定位控制平台以及规范化的管理及社会化服务。

国家测绘基准体系在形式上包括国家空间大地坐标基准框架、国家高程基准框架、国家重力基准框架、高分辨率的地球重力场和似大地水准面等。国家测绘基准数据库框架如图 2-34 所示。

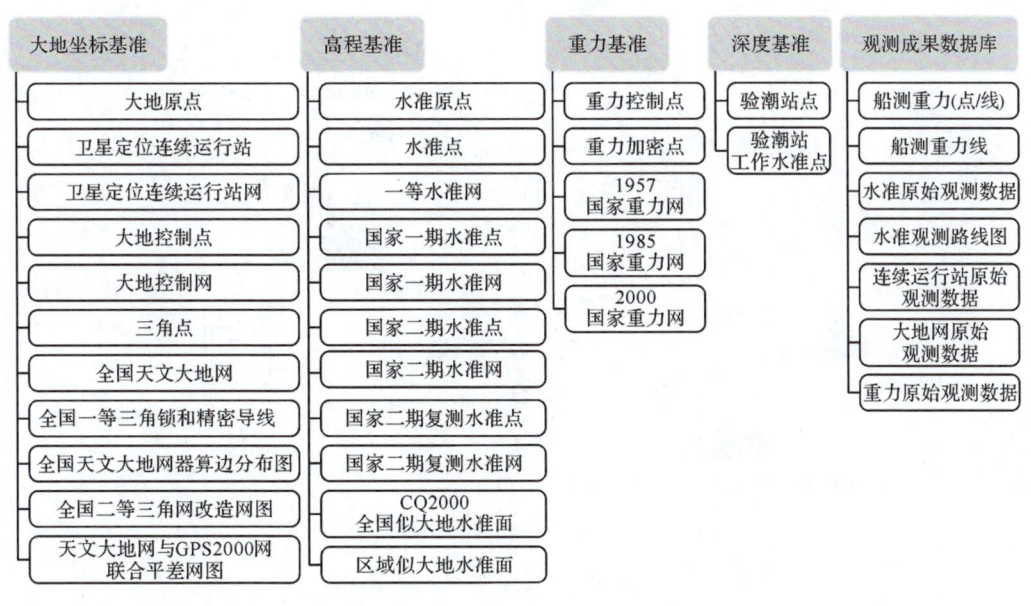

图 2-34 国家测绘基准数据库框架

33

2. 基于大地基准的 CORS 基站

(1) GNSS 下 CORS 基站分类

连续运行卫星定位服务系统(Continuous Operational Reference System,CORS)是现代 GPS 的发展热点之一。CORS 将网络化概念引入到了大地测量应用中,该系统的建立不仅为测绘行业带来深刻的变革,而且也将为现代网络社会中的空间信息服务带来新的思维和模式。

连续运行参考站系统可以定义为一个或若干个固定的、连续运行的 GPS 参考站,CORS 单基站系统如图 2-35 所示,CORS 多基站(网)系统如图 2-36 所示。CORS 利用现代计算机、数据通信和互联网技术组成的网络,实时地向不同类型、不同需求、不同层次的用户自动地提供经过检验的不同类型的 GPS 观测值(载波相位、伪距),各种改正数、状态信息以及其他有关 GPS 服务项目的系统。与传统的 GPS 作业相比连续运行参考站具有作用范围广、精度高、野外单机作业等众多优点。

一般 CORS 由基准站网、数据处理中心、数据传输系统、定位导航数据播发系统、用户应用系统五个部分组成,各基准站与监控分析中心间通过数据传输系统连接成一体,形成专用网络。而用户只需一台接收机即可进行厘米级的实时快速定位。

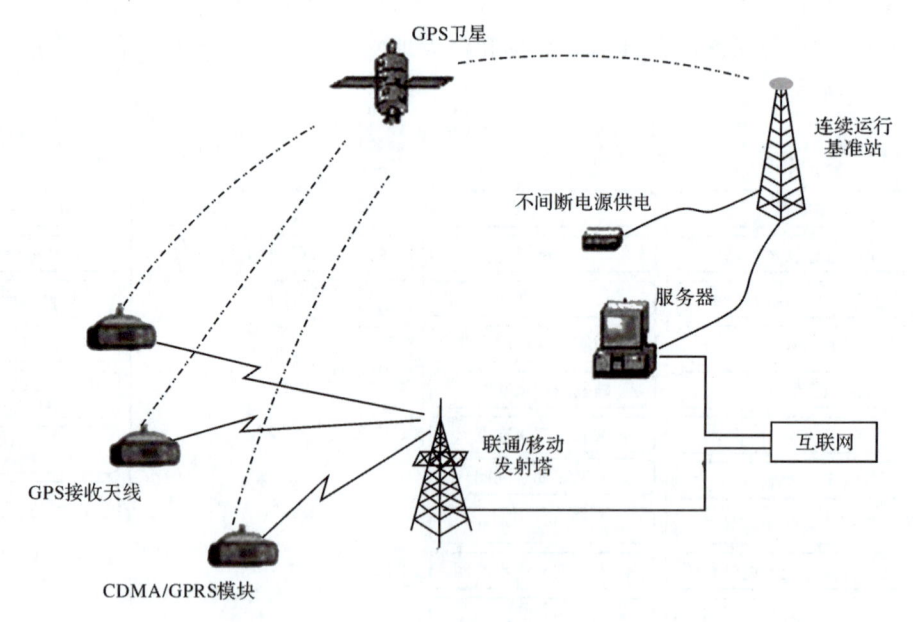

图 2-35 CORS 单基站系统

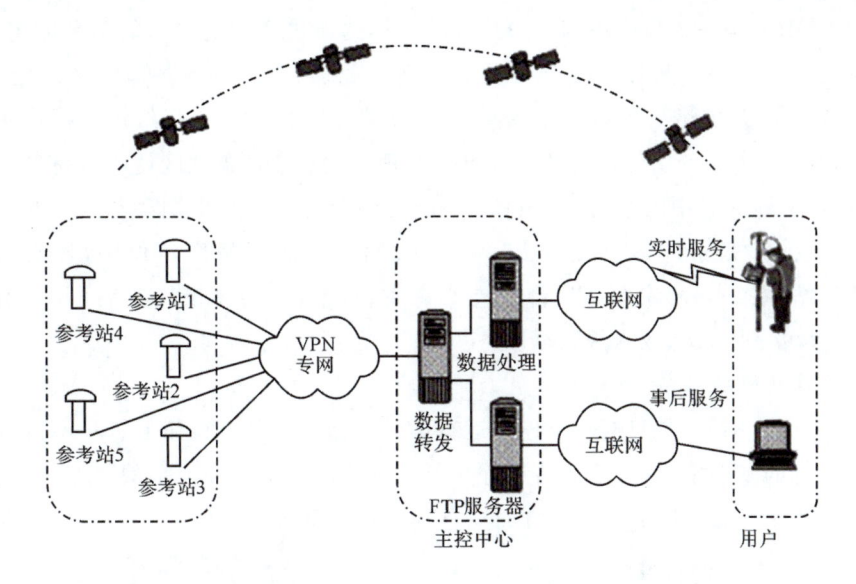

图 2-36 CORS 多基站(网)系统

(2) GNSS 下 CORS 基准网分级

随着国家信息化程度的提高及计算机网络和通信技术的飞速发展,电子政务、电子商务、数字城市、数字省区和数字地球的工程化和现实化需要采集多种实时地理空间数据,因此,中国发展 CORS 的紧迫性和必要性越来越突出。近几年来,国内不同行业已经陆续建立了一些专业性的卫星定位连续运行网络,为满足国民经济建设信息化的需要,一大批城市、省区和行业正在筹划建立类似的连续运行网络系统,单连续运行参考站网络系统的建设高潮正在到来。

① 国家级 CORS 站点网

全国范围内建设 360 个国家 GNSS 连续运行基准站,形成国家大地基准框架的主体,维持国家三维地心坐标框架。

② 省、市、区 CORS 基站

目前国内"CORS 账号/CORS 网"系统主要有三种。

省 CORS:由国家测绘部门组织建设的"全国卫星导航定位基准服务系统",如省级 CORS 网、县级 CORS 网这样的区 CORS 都属于这个系统的产物。它在各区域独立运营,技术、服务也相对独立。如图 2-37 所示为某城市 CORS 网基站分布图。

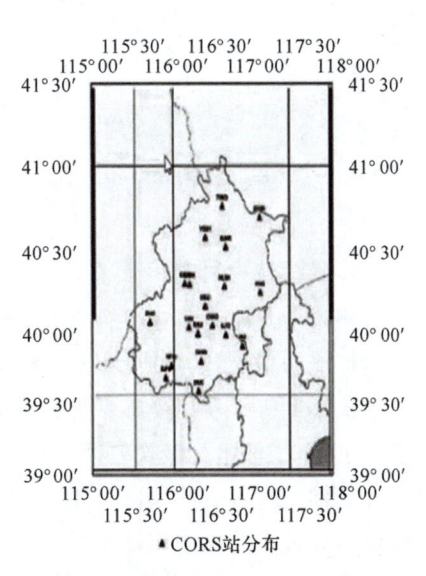

图 2-37 某市 CORS 基站分布

千寻 CORS:是一款高可用、高并发、云端一体的覆盖全国的厘米级高精度定位服务,由阿里巴巴集团和中国兵器工业集团共同打造,依托国家北斗地基增强系统"全国一张网"、定位算法及大规模互联网服务平台,可以实现 7×24 h 为十亿级用户提供水平精度 2 cm、高程精度 5 cm 的实时定位数据。可以实现全国任意覆盖地区使用不受限制。

移动 CORS:又名中国移动"OnePoint"高精度定位产品,是中国移动依托全国站址资源优势,建设的一张全球站点规模大、选址优、制式新的高精度定位网,拥有 4 400 座 CORS 基准站(图 2-38),除港、澳、台以外所有省、自治区、直辖市均覆盖,可实现并提供 7×24 h 毫米级、厘米级、亚米级数据服务。

③企事业规模单基站

单基站(图 2-39)就是只有一个连续运行站。类似于一加一的 RTK,只不过基准站由一个连续运行的基准站代替,基准站上有一个控制软件实时监控卫星的状态,存储和发送相关数据。系统优点是造价维护便宜而缺点则是精度覆盖范围小。

图 2-38　CORS 基准站　　　　图 2-39　单基站

2.5　不同基准下坐标成果换算

1. 坐标转换目的和意义

测量实践中受各种条件限制,每个项目采集到的资料并不一定都是一致的。如坐标类型可能包括大地经纬度坐标、平面坐标等,也有可能采用的椭球不同(坐标系不同)或投影方式不同等。所以坐标系的相互转换在测量实践中的使用非常普遍,如大地坐标转换平面坐标,平面坐标转换空间直角坐标,平面坐标转换大地坐标等。

坐标变换可以涉及两个不同的坐标系统,即源坐标系统和目标坐标系统。源坐标系统是指被转换的点的初始坐标系统,而目标坐标系统则是指被转换的点的最终坐标系统。要实现坐标变换,需要先找到不同坐标系统之间的关系,然后根据这些关系计算出变换参数。

变换参数有两大类：平移参数和旋转参数。平移参数用来指定从源坐标系到目标坐标系的平移量，也就是每个坐标轴上的平移距离。旋转参数则用来指定源坐标系在目标坐标系中的旋转角度。不同椭球基准下的空间直角大地坐标系统间点位坐标转换时，需要有共同参考系统下的已知点，方能实现转换模型中的参数解算。

在坐标系统转换过程中，一般会涉及 1954 年北京坐标系、1980 西安坐标系、WGS-84 坐标系、2000 国家大地坐标系间的地球（参考）椭球基准及参数。对于基于位置服务的互联网在线地图使用的坐标系转换还有其自身特点。

2. 坐标系转换技术路线

(1) 重合点选取原则

转换重合点选取如图 2-40 所示，选用两个坐标系下均有坐标成果的已知控制点。选取的基本原则为等级高、精度高、局部变形小、分布均匀、覆盖整个转换区域。

(2) 转换参数计算

① 利用选取的重合点和转换模型计算转换参数。

② 用得到的转换参数计算重合点坐标残差。

③ 剔除残差大于 3 倍点位中误差的重合点。

④ 重新计算坐标转换参数（重复上述①、②、③计算过程），直到满足精度要求为止。

⑤ 最终用于计算转换参数的重合点数量与转换区域大小有关，但不得少于 6 个。

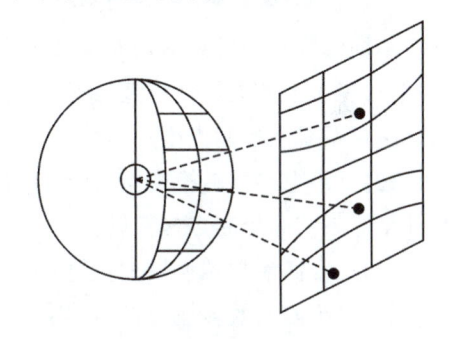

图 2-40 转换重合点选取

⑥ 根据最终确定的重合点，按照转换区域范围，选取适用的转换模型，利用最小二乘法计算转换参数。

3. 不同基准坐标系转换模型选择

(1) 三维七参数坐标转换模型：用于不同地球椭球基准下的大地坐标系统间点位坐标转换，涉及三个平移参数，三个旋转参数和一个尺度变化参数，同时需顾及两种大地坐标系所对应的两个地球椭球长半轴和扁率差，三维七参数转换如图 2-41(a) 所示。

(2) 二维七参数转换模型：用于不同地球椭球基准下的椭球面上的点位坐标转换，涉及三个平移参数，三个旋转参数和一个尺度变化参数。

(3) 三维四参数转换模型：用于局部坐标系间的坐标转换，涉及三个平移参数和一个旋转参数。

(4) 二维四参数转换模型：用于范围较小的不同高斯投影平面坐标转换，涉及两个平移参数，一个旋转参数和一个尺度参数。对于三维坐标，需将坐标通过高斯投影变换得到平面坐标，再计算转换参数，二维四参数转换如图 2-41(b) 所示。

(5) 多项式拟合模型：不同范围的坐标转换均可用多项式拟合。但转换后的精度需进行检核。实用中有两种形式，椭球面上 B/L 和平面 X/Y 表现形式。最简单拟合模型为平移。

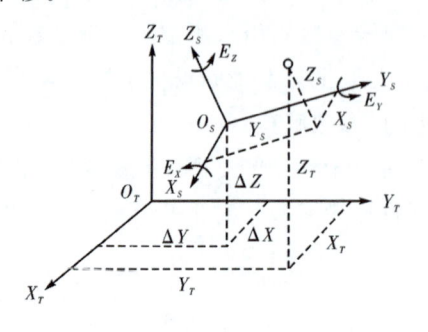

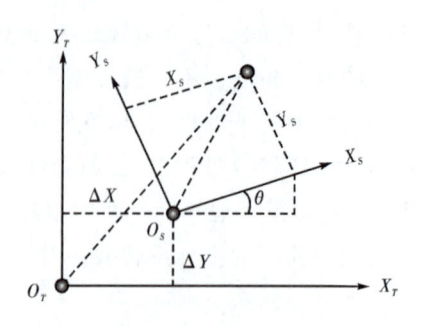

(a) 三维七参数转换

(b) 二维四参数转换

图 2-41　转换模型参数选择

4. 坐标基准转换模型适用对象

不同参数转换模型适用对象及转换关系如图 2-42 所示，具体地说：

(1) 三维七参数转换模型：适用于全国及省级椭球面 3°及以上不同地球椭球基准下的大地坐标系统间控制点坐标转换。

(2) 二维七参数转换模型：适用于全国及省级椭球面 3°及以上不同地球椭球基准下的大地坐标系统间控制点坐标转换。

(3) 三维四参数转换模型：适用于省级以下或 2°以内局部范围控制点坐标转换。

(4) 二维四参数转换模型：适用于省级以下控制点平面坐标转换、相对独立的平面坐标系统与 2000 国家大地坐标系的转换。

(5) 多项式拟合模型：在椭球面上适用于全国或大范围的拟合；平面拟合多用于相对独立的平面坐标系统转换。

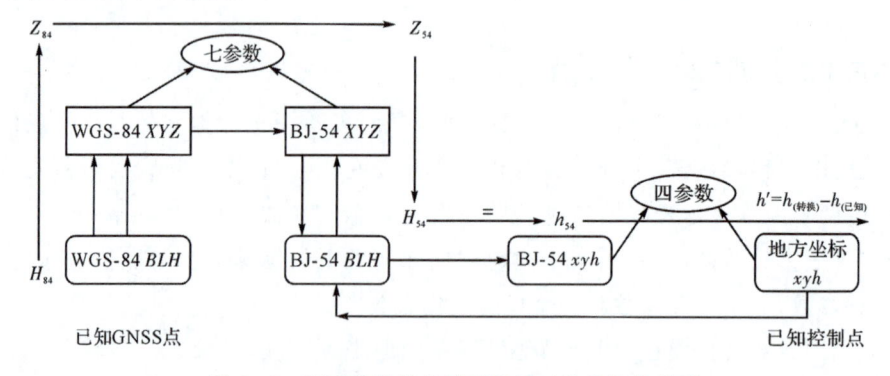

图 2-42　不同参数转换模型适用对象及转换关系

5. 不同基准坐标转换精度评估

(1) 重合点残差 V

V = 重合点转换坐标值 - 重合点已知坐标值

(2) 空间点位中误差

空间点位中误差式中，包括空间直角坐标 X 残差中误差、空间直角坐标 Y 残差中误差、空间直角坐标 H 残差中误差。坐标转换精度评估如图 2-43 所示,PRMS 列为空间点位中误差。

(3)平面点位中误差

平面点位中误差式中,包括平面坐标 x 残差中误差、平面坐标 y 残差中误差。如图 2-43 所示的 HRMS 列。

图 2-43 坐标转换精度评估

6. 不同高程(深度)基准下的高程转换

(1)1985 年国家高程基准(H_{85})与 1956 年黄海高程(H_{56})转换:

$$H_{85}=H_{56}-0.029(\text{m}) \tag{2-6}$$

(2)大地高 H 与正常(海拔)高 h 转换:

$$h_{\text{正常高}}=H_{\text{大地高}}-\xi \tag{2-7}$$

大地高 H 等于正常高 h 与高程异常 ξ 之和,GPS 测定的是大地高,要求得正常高必须先知高程异常。

在局部 GPS 网中已知一些点的高程异常,可由 GPS 加水准的成果算得。

而目前是利用精化大地水准面模型(目前已达厘米级),以及利用多面函数拟合法求定其他点的高程异常 ξ,并获取正常高 h。

(3)特定区域水下高程基准及转换

当地平均海面与青岛高程基点是有差别的。而海图零点理论深度即为基准面筑港零点(老港口历史上都有各自的筑港零点,各港筑港零点与理论最低潮面相差数十厘米)。不同水下基准可以基于当地资料进行换算。图 2-44 所示为某港口水下高程基准关系。

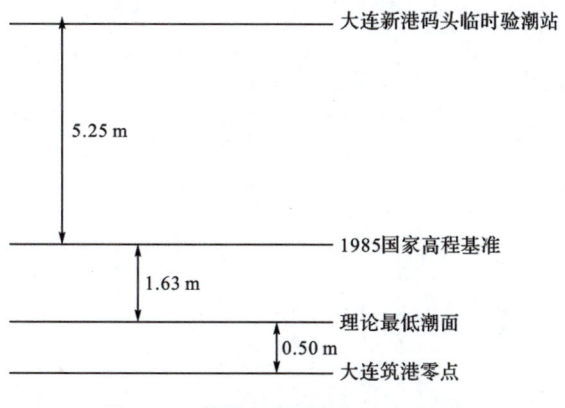

图 2-44 某港口水下高程基准关系

本章知识点概述

1. 现代测绘的测量基准。
2. 椭球基准面下的坐标系。
3. 现代测绘中的高程基准。
4. 现代智能测量基准构成。
5. 不同基准下的坐标成果换算。

思考题

1. 介绍基准面与基准线。
2. 描述大地水准面与似大地水准面的联系与区别。
3. 测量基准确定满足的两个条件是什么?
4. 地球椭球和参考椭球的定义分别是什么?各适用于什么情况?
5. 简述2000国家大地坐标系的概念。
6. 介绍高斯-克吕格投影,其与UTM投影有何区别。
7. 6度带和3度带的带号与中央子午线关系有何区别?
8. 高程基准有哪些?测绘中常采用的是哪个?介绍1985国家高程基准。
9. 介绍绝对高程与相对高程的联系和区别。
10. 国家测绘基准数据库包括哪几部分?
11. 什么是CORS?简述我国不同层次的CORS建设。
12. 分析测量中坐标转换模型和参数选择的特点。

第 3 章

智能测绘空间数据采集要素

3.1 确定点位坐标之测量要素

1. 确定地面点位的测量要素

确定地面点(单点或点云)位置的三个测量要素是距离、角度和高差,而这些测量要素的获取是采用不同的测量设备和观测方法在外业测量中直接获取的,这些采集的要素又称为原始数据(Raw Data)。

选定不同测量工作基准面和投影方式,得到的投影后的水平距离、水平角度和高差数值可能不同。

根据用途,地面点可以用一维、二维、三维甚至四维形式表达。它们均与上述三个要素的采集获取有关。其中一维是空间点到基准面投影距离或称高程,二维是空间点投影在基准面点的位置或称平面坐标,三维是空间点在实体空间框架位置或称空间坐标,而四维是空间点(点云)在实体空间位置随时间的变化序列。

(1)一维高程与外业采集方式

这种方式利用各种智能测绘手段,包括几何手段和物理手段,从地面、空中、水面等不同位置,直接或间接地获取空间点到高程基准面的铅垂距离。

如今包括电子水准仪、全站仪、机载激光测高仪、GPS等设备,已成为大范围、高精度获取测点高程的保障。

(2) 二维平面坐标与采集要素关系

确定地面目标在指定坐标系的平面位置,一般是通过测量角度、距离要素来实现的。

平面点坐标采集要素如图 3-1 所示,当地面点 $A(X_A,Y_A)$ 已知(平面控制点),通过测量和平面投影获取水平角度 β、水平距离 D,则未知点 B 的坐标(X_B,Y_B)就可按式(3-1)计算。

$$\left. \begin{array}{l} X_B = X_A + \Delta X = X_A + D \cdot \cos\beta \\ Y_B = Y_A + \Delta Y = Y_A + D \cdot \sin\beta \end{array} \right\} \tag{3-1}$$

(3) 三维空间坐标模型与采集要素关系

三维空间点获取如图 3-2 所示。在空间物体上采集一点 B 坐标。假设:控制点 A(已知点)的坐标(X_0,Y_0,Z_0),根据不同测量采集设备,可以直接或间接获得观测量 AB 间平距 S_A、方位角 α_A、高差 ΔH,则 B 点的空间三维坐标按式(3-2)计算。

$$\begin{cases} X_B = X_0 + S_A \sin\alpha_A \\ Y_B = Y_0 + S_A \cos\alpha_A \\ Z_B = Z_0 + \Delta H \end{cases} \tag{3-2}$$

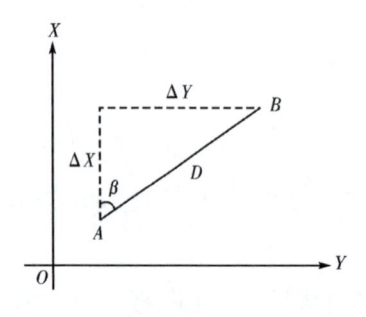

图 3-1　平面点坐标采集要素

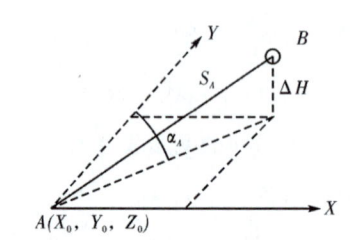

图 3-2　三维空间点获取

(4) 基于时序的四维空间坐标采集要素

在三维空间对象采集基础上,增加了采集时间要素,可以实现特征点动态定位、历史数据浏览,满足了智能化、自动化应用的需要。

如 GPS 卫星的运行轨迹描述。其在轨位置可以用 (X,Y,H,t) 表达,其中 t 为时间维度,又称 GPS 历元。

2. 测量要素采集需遵循的原则

为保证测量要素采集结果的精度和采集过程的规范性,国家及相关省市部门还发布了各种测量规范,如《工程测量标准》(GB 50026—2020)(图 3-3)。

图 3-3　工程测量标准封面

而在测量实践中要坚持如下原则：
(1)执行相关测量规范(国家、行业及相关建设项目要求)。
(2)保证测量设备运营。
(3)遵守测量工作原则。
其中,测量工作原则细则如下：
(1)在布局上,遵循"由整体到局部"的原则,即任何局部测量工作都必须服从全局的需要。
(2)在工作程序上,遵循"先控制后碎部"的原则。
(3)在精度上,遵循"由高级到低级"的原则。
(4)必须严格遵循校核的原则,即前一步工作未做校核时,不进行下一步测定工作。

3.2　高程数据采集方法

1. 高程及高程基准面

测量高程或高差是以大地水准面(或理论最低潮面)为基准的。而大地水准面是不规则的曲面。

不同的基准选择,高程概念也不一样,如测量当中就有正高对应大地水准面、正常高对应似大地水准面、大地高对应参考椭球面。

我国大范围高程系统,采用的是正常高系统,并以黄海平均海平面为准,称为1985年国家高程基准(图3-4)。

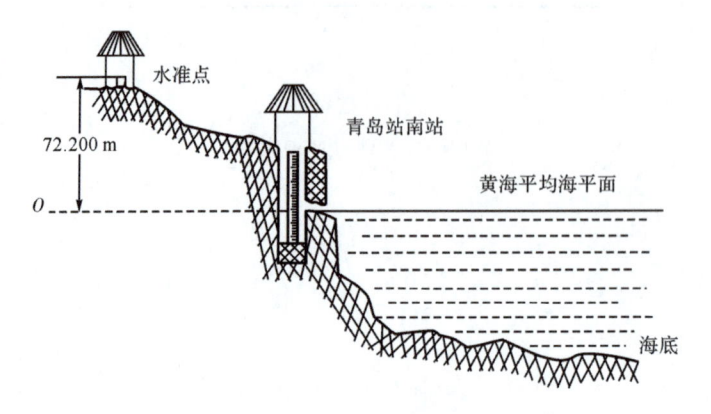

图 3-4　1985年国家高程基准

2. 高程测量起算点:水准点

地面点高程测量中,均需从附近一个已知的高程点出发才能推求出其高程。这个已知高程点称为高程控制点或水准点(Bench Mark,BM)。

水准点按其精度和作用的不同,分为国家等级水准点(图3-5(a)、图3-5(b))和普通水准点(图3-5(c)、图3-5(d)),前者需要埋设规定形式的永久性标志;而后者根据需要,可以做成永久性标志,也可设定临时性的标志。

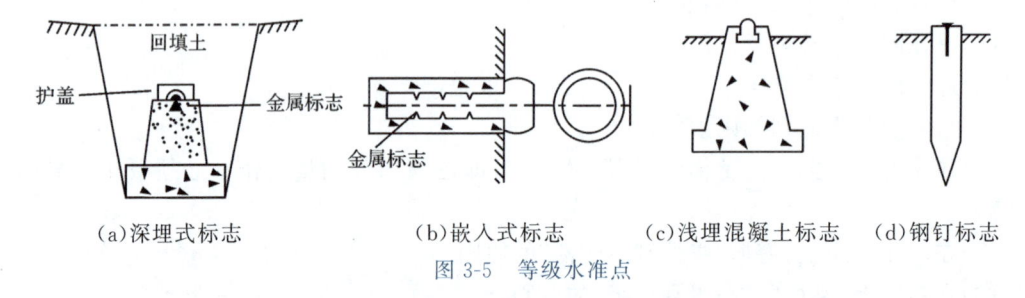

(a)深埋式标志　　(b)嵌入式标志　　(c)浅埋混凝土标志　　(d)钢钉标志

图 3-5　等级水准点

水准点应选在土质坚硬、便于长期保持和使用方便的地点。墙面上的水准点应选设于稳定的建筑物上,点位应便于寻找、符合规定。

3. 高程测量实施方法

(1)几何水准测量

几何水准测量是高程测量中的最常用方法。利用不同等级的水准测量仪器和对应的不同等级的水准尺,测定地面两点之间的高差,又称几何水准或直接水准。根据不同的精度要求与作业方法,分为精密水准测量与普通水准测量。而根据读数方法不同分为光学水准和电子水准。

①水准高程测量常用仪器设备(图 3-6、图 3-7)

(a)普通光学水准仪　　(b)精密光学水准仪　　(c)电子水准仪

图 3-6　水准测量仪器

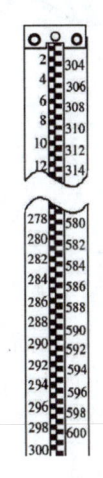

(a)普通水准尺　　(b)楔丝刻画水准尺　　(c)条码尺

图 3-7　不同等级的水准尺

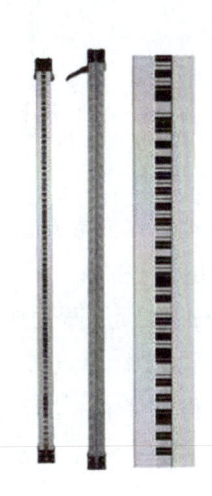

②水准测量基本原理

水准仪获取高差如图 3-8(a)所示,高程测量就是利用水准仪提供的一条水平视线,在望远镜视窗(图 3-8(b))截取测站前后视水准尺上的读数,并根据式(3-3)计算相邻 A、B 两点间的高差,并将点 A 高程通过测量的高差 h_{ab} 传递到待测点 B 上。其中若 A 点的高程 H_A 已知,则称 a 为后视读数,A 点称后视点,b 称前视读数,B 点称前视点,待定点 B 的高程为 H_B。

$$H_B = H_A + h_{ab} = H_A + (a-b) \tag{3-3}$$

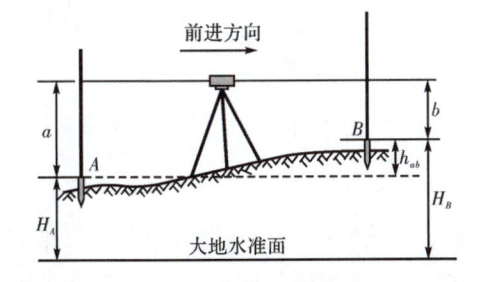

(a)水准仪获取高差　　(b)望远镜视窗

图 3-8　水准测量实施

当 A、B 两点相距较远（超过限定的最长视线距离）、高差较大或遇障碍物视线受阻时，不能只安置一站仪器就完成测量，需要采用如图 3-9 所示的连续架站方式传递高程，完成水准线路测量。

此时待定点 B 的高程 H_B 为

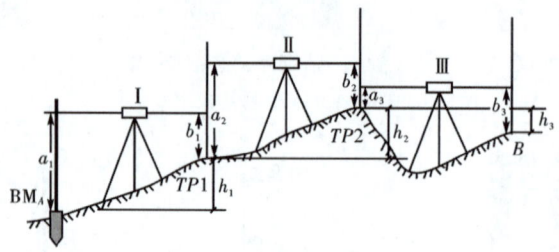

$$H_B = H_A + \sum h_{ab} = H_A + \sum_{i=1}^{n}(a_i - b_i) \tag{3-4}$$

图 3-9　连续架站方式

(2) 其他高程测量方法

① 三角几何法

三角高程测量是根据两点的水平距离和竖直角，计算两点的高差。三角高程测量如图 3-10 所示，已知 A 点高程 H_A，欲测定 B 点高程 H_B，可在 A 点安置经纬仪，在 B 点竖立标杆，测得竖直角 α 以及 A、B 点之间平距 D，量出仪器高 i 及标杆高 v，计算出 B 点的高程为

$$H_B = H_A + h = H_A + D \cdot \tan\alpha + i - v \tag{3-5}$$

② 静力水准法

静力水准测量如图 3-11 所示，液体 3 通过 U 形管连通管 6，使各个容器实现液面平衡，测定 1 基准点 A、观测点 B 到液面 2 的垂直距离，这两个垂直距离之差，就是两点间的高差。

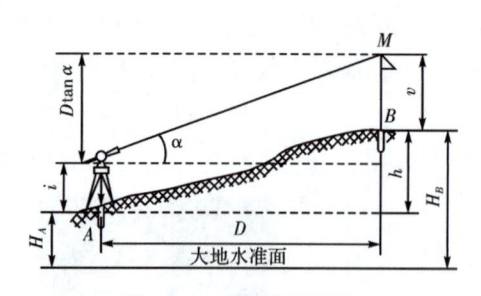

图 3-10　三角高程测量　　图 3-11　静力水准测量

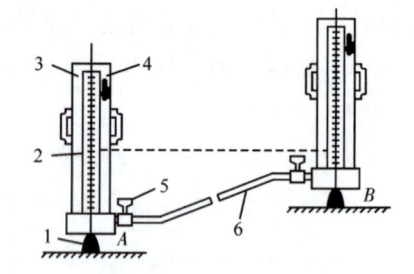

③ GPS 高程测量

采用 GPS 相对定位模式测量，可以确定已知点 A 和待测点 B 间三维基线向量（图 3-12 所示 GPS 高程测量的 ΔX、ΔY、ΔZ）。利用测得的两点基于参考椭球面高差，再结合水准联测资料可以确定或拟合待测点 B 的高程异常，从而求得 B 点正常高。这种区

域性的 GPS 水准高程方法的精度,取决于 GPS 测定大地高的精度、几何水准联测的精度、坐标变换精度和拟合计算精度。一般认为在有严密技术设计的条件下可以达到四等以上几何水准测量的精度要求。

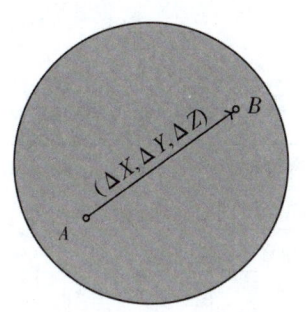

图 3-12　GPS 高程测量

④气压高程测量

气压高程测量是用气压计(图 3-13)进行高程测量的方法。大气压力以毫米水银柱(mmHg)高度表示,随高度而变化,高度每升高 11 m,压力减小 1 mmHg。由于大气压受气象变化影响很大,气压计只用于低精度的高程测量或踏勘时的草测,其优点是使用方便。中国国家法定压力单位采用帕(Pa),它和毫米水银柱(mmHg)间有固定的换算关系,即 1 mmHg=133 Pa。

图 3-13　气压计

4. 高程控制测量

(1)高程控制网建立目的

高程控制测量是建立垂直方向控制网的控制测量工作。它的任务是在测区范围内以统一的高程基准,精确测定所设一系列地面控制点的高程,为地形测图和工程建设测量提供依据。高程控制网建立目的:①提供相关服务高程基准;②提供起算数据和检核数据;③减小水准线路传递误差,对测量成果进行复核;④点位稳定,能够长期、反复使用;⑤加密高程控制点。

(2)高程控制网测量等级指标划分

我国的国家高程控制测量分为一、二、三、四等水准测量。

一等水准是国家高程控制网的骨干,是研究地壳垂直运动有关科学问题的依据。

二等水准附合于一等水准环上,是国家高程控制的全面基础。

三、四等水准测量求得控制点的高程为地形测图和各种工程建设的高程所需要。其他则根据工程建设需要,选择相应的高程控制测量等级。

如《城市测量规范》(CJJ/T8—2011)将城市水准测量分为二、三、四、图根等,具体见表 3-1。

城市首级高程控制网不应低于三等水准。

表 3-1　　城市水准测量的主要技术要求

等级	每公里高差中数中误差/mm	附合路线长度/km	水准仪的级别	测段往返测高差不符/mm	附合路线或环线闭合差/mm
二等	≤±2	400	DS1	≤±4$\sqrt{R}\times 10^6$	≤±4$\sqrt{L}\times 10^6$
三等	≤±6	45	DS3	≤±12$\sqrt{R}\times 10^6$	≤±12$\sqrt{L}\times 10^6$
四等	≤±10	15	DS3	≤±20$\sqrt{R}\times 10^6$	≤±20$\sqrt{L}\times 10^6$
图根	≤±20	8	DS10	—	≤±40$\sqrt{L}\times 10^6$

注:R 为测段的长度,L 为附合路线或环线的长度,均以"km"为单位。

(3)高程控制测量线路基本形式

为确保测量成果的精度和可靠性,可采用分段、连续设站的方法施测高程控制测量。

其中,单水准控制测量线路一般采用附合水准路线及其组合:从一个高等级水准点出发,连接若干待测高程控制点,并附合到另一个高等级水准点所形成的路线。由多条单水准线路可构成水准网,以满足大型项目需要。

单一附合水准线路如图 3-14 所示,实施附合单水准测量的线路,即从 A 点(水准点)经过 1、2 点附合到 B 点。

图 3-14　单一附合水准线路

约束条件:

$$\sum h_{测} - (H_B - H_A) < f_{h容} \tag{3-6}$$

$f_{h容}$ 称闭合差限差,在不同等级控制(表 3-1)中取值不同。其中图根水准测量的限差(mm):

$$f_{h容} = \pm 40\sqrt{L} \tag{3-7}$$

3.3　平面坐标外业采集要素

极坐标测量要素如图 3-15 所示,为获取点的平面坐标,需要在极坐标模式下,采集测站 M(极点)到待测点 N 的水平距离 D(极距)、水平角 β(极角)等测量要素。

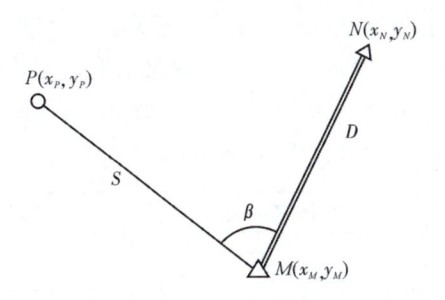

图 3-15　极坐标测量要素

1. 角度测量原理及实施

(1)角度概念

水平角及竖直角如图 3-16 所示，O 为测站点，测站仪器分别瞄准两个方向 OA、OB。水平角指 OA、OB 两个方向在水平面上的投影形成的角度 β。

竖直角指某一方向如 OA 与此方向对应的水平方向线在竖直面内的夹角 α。

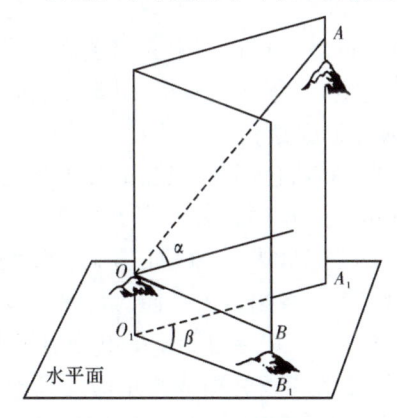

图 3-16　水平角及竖直角

(2)基于光学度盘的角度测量

光学度盘角度测量如图 3-17 所示，光学经纬仪(图 3-17(a))度盘是在 360°的全圆上均匀地刻上度为单位的刻划，并标有注记。利用光学测微尺(图 3-17(b))直接读出水平或竖直角度的度、分、秒读数。图中水平角度读数为 215°06.9′，竖直角度为 78°52.1′。

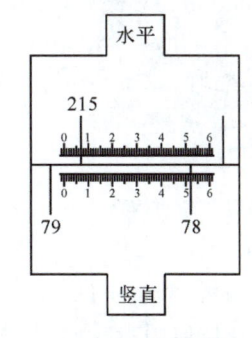

(a)光学经纬仪　　　(b)光学测微尺

图 3-17　光学度盘角度测量

（3）基于电子度盘的角度测量

电子测角一般是采用光电扫描度盘模式，从度盘上取得电信号，电信号再转换成相应角度。按测角方法的不同，电子测角分为光栅度盘测角、编码度盘测角、动态度盘测角三种。以全站仪为例，其测角模式分类如图3-18所示。

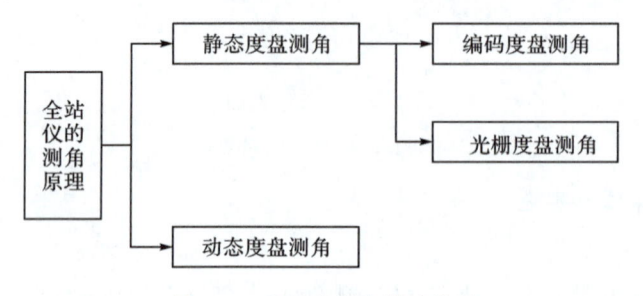

图3-18　全站仪测角模式分类

目前，基于静态度盘测角的智能全站仪已成为主流。其测角原理介绍如下：

①编码度盘测角（Coding Dial）

绝对编码度盘的构造如图3-19(a)所示，它是将度盘按放射状均匀地划分为若干区间，称为码区，再从里向外均匀划分为若干码道，用于度盘的编码。图中的度盘划分了16个码区和四个码道，称为四码道度盘。

每个码区的码道有黑色部分和白色部分，黑色部分不透光，白色部分透光。透光部分为导电区，不透光部分为非导电区。设透光为0，不透光为1，各码区从内向外，对应编码按二进制递增。如0码区为0000，1码区为0001，而15码区则为1111。

为了读取各码区的编码数，需在各扇区内不同的码道上按规律设置导电区和绝缘区，编码度盘光电读数如图3-19(b)所示，用导电和不导电分别代表二进制中的"1"和"0"。码盘上的发光二极管和码盘下的光敏二极管组成测角的读数标志，把码盘的透光和不透光的信息由光电二极管转换为电信号，获得一组二进制编码，经过译码器转成十进制，从而获取方向角度值。

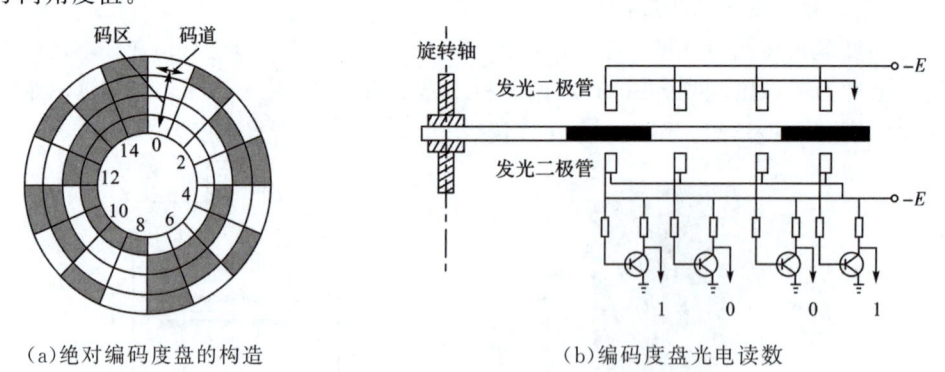

图3-19　绝对编码度盘
(a)绝对编码度盘的构造　(b)编码度盘光电读数

②光栅度盘测角（Raster Dial）

光栅度盘是在玻璃圆盘径向，均匀地按一定密度刻有交替着的透明与不透明的辐射状条纹，条纹与间隙同宽，此盘即为光栅度盘。将两块密度相同的光栅度盘重叠，并使它们的刻线相互倾斜一个很小的角度,就会出现明暗相间的条纹,这种条纹称莫尔条纹,如图3-20(a)所示。

莫尔条纹的特性是,两光栅的倾角越小,相邻明暗条纹间的间隔越大,两光栅在与其刻线垂直的方向相对移动时,莫尔条纹作上下移动。当相对移动一条刻线距离时,莫尔条纹则上下移动一周期,即明条纹正好移到原来邻近的一条明条纹的位置上。

光栅度盘如图3-20(b)所示,若发光管、指示光栅、光电管的位置固定,当度盘随照准部转动时,发光管发出的光信号,通过莫尔条纹落到光电管上。度盘每转动一条光栅,莫尔条纹移动一周期。莫尔条纹的光信号强度变化一周期,光电管输出的电流也变化一周期。

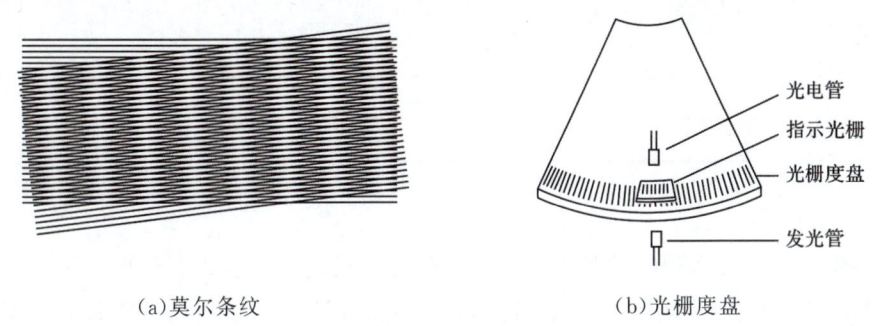

(a)莫尔条纹　　　　　　　　(b)光栅度盘

图3-20　光栅度盘测角

在照准目标的过程中,仪器的接收元件可累计出条纹的移动量,从而测出光栅的移动量,经转换得到角度值。

③绝对编码度盘与光栅度盘测角的特点

绝对编码度盘与光栅度盘均为静态度盘测角,二者特点比较见表3-2。

表3-2　　　　　　绝对编码度盘与光栅度盘测角特点比较

比较项目	绝对编码度盘	光栅度盘
测角方式	绝对式	增量式
关机后角度信息	保留	不保留
误差与噪声	不积累	积累
制造工艺	复杂	简单

(4)全站仪测回法测角实施

测回法是获取角度的最常见测量方法。根据精度要求,可以通过半测回、一测回、多测回方式实现角度测量的目的。

①水平角测量

测回法测水平角如图3-21所示,竖盘置于盘左位置时,瞄准左目标A,进行读数记a_1,沿顺时针方向转动照准部,瞄准右目标B(右尺R),进行读数记b_1,计算上半测回角值$\beta_左 = b_1 - a_1$。

竖盘置于盘右位置时,瞄准右目标B,进行读数记b_2,沿逆时针方向转动照准部,瞄准目标A,进行读数记a_2,计算下半测回角值$\beta_右 = b_2 - a_2$。

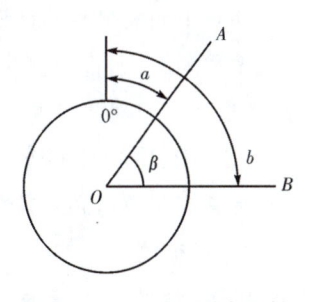

图3-21　测回法测水平角

检查上、下半测回角值互差是否超限(一般规定<40″),若符合要求,则一测回角值:

$$\beta=(\beta_左+\beta_右)/2 \tag{3-8}$$

表 3-3 为全站仪测回法测水平角记录记录表格样例。

表 3-3　　　　　　　　　　测回法测量水平角记录

单位:云海测绘公司　　　2021 级 03 班　　　02 组　　　天气　晴

观测者　　　　　　记录者　　　　　观测日期　22.05.01　　　仪器编号　J6-236543

测站	目标	竖盘位置	水平度盘读数	半测回角值	一测回角值	备注
2-A1	2-A0	L	155.5010	237.4320	237.4330	2C=20
	2-A2		33.3330			
	2-A0	R	335.5000	237.4340		
	2-A2		213.3340			

②竖直角观测

全站仪竖直度盘有顺时针和逆时针注记两种形式。望远镜处于水平状态时,竖直度盘读数为常数值,因此只需读取照准某一目标时的竖直度盘读数,就可以计算出竖直角度。

同样,可利用盘左盘右进行观测获取竖直角,观测时应用十字丝横丝切准目标。

竖直度盘注记形式不同,对应竖直角的计算也不同。因此测量时,应判断仪器度盘是处于顺时针刻划状态还是逆时针刻划状态。首先确定竖直度盘处于盘左状态,当望远镜抬起时,若读数值增加,则为逆时针刻划,此时,竖角＝读数－90;否则应是顺时针刻划,竖角＝90－读数。图 3-22 所示为竖直度盘顺时针刻划情景。

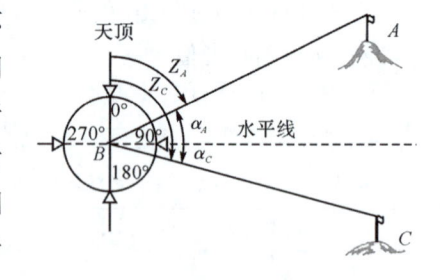

图 3-22　竖直度盘顺时针刻划

竖直角度表达的另一种方式:$Z_A=90-\alpha_A$,Z_A 称天顶距。

2. 距离测量原理及实施

针对不同测量目的计设备,距离测量可以有机械量距(如钢尺)、声波测距(如超声波)以及光学测距(如视距测量)等形式。而基于电磁波的测距技术包括激光、红外光、微波等,已是当代实现智能测距的主要手段。

LiDAR、InSAR、GPS 定位技术的实质也是利用了电磁波测距技术。

所有实测距离必须投影或改为定义的基准上的水平面距离。

(1)机械测距

机械测距的工具有钢尺、测钎、花杆、弹簧秤和温度计。一般来说,普通钢尺量距受钢尺材料、温度、量测对象地形复杂程度影响。量距相对精度一般可达 1/10 000。若采用锢瓦(钢)尺,量距精度可超过 1/100 000。

(2)超声波测距

超声波是指频率在 20 kHz 以上的声波,属于机械波。超声波测距在水下地形测绘中普遍使用。

超声波测距原理是通过超声波发射装置发出超声波与接收器接收到超声波时的时间差来测距,与雷达测距原理相似。由于超声波指向性强,能量消耗缓慢,在水下介质中传播的距离较远,因而超声波经常用于水深距离的测量,采用的是时间差测距法。

超声波测距原理如图 3-23 所示。已知超声波传播距离 $S = \frac{1}{2} v \cdot t$。

根据数学几何关系,测量的水平距离 $L = S \cdot \cos \alpha$,而夹角 $\alpha = \arcsin\left(\frac{H}{S}\right)$。

由此推出:
$$L = \frac{1}{2} v \cdot t \cdot \cos\left[\arcsin\left(\frac{H}{S}\right)\right] \tag{3-9}$$

当测量距离 L 远大于 H 时,则可近似为 $L = \frac{1}{2} v \cdot t$。

超声波测深仪是以水体为超声波媒介的,测深时将超声波换能器放置于水下一定位置,超声波换能器如图 3-24 所示。超声波换能器发射面浸入水中,驱动电路驱动超声波换能器向水体发射超声波并开始计时,当遇到与水底物理特性差异明显的另一种介质(如淤泥、沙石)时,将产生较强的回波,该回波传到换能器,驱动其产生谐振并产生电信号,通过放大、滤波、比较后被测距电路捕获,停止计时。计算超声波往返所用时间 t,测量待测点的声速 v,即可得到待测距离 L。

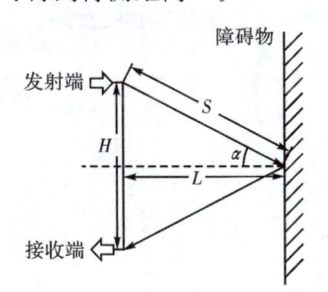

图 3-23 超声波测距原理

图 3-24 超声波换能器

超声波水下测距特点:

A. 分辨力:在不同水深检测分档范围内相应为 1 cm、2 cm、5 cm。

B. 水深测量范围:一般分(0~20)m、(0~50)m、(0~100)m 三档。

C. 测量精度:在测量范围内,以常温静水及固定反射目标时施测的结果为准。在水深不大于 5 m 时,测量误差应不大于±0.05 m;在水深大于 5 m 时,测量误差应不大于±1%。

(3)电磁波测距

①电磁波形成机理

电磁波机理如图 3-25 所示,电磁波是由同向且互相垂直的电场与磁场在空间中衍生发射的振荡粒子波,是以波动的形式传播的电磁场,具有波粒二象性。电磁波在真空中速率固定,速度为光速。

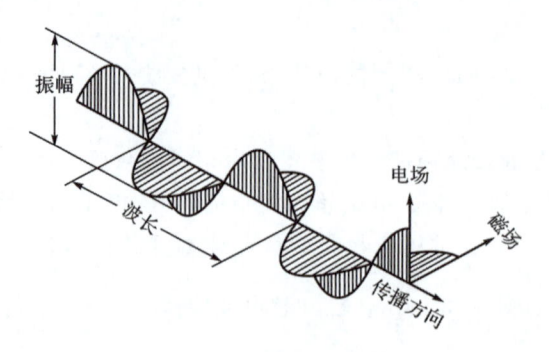

图 3-25 电磁波机理

②电磁波频谱

电磁波频谱如图 3-26 所示,电磁波频谱包含从电波到宇宙射线的各种波、光、和射线的集合。不同频段分别命名为无线电波、红外线、可见光、紫外线、X 射线、γ 射线和宇宙射线。

电磁波谱中的微波、激光、红外等波段均可作为测距载波,也可采用两种及以上电磁波段作为测距载波。其中如图 3-27 所示的可见光频谱段测距常用波长,测程较远,通常用于大地测量,也可用于测量地面到卫星和月球的距离。

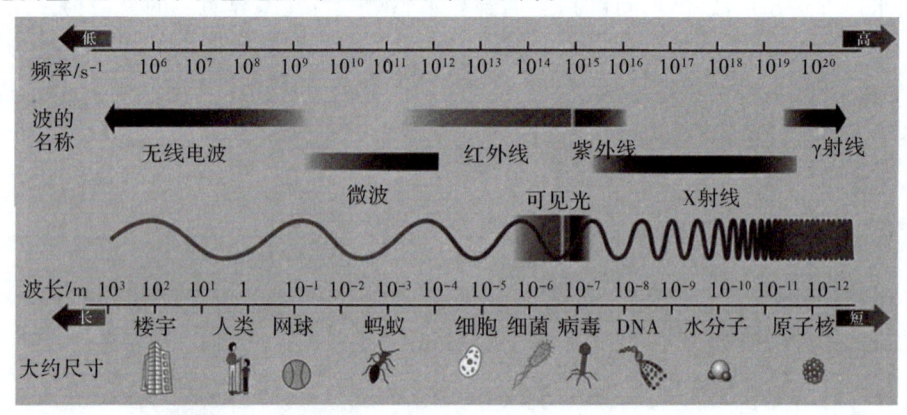

图 3-26 电磁波频谱

图 3-27 可见光频谱段测距常用波长

③智能测量中的电磁波测距技术

电磁波测距技术是智能测量中最核心的技术。GNSS 全球定位系统(GPS、Beidou、GLONASS、GALILEO 等)、合成孔径雷达干涉测量系统、LiDAR 测量系统、多种激光扫描测量仪和跟踪仪、多种全站仪和超站仪系统等,无不基于电磁波测距技术的支持。不同卫星导航系统 GNSS 与定位有关的关键数据都是要利用电磁波测距获取星地的距离。

3.4 电磁波测距原理

电磁波测距仪种类繁多。根据所采用电磁波的波段,可将电磁波测距仪分为微波测距仪、激光测距仪、红外测距仪等,也可采用两种及以上电磁波段作为测距载波。

按测量电磁波传播时间的方式来划分的话,可分为脉冲式测距、相位式测距、干涉式测距。其中脉冲式电磁波测距仪,通过直接测定电磁脉冲往返传播时间来测量距离;而相位式测距仪则通过测量调制光在往返路径上的相位差来间接测量时间;干涉式测距则利用激光波长短、具有干涉性的特点,通过干涉图形变化得到高精度距离。

1. 按电磁波波段测距

(1) 微波(雷达)测距

微波(雷达)测距是利用波长为 0.8~10 cm 的微波作为载波的电磁波测距方法。将主、副两台仪器安置在测线两端,主台发射的测距信号被副台天线接收后,再由副台应答转发给主台,且在主台发射信号时,副台也同时发射信号给主台,经混频处理即可算出主台发射的信号往返于测线所产生的后滞相位差,进而推求待测距离。微波雷达测距可以用于海、陆、空、地各领域,如我国神舟飞船与天宫空间站精准对接(图 3-28)过程中,微波雷达测距就扮演关键角色。

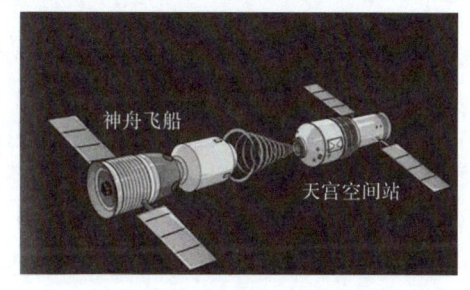

图 3-28 神舟飞船与天宫空间站精准对接

近些年,毫米波技术的出现将微波测距向高频延伸,光波向低频发展。与微波雷达相比,基于毫米波的雷达测距优点是:直线传播能力强、具有高分辨率、小尺寸。它不仅能测距,还能测量相对目标的方位、高度、速度等要素。因此毫米波技术在智能测量中(如无人驾驶避障)应用越来越广泛。

(2) 激光测距

激光是一种特殊的光,有光的特性,只不过比普通光颜色更纯,能量更大一些。激光的波长和普通光的波长一样,从红外线到紫外线,都有激光的存在。

机载 LiDAR 测量系统、3D 扫描测量仪、免棱镜型全站仪等,一般均基于激光测距原理。尤其是激光雷达 LiDAR 技术,其核心也是激光测距,即以激光作为信号源,由激光器发射出的脉冲激光,打到建筑物上引起散射,一部分光波会反射到的 LiDAR 接收器上。根据激光测距原理计算,就得到从激光雷达到目标点的距离。

激光测距的优点是实现无目标测距、速度快、测程远等,如卫星激光测距(图 3-29)。缺点是需要注意人体安全,且仪器制作的难度较大,成本较高。

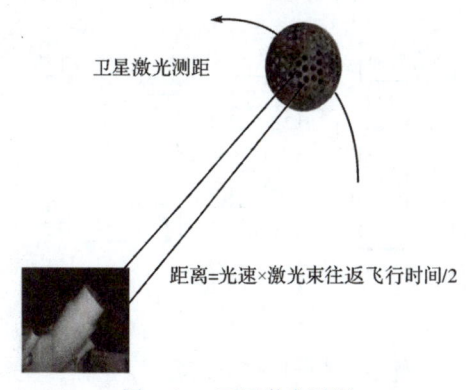

距离=光速×激光束往返飞行时间/2

图 3-29 卫星激光测距

(3)红外电磁测距

红外测距仪(不含激光红外)利用的是不可见的红外光(波长为 0.72~0.94 μm 的近红外光)进行测距。一般使用砷化镓为发光二极管光源。工作时,一个红外 LED 发射光束,然后另外一个红外接收管接收红外光,测量速度非常快。

红外测距(图 3-30):优点是便宜、易制、安全,缺点是精度低、距离近、方向性差,需棱镜配合。

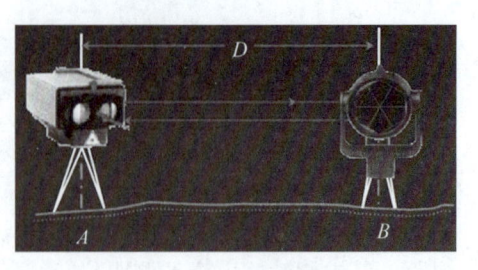

图 3-30 红外测距

2. 按电磁波时间测距

(1)脉冲法测距

脉冲法测距如图 3-31 所示,脉冲法测距是通过直接测定间断发射的电磁脉冲信号在被测距离上往返传播的时间 t_{2D} 来求出两点间的距离 D。

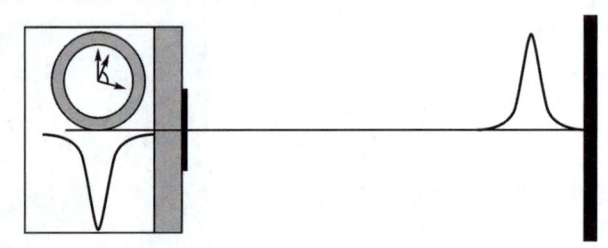

图 3-31 脉冲法测距

$$D = \frac{1}{2}ct_{2D} \tag{3-10}$$

脉冲法测距仪一般以激光为光源,脉冲宽度一般小于 50 ns。

脉冲测距实现过程的测距电路如图 3-32(a)所示,反射信号如图 3-32(b)所示。由测量站点一端的测距仪,利用光脉冲发生器发射的光脉冲的一部分直接由仪器内部进入接收光电器件,作为参考脉冲,其余发射出去的光脉冲经过待测一端的目标的信号反射回来之后,也进入光电接收器件,利用时标脉冲,测量出参考脉冲与反射脉冲相隔的时间 t,即可获得距离 D。

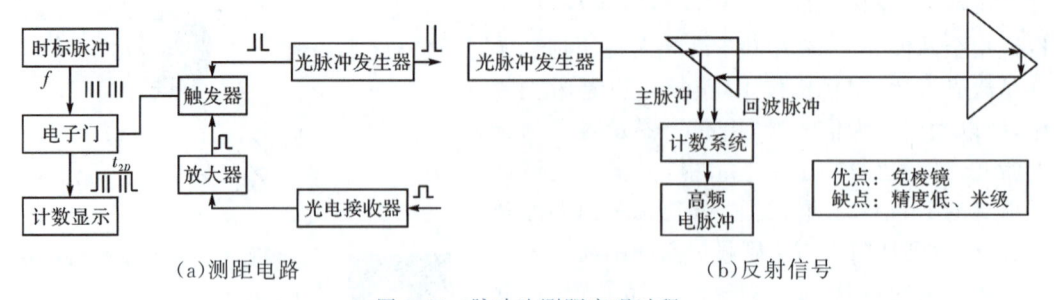

(a)测距电路   (b)反射信号

图 3-32 脉冲法测距实现过程

优点:测程远、免棱镜。

缺点:精度低、受脉冲计时精度约束。

(2)相位式测距

相位式测距如图 3-33(a)所示,相位式测距是根据仪器发出的连续正弦信号(波长 λ)在被测距离上往返传播所产生的相位角差来测距。

已知相位角 Φ 与传播时间 t：$\Phi = \omega t = 2\pi f t$

代入式(3-10)：

$$D = \frac{1}{2}\frac{c}{f}\frac{\Phi}{2\pi}$$

进一步简化：
$$D = \frac{c}{2f}\left(N + \frac{\Delta\Phi}{2\pi}\right) = \frac{\lambda}{2}(N + \Delta N) \tag{3-11}$$

其中 $\frac{\lambda}{2}$ 称为光尺。

相位式测距可用于红外、激光、微波等波段。鉴相计测量如图 3-33(b)所示,利用鉴相计能够获得 0.005 Hz 以上频率测量精度。但由于鉴相计只能分辨 0°~36°的调制波相位值,相位变化的整周期($2\pi N$)数 N 是测不出的,只能测出相位变化的尾数 $\Delta\Phi(\Delta N)$,因此需要采用不同尺刻度的光尺组合实现距离测量。如通过采用两套调制频率如 $f1 = 15\ \text{MHz}$ 以及 $f2 = 150\ \text{kHz}$ 进行距离测量,其中 $f1 = 15\ \text{MHz}$ 可测 10 M(光尺整尺单位)内的距离如米、分米和厘米位,而 $f2 = 150\ \text{kHz}$ 光尺整刻度为 1 000 m,它能测出百米,十米和米位数。

例如某段距离测量时:精测值 6.981 m,粗测值 387 m,结果显示 386.981 m。

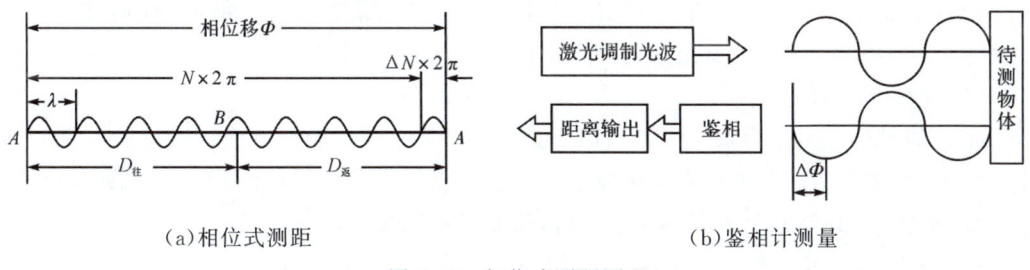

(a)相位式测距　　　　　　　　(b)鉴相计测量

图 3-33　相位式测距原理

3.5　测量距离矢量化

1. 距离矢量化目的

前述通过各种测量手段获取的距离一般为线段标量。而空间坐标解算所需要的距离必须是矢量,即在测量空间里,两点间距离是带有方向的。

测绘成果中主要产品如矢量化地图(图 3-34)里,也包括大量直线和曲线,其均具有方向性。而要描述某两点距离的方向时(矢量),首先需要有一个参考(标准)方向。

图 3-34　矢量化地图

2. 距离矢量化参考方向确定

(1)真北方向

真北点是指地轴北极点,过地面上一点到真北点的真子午线切线北方向,称为真北方向。真北方向可以利用陀螺仪或天文观测的方法予以确定。

(2)磁北方向

地球磁北点每年都在移动,磁北方向与真北方向指向偏差称磁偏角 δ。而磁北方向是指罗盘仪的磁针静止时,其所指向的北方向,也称为磁子午线方向。

(3)坐标北方向

定义的平面直角坐标系统中,坐标纵轴所指方向称为坐标北方向。这里的平面直角坐标系统,通常是指高斯平面直角坐标系统。过各点的坐标北点指向均与坐标纵轴(中央子午线)平行,而其与真北方向存在偏差角,称真子午线收敛角 γ。

3. 距离矢量的表达——方位角

(1)方位角

直线起始点上的基本方向起,顺时针旋转至直线位置所形成的角度,称为该直线的方位角。方位角的取值范围为 0°~360°。随标准北方向的不同,也有对应的不同种类的方位角。

(2)方位角分类

①真方位角 A:由真北方向作为基本方向的方位角,称为真方位角,用 A 表示。

②坐标方位角 α:由坐标北方向 X 作为基本方向的方位角,称为坐标方位角。由于起始点的不同,一条直线可以有正反坐标方位角。如果以直线的点为起始点,则是正方位角,反之是反方位角。由于在高斯平面直角坐标系统中,过各点的坐标北方向是相互平行的,因而,正反坐标方位角相差 180°,即

$$\alpha_{AB} = \alpha_{BA} \pm 180° \qquad(3\text{-}12)$$

③磁方位角 A_m:由磁北方向作为基本方向的方位角,称为磁方位角,用 A_m 表示。

基于 AB 边的各种方位角的关系如图 3-35 所示。

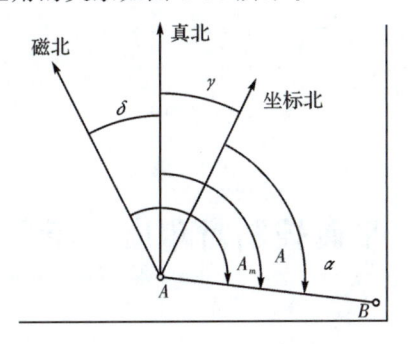

图 3-35　各种方位角的关系

4. 方位角测量

(1) 直接测量

① 磁方位角 A_m

利用罗盘仪(图 3-36(a))可以测定地面上直线的磁方位角或磁象限角。罗盘仪由罗盘盒、照准装置、磁针组成，构造简单，使用方便，但精度较低，目前已有电子罗盘出现。

② 真方位角 A

基于惯性定向的陀螺全站仪(图 3-36(b))可以利用陀螺转子摆动方式，根据陀螺仪上指标进行真北方向寻找。陀螺全站仪采用逆转点读数，直接测定某条测边的陀螺方位角，并经换算获得此边真方位角的测量工作。

与常规仪器相比，利用陀螺仪定向不需要罗盘等设备预先确定近似北方向，并且无须考虑通视和气象情况、也不要求提供已知点等。除了在南北极点外，陀螺仪都能够测定出真北方向。

(a) 罗盘仪 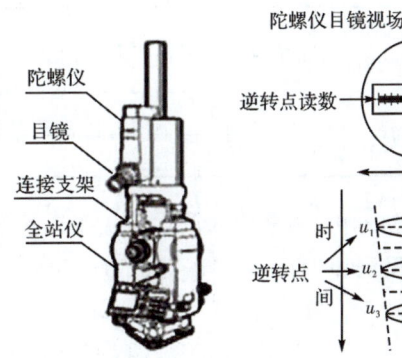 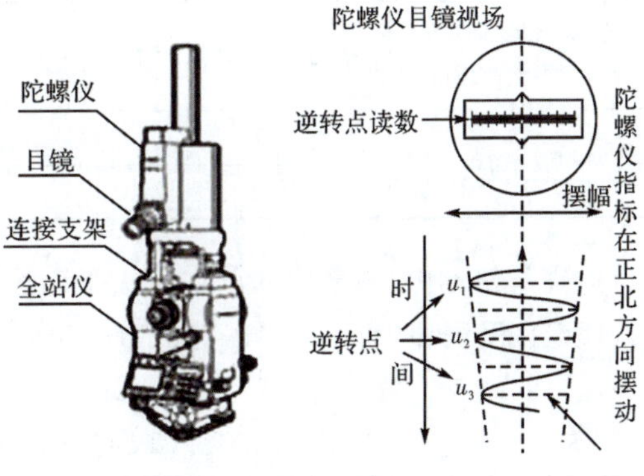　　　(b) 陀螺全站仪

图 3-36　方位角直接测量

(2) 间接获取

① 可以根据线段间的水平角传递，由相邻测边坐标方位角 $\alpha_{i-1,i}$ 推算，间接获取本条测边的方位角 $\alpha_{i,i+1}$：

$$\alpha_{i,i+1} = \alpha_{i-1,i} + \beta_{i左} - 180° \tag{3-13}$$

②由真方位角获取：

$$\alpha = A - \gamma \tag{3-14}$$

③由磁方位角获取：

$$\alpha = A_m \pm \delta - \gamma \tag{3-15}$$

3.6 平面控制对角度、距离测量要求

1. 等级平面控制测量基本概念

在实际测量工作中，为防止测量误差的积累，要遵循的基本原则是，在测量布局方面要"从整体到局部"，在工作程序方面要"先控制后碎部"，在精度控制方面要"由高级到低级"。

而控制测量包括了平面控制测量和高程控制测量，测定控制点位坐标(x,y)即为平面控制测量。平面控制测量为各种比例尺测图提供基本控制起算成果，也为研究地球的形状和大小，了解地壳水平形变和垂直形变的大小及趋势，地震预测等提供形变信息服务。国家平面控制网是按一、二、三、四，四个等级从整体到局部、由高级到低级，逐级加密点位在全国范围内建立的。

2. 二等平面控制网主要技术要求

二等平面控制网成果是工程测量经常用到的。按照《工程测量规范》（GB 50026—2020）要求，二等平面控制网主要技术要求见表3-4。

表3-4　二等平面控制网主要技术要求

等级	相邻基准点的点位中误差/mm	平均边长/m	测角中误差/″	测边相对中误差	水平角测回数	
					1″级仪器	2″级仪器
二等	3.0	≤400	1.0	≤1/200 000	9	—
		≤200	1.8	≤1/100 000	6	9

目前高等级GPS测量技术已在等级平面控制测量中占据了主要地位。

按照《工程测量规范》（GB 50026—2020）要求，等级GPS控制测量的技术要求见表3-5。

表3-5　等级GPS控制测量的技术要求

等级	平均距离/km	固定误差/mm	比例误差/0.001‰	最弱边相对中误差
二	9	≤5	≤2	1/12万
三	5	≤5	≤2	1/8万
四	2	≤10	≤5	1/4.5万
一级	1	≤10	≤5	1/2万
二级	<1	≤10	≤5	1/1万

本章知识点概述

1. 空间点位坐标确定之三要素。
2. 高程要素数据采集。
3. 二维平面坐标外业采集条件。
4. 测量距离矢量化。
5. 平面控制测量角度距离要求。

思考题

1. 地面点测量的三个要素是什么？有何作用？
2. 试写出二维、三维坐标计算模型，并指出式中各符号意义。
3. 测量工作的基本原则是什么？
4. 何为水准点？水准点有几类？各有何特点？
5. 介绍高程测量常用的几种方法。
6. 单一水准线路高程控制基本形式有哪些？
7. 什么是水平角、竖直角？测回法如何测量水平角？
8. 介绍电磁波测距基本原理，并分析其与现代测绘设备关系。
9. 表达矢量距离的参考方向有哪些？
10. 简述方位角的定义。坐标方位角如何获取？
11. 什么是平面控制测量？介绍其测量目的以及控制等级分类方法。

第 4 章

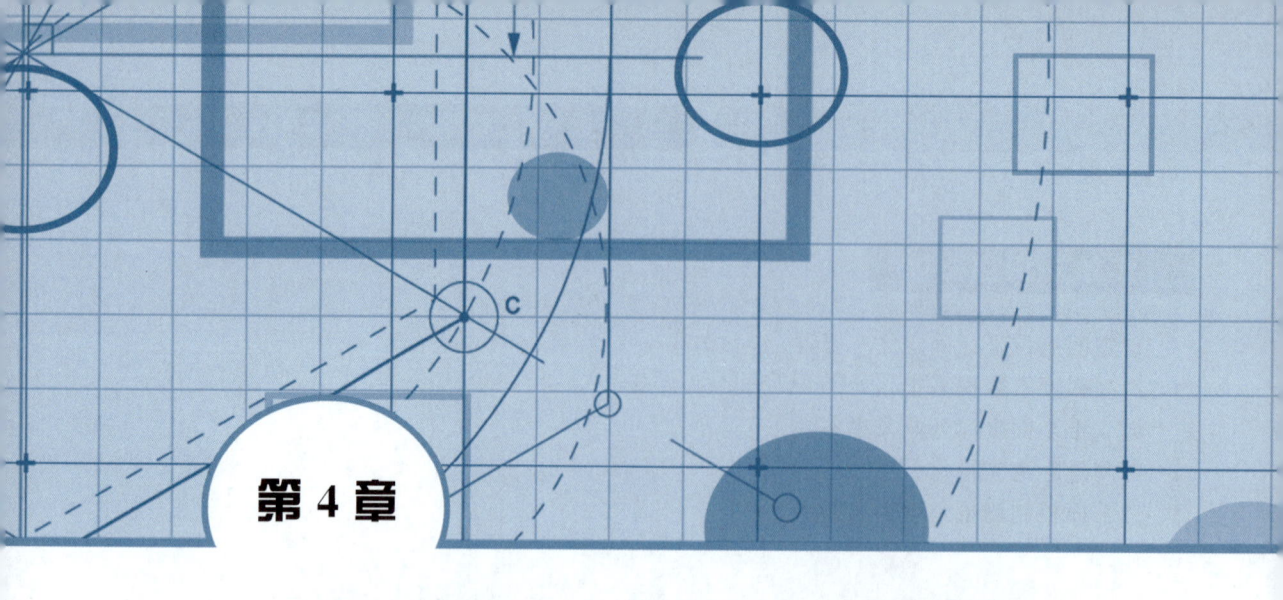

基于特征点采集的智能测量

4.1 特征点及坐标采集

1. 地形特征点及选择

地形是地物和地貌的总称。地物是指地表面天然或人工形成的各种固定建筑物,如河流、森林、房屋、道路和农田等。地貌是指地面上高低起伏形态,如高山、丘陵、平原、洼地等。

地形特征点就是在地形测绘中能真实反映地物外形几何投影的点位,其具有准确的地理位置和明确的地理属性及含义。

在对地物描述中,特征点大致包含:

(1)独立地物点。如纪念碑、烟囱、石油井、矿井、盐井、塔、天文台、发电厂、水文观测站以及大地测量控制点等。

(2)线型要素或面状要素边界线的拐点或折点。如建筑物、河流、湖岸线、海岸线、公路。

地形特征点在智能测绘中作用很多,如影像控制点、数字高程模型不规则三角网建立的节点、DLG 模型中地物绘制的基础、影像解算和质量检核的依据、形变分析中用于监测对象几何特征变化的描述。

2. 特征点坐标实地采集

坐标测量是数字化测量的重要组成部分,特点是测量仪器采集的数据可以空间三维坐标的形式显示,并以多种形式存入测量成果,供数字化成图等工作之用。

目前,以全站仪(图 4-1(a))、GPS-RTK(图 4-1(b))等设备为代表的电子测量仪器均具备特征点坐标采集功能。

(a)全站仪　　　　　　(b)GPS-RTK

图 4-1　特征点测量设备

3. 特征点空间与其他信息联合采集

结合测量对象特征,将光电类、GNSS 类、应力应变及环境量传感器进行数据融合,使空间数据解算和存储、应用达到高度统一,实现了空间信息互联共享;形成了测量对象空间数据的实时与整体特性。部分联合采集组合模式包括:GPS+全站仪;影像+全站仪;物理传感器+全站仪;物理传感器+GPS。

图 4-2 所示为空间特征点信息联合采集系统,以 GPS 联合各种物理传感器(如土压力计、孔隙水位计、锚索计等)为挡墙的安全提供监测服务。

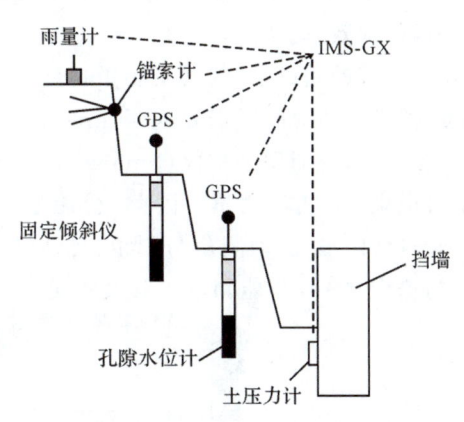

图 4-2　空间特征点信息联合采集系统

目前基于物联网 IoT 的 GNSS(如 GPS、BeiDou)+智能全站仪+其他物理传感器的特征点空间信息联合采集在各项工程中得到应用,并可以进行基于云平台的统一管理和分类。

4.2 智能全站仪坐标测量

1. 智能全站仪发展

20世纪70年代末第一台全站仪问世,作为最早一批拥有机载数据处理功能的测绘仪器,全站仪集测距、测角、自动计算坐标等功能为一体,大大提高了测绘工作的效率,又称工具型全站仪。

全站仪是由电子测角、光电测距、微型机及其辅助软件组合而成的光电测量仪器,工具型全站仪结构如图4-3所示。

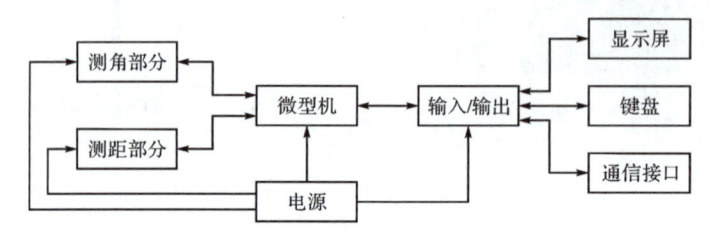

图4-3 工具型全站仪结构

20世纪90年代之后,在工具型全站仪的基础之上,电脑型全站仪出现了。电脑型全站仪已经可以储存数据,它解决了工具型全站仪需要手动记录数据的不便,其功能也越来越先进。与工具型全站仪相比,电脑型全站仪先是解决了数据无法储存的缺点,其在测量精度上也有了显著提高。电脑型全站仪中的测量和计算程序,可以通过处理采集得到的角度、距离信息来满足各种测量的需求,一次安置仪器便可完成测站上全部的测量工作。此外,其丰富的机载程序及可系统开发的特点,与实际测量中的需求十分契合,可以节省测绘作业所需的人手并且提高作业效率。

进入21世纪,在自动化全站仪的基础上,仪器安装了自动目标识别与照准的新功能,因此在自动化的进程中,全站仪进一步克服了需要人工照准目标的重大缺陷,实现了全站仪的智能化。在相关软件的控制下,智能型全站仪(Smart Total Station)在无人干预的条件下可自动完成多个目标的识别、照准与测量。因此,智能型全站仪又称为"测量机器人",是一种集自动目标识别、自动照准、自动测角与测距、自动目标跟踪、自动记录于一体的测量平台,图4-4(a)所示为徕卡TS50智能测量机器人外观。

(a) TS50智能测量机器人外观　　　　(b) 开机界面

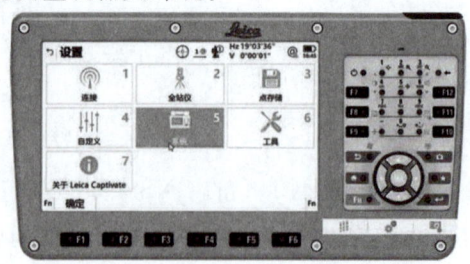

图4-4 徕卡TS50智能测量机器人

2. 智能全站仪关键技术参数

智能全站仪是否达到坐标采点应用的需要,需要从一些设备关键技术参数分析,包括:

①望远镜性能:如放大倍率、视场、物镜有效孔径、最小分辨率、最短视距、自动对焦等。

②测距精度及范围:如在棱镜、反光片、免棱镜模式下的测量精度变化。

③测角精度:方向精度、最小读数。

④目标智能自动识别:快速、准确。

⑤测量数据自动修正:温度、气压、湿度等。

⑥与其他测量设备数据的通信、共享等。

⑦其他:如激光点大小、对中精度、内存大小、电源等。

表 4-1 所列为智能型全站仪徕卡 TS50 主要参数。

表 4-1 智能型全站仪徕卡 TS50 主要参数

	角度测量	
精度(Hz 和 V)	绝对编码,连续,对径测量,四重轴系补偿	0.5″(0.15 mgon)
补偿范围	4′	
	距离测量	
范围	棱镜(GPR1、GPH1P)	1.5 m 至 3 500 m
	无棱镜/任何表面	1.5 m 至>1 000 m
	反射片(60 mm×60 mm)	250 m
精度/测量时间	单次(棱镜)	0.6 mm+0.001‰/典型 2.4 s
	单次(任何表面)	2 mm+0.002‰/3 s
光斑大小	50 m	8 mm×20 mm
测量技术	基于相位原理系统分析技术	同轴,红色可见光
	图像	
广角相机和望远镜相机	传感器	500 万像素 CMOS 传感器
	视场(广角相机/望远镜相机)	19.4°/1.5°
	帧频率	高达 20 帧/s
	具备图形注记功能	
	马达	
直驱,压电陶瓷技术	转速/换面时间	最大 180°(200 gon)/s,换面时间典型 2.9 s

3. 智能全站仪操作系统及辅助功能

全站仪操作系统早期是"DOS 系统",然后是"Windows CE 系统"。目前高档全站仪一般采用大屏幕操作,操作系统一般通用为智能化 Android 系统。当然也有独立开发的如徕卡的 RTOS 系统。图 4-4(b)所示为徕卡 TS50 智能测量机器人开机界面。

全站仪键盘上的键分为硬键和软键两种，每个硬键有一个固定功能，或兼有第二、第三功能。软键(一般为 F1、F2、F3、F4 等)是屏幕最下一行相应位置显示的字符，在不同的菜单下软键一般具有不同的功能。

智能全站仪机内一般都带有可以存储至少 10 000 个点以上观测数据的内存，有些配有 CF 卡来增加存储容量，仪器设有一个标准的 RS-232C 通信接口或 USB 接口或者蓝牙接口，使用专用电缆与计算机的 COM 或 USB 口连接，再通过专用软件或 WINDOWS 的超级终端等接口软件实现全站仪与计算机的双向数据传输。

4. 智能全站仪配属附件

一般全站仪在进行高精度坐标测量时，须在目标特征点处放置基于对中杆的反射棱镜及觇牌(图 4-5(a))等。反射棱镜有单棱镜、三棱镜、九棱镜等，作用是反射电磁波信号，获取仪器中心到棱镜中心的水平距离和高差。棱镜组由用户根据作业需要自行配置，但要注意棱镜常数配置。觇牌则是进行特征点目标精确瞄准的。根据测量需要，选择适合的觇牌大小、图案、连接方式等。

(a)基于对中杆的反射镜及觇牌　　　　(b)特殊反射棱镜

图 4-5　全站仪配属附件

(1)棱镜及棱镜常数

用全站仪测量仪器到反射棱镜之间的距离时，仪器所显示的距离比实际的距离一般要长，需要修正，修正值称为棱镜常数。棱镜常数取决于玻璃的折射率和棱镜的厚度(光通过的长度)。假设反射棱镜顶点在测点的铅直线上，那么棱镜(玻璃材料)折射率的改正值就是棱镜常数。

对于各种智能测距配套的棱镜，仪器菜单里提供了棱镜类型的选择功能，系统将自动对确定的棱镜常数进行距离改正。除了徕卡和中纬等部分全站仪，大部分全站仪的棱镜常数都是 −30 mm。

(2)特殊反射棱镜及特性

随着电子测距技术的发展，为满足不同条件下距离测量的需要，基于点式数据采集的辅助测距合作工具还有 360°反射棱镜、球形反射棱镜、反射片等特殊反射棱镜(图 4-5(b))。部分特殊反射棱镜及反射片特点见表 4-2。

表 4-2　　　　　　　　　　　　部分特殊反射棱镜及反射片特点

	360°反射棱镜	球形反射棱镜	反射片
构成	由6个直角棱镜按柱形组成，能反射360°全周任一方向的测距信号，因此不存在棱镜指向问题	精度高，测距等效反射中心与球心重合，能保证接镜测量中心与任一球面之间相差一个球的半径	反射片为2~6 cm的片状物体，厚度不超过1 mm。一面有类似蜂窝状分布的微小反射膜体，反射测距信号，另一面为不干胶，以便于粘贴
应用	主要用于动态目标的跟踪、测量施工放样、地形碎部测量，一般不用于精密测量中	不便用于对点的测量，主要用于工业等领域测量物体表面形状时的测距和照准的合作目标	多用于需要直接测量仪器至某一物体表面的距离

5. 智能全站仪特征点坐标采集特点

（1）智能全站仪技术特点

①同轴发射视场角及分辨率

全站仪轴系图如图 4-6 所示，在全站仪的望远镜轴系中，包含有照准目标的视准轴、光电测距的光轴（如红外线、激光）、接收和发射轴。

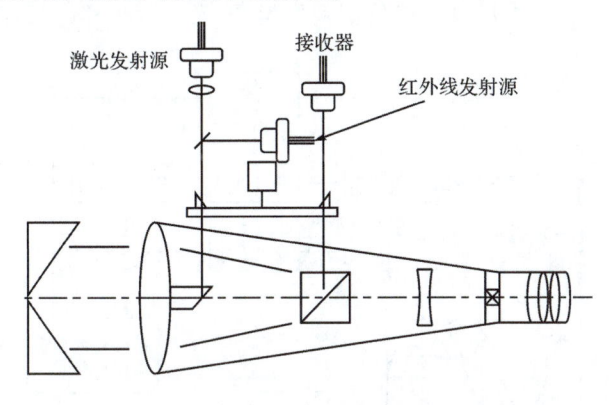

图 4-6　全站仪轴系图

在狭长施工区域如隧道施工监测中，受场地限制，在望远镜的视场里，经常发生远近棱镜在望远镜视场间隔很近的情况。普通全站仪容易同时检测到多个棱镜，难以分辨，会出现照准错误的情况。而智能全站仪的望远镜均有优于 $10'$ 的高分辨率小视场角，可以轻松识别棱镜，准确照准不出错。

②电子传感器补偿器

外界环境（走步、过车等）会对仪器测量有影响，使仪器发生倾斜，而电子传感器补偿器可以在一定范围内检测倾斜角度变化，实时对这些轻微变化进行修正，使仪器保持水平垂直的测量状态。

智能全站仪在没有完全整平的情况下，可以通过单轴或双轴补偿器反馈回的轴系倾斜角度，在一定的范围内消除系统误差，提高测量精度。图 4-7（a）所示基于 CCD 探测技术的气泡液体补偿器，可以实现图 4-7（b）所示 X、Y 双轴补偿效果。

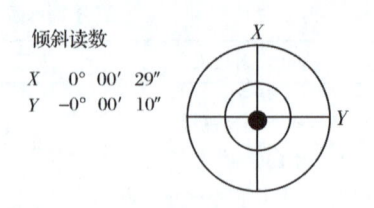

(a) 基于CCD探测技术的气泡液体补偿器　　　　(b) X、Y双轴补偿

图 4-7　全站仪双轴补偿

③免棱镜测量模式

A. 免棱镜测距原理及特点

免棱镜全站仪所采用的测距模式一般分为相位式、脉冲式、脉冲相位比较式几种。其中相位式测距模式测距精度高,脉冲式测程远,脉冲相位比较模式则是结合了两者优点。基于免棱镜测距要求以及激光使用安全考虑,多使用 690 nm 左右的激光光源作为测距信号源。

相位法测距电路如图 4-8 所示,相位法测距采用调制的连续激光信号,激光在其中作为一种测距工具,通过调制发射到目标点,返回信号通过光电探测器与本源信号利用鉴相器比较,获得相位角差。结合第三章知,相位角差 $\triangle \varphi = 2\pi f \dfrac{2D}{c}$,其中 $\dfrac{c}{2f} = \dfrac{\lambda}{2}$ 为光尺单位,频率 f 大小及变化会影响光尺刻度单位。频率越高,光尺分辨率越细,测距精度越高。

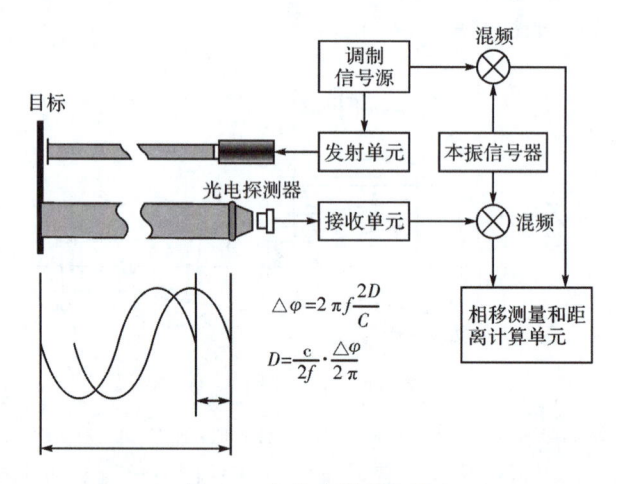

图 4-8　相位法测距电路

如徕卡全站仪 TS50 采用基于频率动态修正的相位法测距进行高精度免棱镜测距,测距镜头可发射可见的红色激光束,波长为 670 nm。其免棱镜测距达 1 000 m,精度优于 2 mm,尤其是其精测频率达 100 MHz,相应的精测光尺长为 1.5 m。

B. 免棱镜测量目标要求

免棱镜全站仪适合于难于放置反射棱镜或者反射片的无合作目标的测量。例如,观测悬崖、石壁等的滑坡,变形测量,隧道施工等。

无合作目标测距的测程和精度除了受仪器自身和大气的影响外,还和测量时目标激光入射角、目标性质(如亮度、颜色、表面粗糙度、稳定性和表面形状)等因素密切相关。另外激光投射到无合作目标表面的光斑大小会对测量精度产生较大影响。测距光斑越小,对测量越有利。免棱镜测距光斑与精度关系如图 4-9 所示,其中脉冲法光斑通常为相位法光斑的 4~8 倍,且具有发散性,因此高精度免棱镜测量时,相位式智能全站仪为首选。

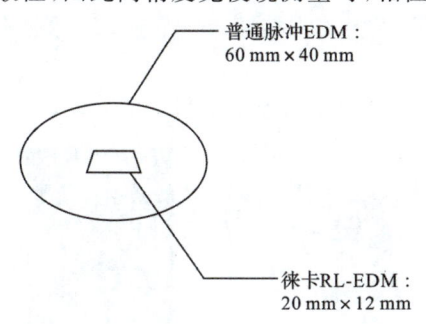

普通脉冲EDM:
60 mm × 40 mm

徕卡RL-EDM:
20 mm × 12 mm

图 4-9 免棱镜测距光斑与精度关系

④度盘测角分辨率

绝对编码度盘是智能全站仪普遍采用的测角方式。它是以二进制代码运算为基础的绝对值式的编码器,角度最小分辨率 δ 与码区 S 和码道 n 关系满足下式:

$$S = 2^n \tag{4-1}$$

$$\delta = \frac{360}{S} \tag{4-2}$$

对于绝对编码度盘而言,度盘的码区和码道划分越大,测角时分辨率就越高。

以图 3-19(a)所示的度盘为例,码区 $S=16$,码道 $n=4$,其角度分辨率为 22.5°,绝对编码度盘编码对应见表 4-3(部分)。

表 4-3 绝对编码度盘编码对应($S=16$、$n=4$)

区间	编码	刻度值	区间	编码	刻度值
0	0000	00 00	8	1000	180 00
1	0001	22 30	9	1001	202 30
2	0010	45 00	10	1010	225 00
3	0011	67 30	11	1011	247 30
4	0100	90 00	12	1100	270 00
5	0101	112 30	13	1101	292 30
6	0110	135 00	14	1110	315 00
7	0111	157 30	15	1111	337 30

如将码道 n 增加到 10 时,角度最小分辨率 δ 也只有 21.09′,码道数的提高受限于度盘直径等。但近些年刻制工艺改进,智能全站仪的编码度盘测角精度已可达到 1″内。

相对于传统增量型编码度盘、光栅度盘等,绝对编码度盘已成为提高智能测角可靠性的首选。

⑤ATR 技术

ATR(Automatic Target Recognition)是指全站仪先自主发射一束红外光束,按类似自准直的原理,经目标棱镜反射后由全站仪内置 CCD 相机所接收,然后通过图像处理功能实现目标的精确照准,过程包括目标搜索过程、目标照准过程和目标测量过程。ATR 目标照准如图 4-10 所示,启动 ATR 后,CCD 相机视场内如没有棱镜,则先根据预先学习位置进行目标搜索,一旦在视场内出现棱镜,即刻进入目标照准过程,达到照准允许精度后,启动距离和角度测量。

无论在白天还是黑夜,ATR 测量都能实现目标的自动识别与照准。

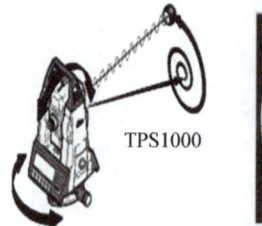

图 4-10　ATR 目标照准

ATR 测量的特点:

①系统组成包括了坐标系统、操纵器、换能器、计算机和控制器、闭路控制传感器、决定制作、目标捕获、集成传感器等八大部分。

②坐标测量系统为球面坐标系统。望远镜能绕仪器的纵轴和横轴旋转,在水平面 360°、竖直面 180°范围内自动寻找目标。

③控制方式多采用连续路径或点到点的伺服控制系统。采用模拟人眼识别图像的方法或对目标局部特征分析的方法进行影像匹配。并在计算机和控制器的操纵下实现自动跟踪和精确照准目标。

④自动获取物体 2 维和 3 维坐标等相关几何信息,并远程传输。

利用 ATR 技术,可实现棱镜长距离自动、精准照准,提高了测量效率及精度。

图 4-11 所示为基于 ATR 目标精确照准的两种模式(半自动人工遥控跟踪及全自动跟踪)。

(a)半自动人工遥控跟踪　　　　　　　　(b)全自动跟踪

图 4-11　基于 ATR 目标精确照准的两种模式

目前智能全站仪和测量机器人可以实现仪器自动搜索,选定限定区域内所有的被监测棱镜目标,无须人工瞄准棱镜。测量后机器自动将监测点添加到监测列表中,速度更快,提高实时监测效率。同时机器还有自主学习功能,通过精细搜索选定区域内的监测棱镜,确保监测目标不遗漏,快速安全。

(2)全站仪坐标采集

全站仪坐标测量原理如图 4-12 所示,全站仪坐标测量是测定目标特征点 T 的三维坐标(X_T, Y_T, H_T),实际上直接观测值是站与点之间的方位角值 α、天顶距 δ 和斜距 S,然后

利用 α、δ 和 S，计算测站点 O 与目标特征点 T 之间的坐标增量和高差，加到测站点已知坐标和已知高程上，最后得到特征点三维坐标：

$$\begin{cases} X_T = X + S\cos\delta\cos\alpha \\ Y_T = Y + S\cos\delta\sin\alpha \\ H_T = H + S\sin\delta + h \end{cases} \quad (4-3)$$

其中 h 为仪器高。

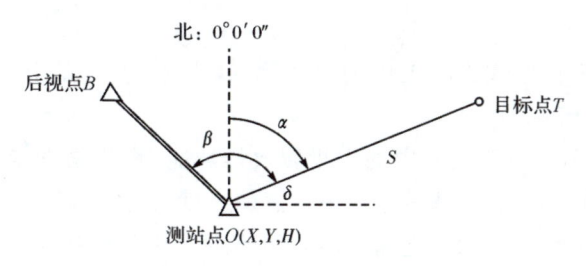

图 4-12　全站仪坐标测量原理

坐标测量具体操作如下：

①测站设置：测站点设置就是在仪器中输入测站点的坐标和高程，这是计算目标点三维坐标的基础。后视点 B 设置的目的是将当前的水平度盘设置成起始方位角方向，这是获取测站点至目标点方位角的基础。

测站点设置通常有两种方式：一是按"输入"键，直接输入测站点坐标和高程；二是按"调用"键，选择仪器已存有的测站点坐标和高程数据。如果不进行测站点设置，直接进入坐标测量，仪器将默认上一次输入的测站点坐标和高程为当前测站点数据。如果没有上一次输入的数据，仪器将默认测站点坐标和高程均为零。测站点设置时还应输入仪器高，仪器高用于高差计算。

后视点设置通常有两种方式：坐标、角度。选择坐标方式后，直接输入或调用已存的后视点 B 坐标。选择角度方式后，可直接输入后视方向的方位角。

②特征点直接采集：选择"测量"键进入坐标测量状态。在目标点安置棱镜（合作目标为棱镜时），将望远镜照准棱镜中心。按"测量"键，仪器启动"坐标测量"并显示坐标结果。在记录前，需要输入未知点点号、棱镜高、编码。如果不输入点号，仪器自动按数字顺序在前一点号的基础上加 1 记录。全站仪坐标采点如图 4-13(a)所示。

(a) 全站仪坐标采点　　(b) 全站仪应用 App

图 4-13　全站仪坐标测量及应用界面

③特征点间接采集:实践中,有些特征点坐标用全站仪不能直接获得时需采用特征点间接采集。如悬高测量:全站仪提供的该项特殊功能,可方便地用于测定悬空线路、桥梁以及高大建筑物、构筑物的高度。偏心测量:反射棱镜不是放置在待测特征点的铅垂线上而是安置在与待测点相关的某处间接地测定出待测点的位置。根据给定条件的不同,全站仪偏心测量有角度偏心测量、单距偏心测量、双距偏心测量、圆柱偏心测量。另外,可以借助全站仪应用App(图 4-13(b))中的"坐标几何""道路测量"等,实施专业特性的特殊测量如下:

A. 如图 4-14 所示的道路施工中的对边测量,测量起点 A 分别至多个目标点 B、C 等的斜距,平距与高差。

B. 如图 4-15 所示的道路放样中的点投影放样功能,将待投影点 P 投影到一条基线上,求出投影点 p 的坐标,计算基线起点→p 点的长度,偏距 pP、高差 h_{Pp}、基线起点、终点、待投影点 P 的坐标,可用数字键输入,从文件调用或通过测量获取。

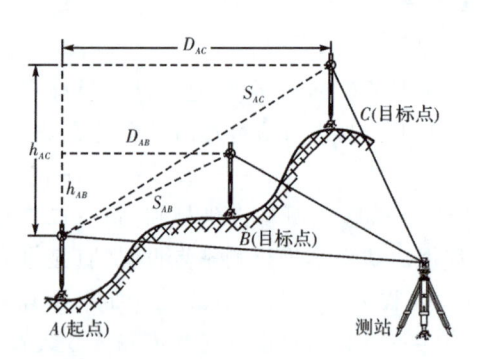

图 4-14 道路施工中的对边测量 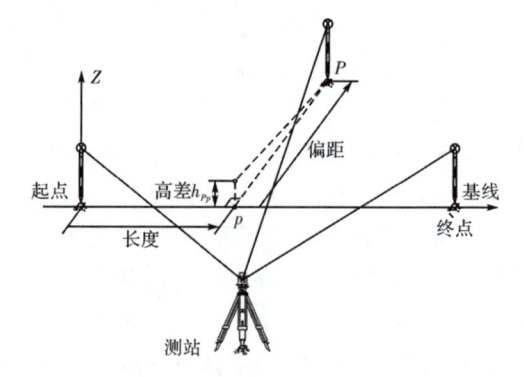 图 4-15 道路放样中的点投影放样

(3)智能全站仪坐标采集质量保障

①仪器设置

这是非常关键的内容,包括三项操作步骤。

A. 对中:全站仪对中如图 4-16(a)所示,目的是使仪器中心与测站位于同一铅垂线。普通全站仪可使用光学对中,也可以使用激光对中器进行对中。

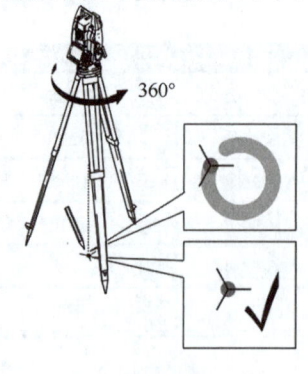

(a)全站仪对中 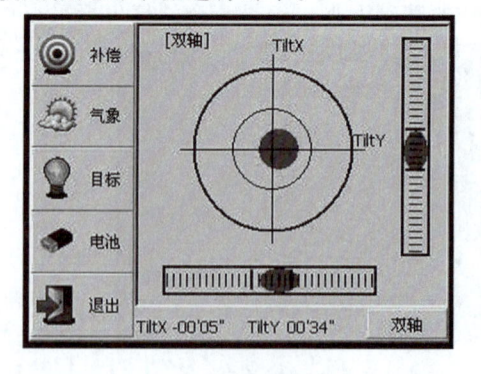   (b)全站仪整平

图 4-16 全站仪设置

B. 整平：全站仪整平如图 4-16(b)所示，目的是使全站仪水平度盘水平，竖轴竖直（满足角度定义条件）。

　　利用脚螺旋使圆水准器与管水准器气泡居中，并转动全站仪，使照准部处于任意方向时，气泡均居中。

　　C. 测量参数设置：智能全站仪开始测量前，要检查初始设置参数。包括温度、气压、相对湿度、PPM 常数、棱镜常数等设置，修正参数设置如图 4-17(a)所示。

　　距离测量时，还要根据需要设置测距模式、激光指向等，测量条件设置如图 4-17(b)所示。

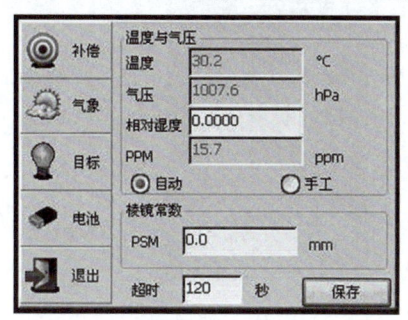

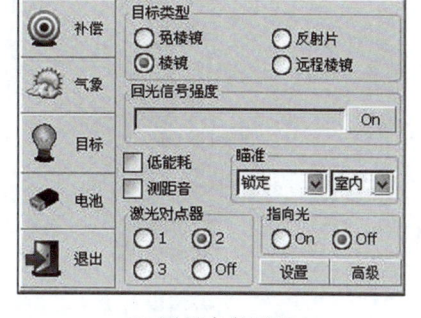

(a)修正参数设置　　　　　　　　(b)测量条件设置

图 4-17　全站仪测量参数设置

②坐标采集过程检核

考虑到测量场地的复杂性，为保证全站仪数据采集质量，除了上述设备状态保证外，根据实际条件，还需要采取如下必要措施：

　　A. 距离检核。

　　B. 坐标检核。

　　C. 对向检核。

　　D. 几何图形检核。

　　E. 统计检核。

　　F. 异站检核。

　　G. 不同设备、时段、日期检核。

6. 组合型智能全站仪简介

(1)陀螺全站仪

在地球自转作用下，高速旋转的陀螺转子之轴具有指向真北的性能，而陀螺全站仪是一种将陀螺仪和全站仪集成于一体的且能够全天候、全天时、快速高效独立地测定过测站真北方位的精密测量仪器，如再加测站真子午线收敛角改正，可获取测站与测点线段的坐标方位角。如图 4-18 所示，陀螺全站仪主要用于大型隧道（洞）贯通测量、地铁定向测量、矿山贯通测量、建立方位基准及导航设备标校等领域。

(2)智能超站仪

智能超站仪主机（图 4-19(a)）将 GPS 动态单点定位功能集成到全站仪的测角、测距中，也能集成到测量棱镜上（图 4-19(b)）。智能超站

图 4-18　陀螺全站仪

仪不受时间地域限制，不需要建立测量控制网，也无须设基准站，没有作业半径限制，单人单机即可完成全部特征点测绘作业，是实现测量流程一体化的智能测绘仪器代表。它结合了普通全站仪、GPS、RTK技术的优势，可以随时测定地面上任意一点在当地坐标系下的三维坐标，而且精度均匀，可以极大地减轻测绘作业的劳动强度。设备具有独立性、准确性、易操作性等特性。

(a)主机 　　　　　(b)测量棱镜

图4-19　智能超站仪

(3)摄影全站仪

根据测量用途(如测图、监控等)的不同，摄影全站仪摄影的作用也不一样。如TS-9502C自动摄影全站仪(图4-20)是一款把3G网络通信技术、影像处理技术和自动伺服控制技术融合到智能型全站仪中的新型智能型全站仪。只要在具有WCDMA网络覆盖的地方，就可以随时随地连接互联网，并通过网络服务器与位于任意位置的授权用户进行数据交互、视频传输，实现授权用户对全站仪的远程控制。同时仪器还配有一个高分辨率的广角摄像头，实现远程摄影测量与地面物体信息标记。

图4-20　TS-9502C自动摄影全站仪

4.3　GPS坐标测量

1. GPS 系统简介

（1）地面控制部分。由1个主控站（负责管理、协调整个地面控制系统的工作）、地面天线（在主控站的控制下，向卫星注入导航电文）、5个监测站（数据自动收集中心）和通信辅助系统（数据传输）组成。

（2）星座部分。GPS星座系统如图4-21所示，由24颗GPS卫星组成，卫星分布在2万千米高的6个轨道平面上；卫星上安装了精度很高的原子钟（10～12级），以确保频率的稳定性，在载波上调制有表示卫星位置的广播星历、用于测距的C/A码和P码以及其他系统信息，能在全球范围内，向任意多的用户提供高精度的、全天候的、连续的、实时的三维测速、三维定位和授时。

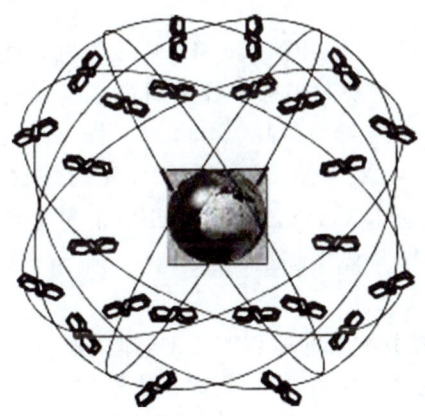

图 4-21　GPS 星座系统

（3）用户部分。主要由GPS接收机和卫星天线组成。GPS卫星接收机种类很多，测量工作使用的一般是测地型。

2. GPS 坐标测量优点

（1）不要求站、点间的通视。
（2）定位模式多样，精度高。
（3）观测时间短。
（4）提供测点位置三维坐标，易实现测点坐标自动化、动态化采集。
（5）设备轻便、操作简便。
（6）不受雨雾、夜晚影响，实现全天候作业。

3. GPS 定位技术基本模型

GPS定位就是把卫星看成"飞行"的控制点，根据测量的星站距离d，进行空间距离后方交会（图4-22），进而确定地面接收机的位置。

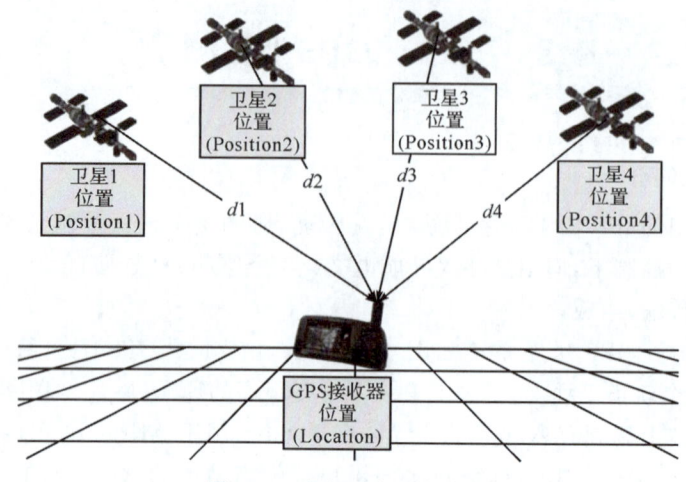

图 4-22 空间距离后方交会

(1) 定位几何模型

GPS 定位的基本原理,就是以 GPS 卫星和用户接收机天线之间的距离(或距离差)的观测量为基础,根据已知的卫星瞬时坐标来确定用户接收机所对应的三维坐标位置。需要四个以上卫星方能解算地面点坐标,见式(4-4)。

$$d^2 = (X_s - X)^2 + (Y_s - Y)^2 + (Z_s - Z)^2 \tag{4-4}$$

式中,(X,Y,Z) 为地面点坐标,(X_s,Y_s,Z_s) 为各 GPS 卫星实时轨道位置。

通过序列后方交会方程,解算出地面点坐标。

(2) 星地距离测量模型

星地距离 d 是基于电磁波测距的原理实现的,即获取电磁波测距信号从卫星发射到地面接收机接收所经历的时间 t 即可,星地距离公式见式(4-5):

$$d = c \cdot t + \sum \delta i \tag{4-5}$$

式中,d 为基于电磁波测距获取的星、地距离。c 为电磁波信号传播速度,$\sum \delta i$ 为有关的电磁波信号各项误差改正数之和。

GPS 地面接收机可以在任何地点、任何时间、任何气象条件下进行 GPS 卫星信号接收,并且在时钟控制下,测定出卫星信号到达接收机的时间 t,进而确定卫星与地面接收机之间距离 d。

4. GPS 测距定位技术实施

(1) GPS 信号

GPS 信号如图 4-23 所示,GPS 卫星发射的电磁波信号包含了载波(L1,L2)、测距码粗码(C/A 码)和精码(P 码)以及相关导航数据码(D 码)等。

导航电文是 GPS 用户用来定位和导航的数据基础,它包括卫星星历、时钟改正、电离层延迟改正、卫星工作状态信息以及

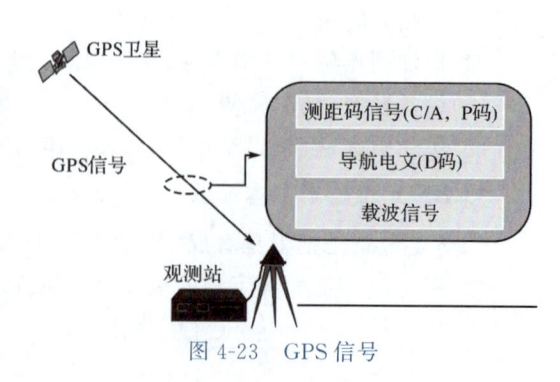

图 4-23 GPS 信号

由 C/A 码到捕获 P 码的信息。

C/A 码、P 码均为星、地测距码。C/A 码的频率为 1.023 MHz,对应波长为 293.1 m,周期为 1 ms。精码 P 码的频率为 10.23 MHz,对应波长 29.3 m,周期约为 267 d。

由于 C/A 码和 P 码都是低频信号(其中 C/A 码功率较 P 码大),GPS 卫星距地 20 200 km,低频信号很难被 GPS 接收机收到,为解决这个问题,GPS 卫星将这两种低频信号和导航电文调制到高频的调制波上(L1 和 L2 载波)发送到地面。

GPS 卫星信号均是调制波,所有信号均由基本频率 10.23 MHz 星载时钟调制。其中,L1 载波的频率为基准频率的 154 倍,即 10.23 MHz×154＝1 575.42 MHz;L2 载波的频率为基准频率的 120 倍,即 10.23 MHz×120＝1 227.6 MHz,GPS 定位信号的功率频谱密度如图 4-24 所示。

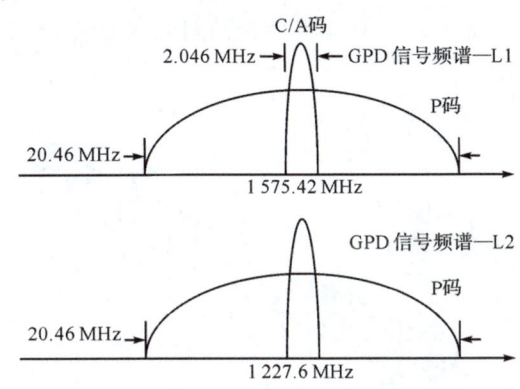

图 4-24　GPS 定位信号的功率频谱密度

(2)GPS 卫星测距方法

①GPS 伪距测量

伪距法测距(图 4-25)是由 GPS 接收机在某一时刻测到的 4 颗以上 GPS 卫星的伪距(没有改正的距离)以及已知的卫星位置,采用距离后方交会的方法求定接收机天线所在点的三维坐标。伪距是由卫星发射的测距码信号到达 GPS 接收机的传播时间 t 乘以光速 c 所得的量测距离。

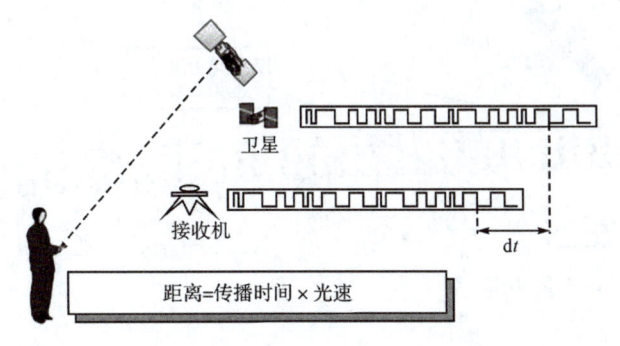

图 4-25　伪距法测距

其中基于 C/A 测距码进行测量的伪距称 C/A 码伪距;用 P 测距码进行测量的伪距称 P 码伪距。

伪距测量定位的精度与测距码(C/A 码、P 码)的波长及其与接收机复制码的对齐精度有关。目前,接收机的复制码精度一般取 1/100,而公开的 C/A 码码元宽度(波长)为 293 m,故伪距测量的精度最高仅能达到 3 m,难以满足高精度测量定位工作的要求。

P 码为精码,码率为 10.23 MHZ,由两个伪随机码 PN1(t)和 PN2(t)(各是两级 12 位移位寄存器)构成,P 码码元宽 T 为 0.098 s(相当于 λ=29.3 m),对应的测距误差为 2.93 m、0.293 m。

②GPS 载波相位测量

载波相位定位,是把波长较短的载波 L1、L2 作为距离量测信号(对应波长 λ_{L1}=19 cm,λ_{L2}=24 cm),从而提高测距及定位精度。

载波相位距离测量模型如图 4-26 所示,载波相位测量的观测量就其原始意义说,就是卫星的载波信号与接收机参考信号之间的相位差。图中接收机到卫星的距离 $D=N\lambda+\Delta\lambda$(变量 N 和 $\Delta\lambda$ 如图 4-26 所示),只有得到它们间的函数关系,方能从观测量中求算接收机的位置。

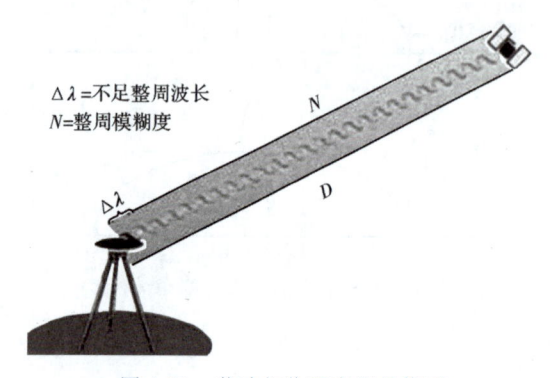

图 4-26 载波相位距离测量模型

(3)GPS 卫星测距主要误差

GPS 卫星测距主要误差包括:星地时钟误差,大气层、电离层 GPS 信号延迟等。GPS 卫星测距误差如图 4-27 所示。

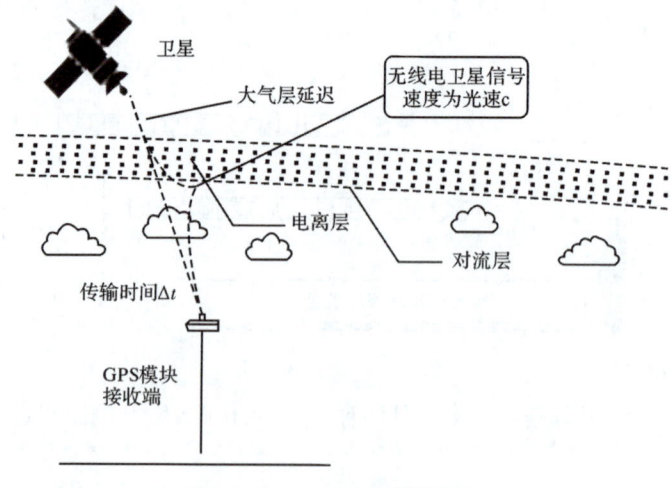

图 4-27 GPS 卫星测距误差

5. GPS 坐标定位作业模式

(1) 绝对定位

动态绝对定位如图 4-28 所示，当用户 GPS 接收机处于运动的载体上时，在动态情况下确定载体瞬时绝对位置的定位方法称为动态绝对定位。

静态绝对定位如图 4-29 所示，当 GPS 接收机天线处于静止的状况下，用以确定观测站绝对坐标的方法，称为静态绝对定位。

图 4-28　动态绝对定位　　　　图 4-29　静态绝对定位

绝对定位获得的测距数据一般都是测点至卫星的伪距。

还可以以电子地图或影像地图为背景，进行基于 GPS 定位的运动轨迹动态显示。

(2) 相对定位

相对定位就是确定待测点与某一已知参考点之间的相对位置。GPS 相对定位如图 4-30 所示，利用两台 GPS 接收机，分别安置在基线的端点 A、B 上，通过同步观测 GPS 卫星来确定基线的端点，以求得在协议地球坐标系的相对位置或者基线向量。如果将多台接收机安置在多条基线的端点上，用这种方法可同时确定多条基线向量，大大提高工作效率。

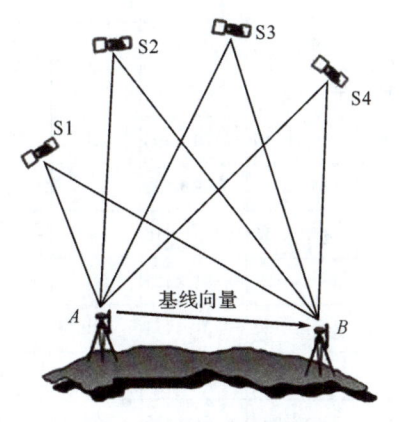

图 4-30　GPS 相对定位

GPS 相对定位最关键的是 GPS 测点基线向量的获取以及其质量评估。

①GPS 基线向量(Kinematic)

GPS 基线向量表示了各测站间的一种位置关系，即测站与测站间在基于 WGS-84 椭球坐标系中的三维坐标增量。

同一时段观测,测点间两两均能形成 GPS 基线。当观测点超过 2 个时,就能形成多点构成的基线网(环)。其中同一时段观测的基线网称同步环,不同时段观测的基线网构成异步环,重复基线是最简单的异步环。6 个点构成的 GPS 基线向量网如图 4-31 所示。

GPS 基线越长,获取相对精度就越高。

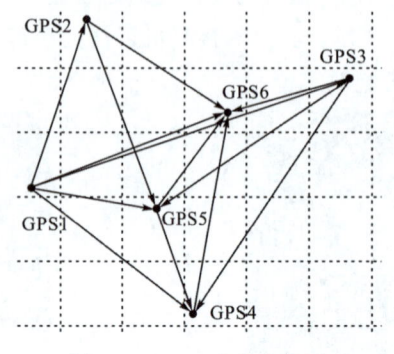

图 4-31 GPS 基线向量网

②GPS 基线测量

GPS 基线边长是两 GPS 测站的同步观测数据在经过平差后所得到的两点标石中心在 WGS-84 椭球面上的距离。

如果 A 和 B 两点在同一时间区间内观测了相同的一组卫星,则利用调制电磁波,测出同时段各卫星到 A、B 的空间距离 S_i,再通过相关解算,就能获取 AB 两点距离(投影到椭球面)。表 4-4 为 GPS 基线平差解算成果。

表 4-4 GPS 基线平差解算成果

基线名	DX/m	DY/m	DZ/m	中误差 DX/mm	中误差 DY/mm	中误差 DZ/mm	长度/m	相对误差
GPS10810.zsd-GPS20821.zsd	−9.1576	−197.9745	190.4700	2.5	2.9	3.2	274.8756	1∶55 315
GPS10810.zsd-GPS30821.zsd	−393.5907	−353.3142	81.0160	2.3	2.7	2.9	535.0777	1∶116 062
GPS20810.zsd-GPS30810.zsd	384.4505	−155.3315	−109.4503	2.0	2.1	2.3	428.8466	1∶115 414
GPS20820.zsd-GPS30820.zsd	−384.4554	−155.3269	−109.4533	2.0	2.1	2.3	428.8501	1∶115 415
GPS20821.zsd-GPS30821.zsd	−384.4360	−155.3315	−109.4416	2.0	2.1	2.3	428.8314	1∶115 410
GPS20810.zsd-GPS40810.zsd	−267.0657	183.4489	−361.4429	2.0	2.2	2.6	485.4056	1∶123 416
GPS20820.zsd-GPS40820.zsd	−267.0553	183.4515	−361.4474	2.0	2.2	2.6	485.4041	1∶123 415
GPS30810.zsd-GPS40810.zsd	117.3797	338.7848	−251.9848	1.7	2.0	2.4	438.2345	1∶121 861
GPS30820.zsd-GPS40820.zsd	117.3933	338.7800	−251.9855	1.7	2.0	2.4	438.2348	1∶121 861
GPS30811.zsd-GPS40820.zsd	117.3730	338.7951	−252.0177	1.7	2.0	2.4	438.2596	1∶121 868

在表 4-4 GPS 基线解算中,需要剔除观测值中的粗差,进行周跳的探测与修复。在满足 GPS 基线的主要解算技术指标后,方能获得合格的基线及其对应三维坐标增量。

(3) 不同作业模式下的 GPS 相对定位

① 静态相对定位模式

静态相对定位模式测量如图 4-32 所示,静态相对定位的最基本形式是用 2 台以上 GPS 接收机分别固定在各条基线的两端,同步观测相同的 GPS 卫星,解算各基线向量后,确定基线各点在 WGS-84 坐标系中坐标。

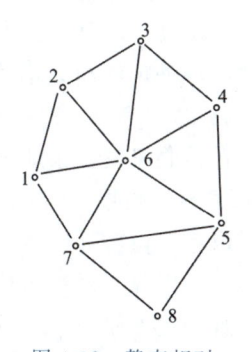

② 准静态定位模式

准静态定位模式又称为快速静态定位,通常在测区的中部选择一个基准站(亦称参考站)安置一台 GPS 接收机,并对所有可见 GPS 卫星进行连续跟踪观测。另一台接收机依次在各点进行流动设站,在每个点上都静止观测数分钟,获取观测基线。单基站快速静态定位测量如图 4-33 所示。接收机在流动站点之间移动时,不必保持对所测卫星进行连续的跟踪观测,接收机可以关闭电源以节省能耗,流动站与基准站之间的距离通常不超过 20 km。

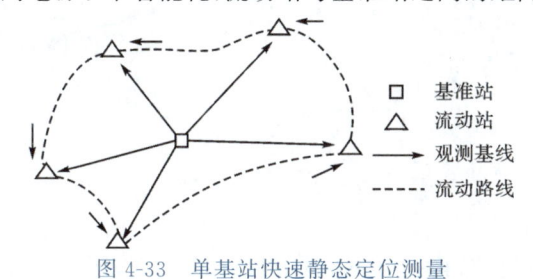

图 4-32 静态相对定位模式测量

图 4-33 单基站快速静态定位测量

③ 动态 DGPS

差分全球定位系统(Differential Global Position System,DGPS)是将一台接收机安置在基准站上固定不动,另一台安置在运动的载体上,两台接收机同步观测卫星,以确定运动点相对于基准点的实时位置。精度可以达到厘米级。DGPS 测量如图 4-34 所示。

在工程测量中,根据设备和条件有多种动态相对定位方法,包括以测距码伪距为观测量的 DGPS 和载波相位伪距为观测量的 DGPS。

其中常用的实时动态码相位差分技术(Real Time Differential,RTD),就属于测距码(C/A 码、P 码)差分技术。计算依据是利用测距码伪距,根据基准站已知坐标和各卫星的坐标,求出每颗卫星每一时刻到基准站的真实距离,再与测得的各伪距比较,得出伪距改正数,将其传输至用户接收机实施定位。由于 RTD 使用的是伪距测量,精度只有亚米级,通常用于汽车导航等非高精度定位领域。

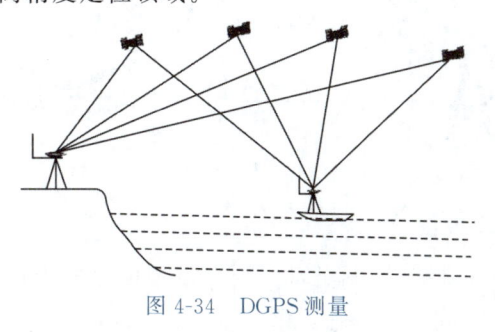

图 4-34 DGPS 测量

④准动态 PPK 模式

动态后处理技术(Post Processed Kinematic,PPK)是一种利用载波相位观测值进行事后处理的动态相对定位技术。PPK 测量如图 4-35 所示,在测区的中部选择一个基准站(亦称参考站)安置一台 GPS 接收机,并对所有可见 GPS 卫星进行连续跟踪观测。将另一台接收机安置于动态载体上(如无人机),按一定的采集频率获取不同时刻的动态载体的 GPS 观测数据($T0$、$T1$、$T2\cdots Tn$),通过下载解算获取各点到基站的基线观测成果,并获取各点位坐标($T0\sim Tn$)。

因为基线数据是进行事后处理,所以用户无须配备数据通信链(可以节省流量费用),观测更方便、自由,适合于无须实时获取定位结果的应用领域。

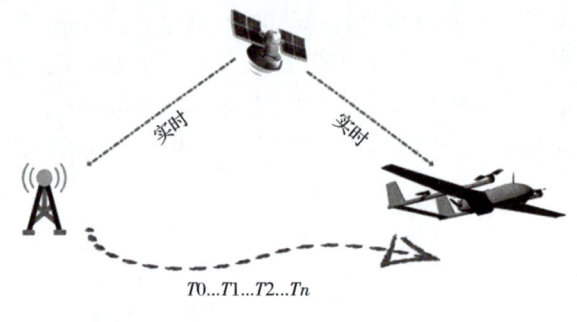

图 4-35 PPK 测量

⑤实时动态 RTK 测量

实时动态载波相位定位(Real Time Kinematic,RTK)测量需在基准站和流动站间增加一套数据链连接,实现各点坐标的实时计算、实时输出。适用于精度要求不高的施工放样及碎部地形测量。作业范围目前一般为 10 km 左右。精度可达到(10~20 mm ± 0.001‰)。

RTK 测量如图 4-36 所示,在 RTK 作业模式下,基准站(已知坐标的控制点)通过数据链将其观测值和测站坐标信息一起传送给流动站(采样点位置)。流动站不仅通过数据链接收来自基准站的数据,还要采集 GPS 观测数据,并在系统内组成差分观测值进行实时处理,同时给出厘米级实时定位结果。

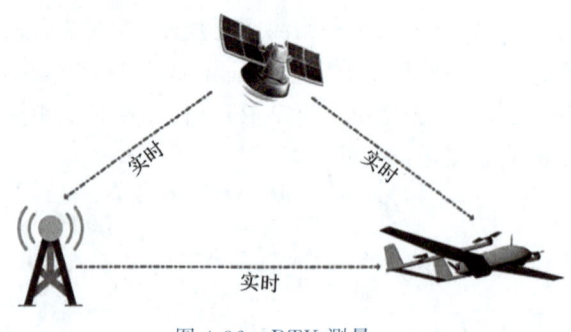

图 4-36 RTK 测量

6. GPS 坐标解算基本流程

无论采用何种 GPS 作业模式,目的都是要获取地面点的坐标。其中静态模型获取的点坐标精度高,而动态模式可以实时定位,并快速获取其坐标。

GPS 坐标解算包括数据的粗加工和预处理、基线向量计算和基线网平差计算、坐标系统转换和与地面网的联合平差,如图 4-37 所示为 GPS 数据处理流程。

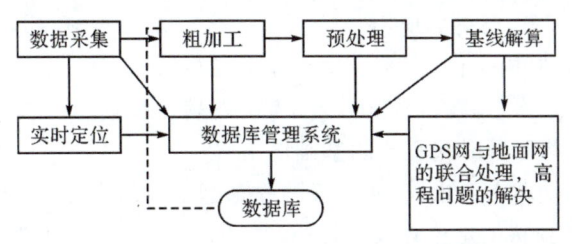

图 4-37　GPS 数据处理流程

7. 网络 RTK 坐标测量技术

RTK 坐标测量已成为当前应用最广的测量技术之一。RTK 作业时要求基准站接收机实时地把观测数据(伪距观测值、相位观测值)及已知点数据传输给流动站接收机,这就需要强大的基于无线电网络的数据传输能力。传统 RTK 采用电台传输,受距离和地形影响较大,效率较低。而随着 5G 通信技术以及惯导、影像处理技术的发展,网络 RTK 坐标测量技术日臻成熟和多功能化。

(1)网络 RTK 坐标测量

网络 RTK 测量如图 4-38 所示,网络 RTK 是由参考基准站网(至少一个)、数据控制及处理中心、数据通信链路和流动站(用户)组成。基准站需要配备双频全波长 GPS 接收机,基准站的站坐标应精确已知并按规定的采样率进行连续观测,基准站通过数据通信链路将观测资料实时地传输给数据处理中心,数据处理中心根据流动站发送的近似坐标计算误差改正信息,然后将信息播发给流动站。相对于常规 RTK 技术,网络 RTK 覆盖的范围更广,精度和可靠性更高,应用的范围更广,前景广阔,如虚拟参考站算法的应用。

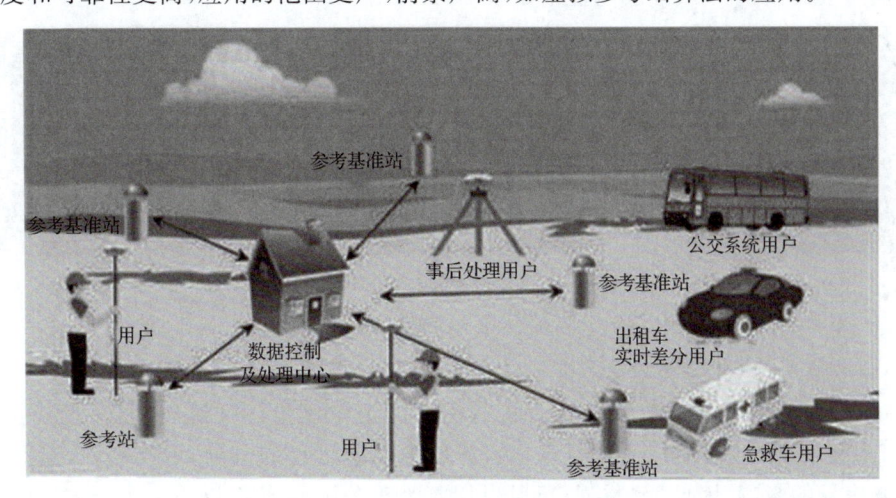

图 4-38　网络 RTK 测量

(2)基于 CORS 的 RTK 坐标采集

第二章介绍了 CORS 等级基准网基本概念。相对传统 RTK 技术,基于 CORS 的

RTK技术,是利用由计算机、数据通信和互联网技术组成的网络,实时地向不同类型、不同需求、不同层次的用户,自动提供经过检验的不同类型的GPS观测值(载波相位、伪距)的各种改正数、状态信息,以及其他有关GPS的服务项目。其中基于"移动""千寻"等服务商提供的RTK测绘服务,已得到应用普及。

如"千寻"是以"互联网+位置(北斗)"的理念,通过北斗地基一张网的整合与建设,基于云计算和数据处理技术,构建位置服务云平台,以满足国家、行业、大众市场对精准位置服务的需求。它也是物联网时代重要的基础设施之一。

千寻位置可以提供动态亚米级、厘米级和静态毫米级的定位。它利用超过2 000个地基增强基站CORS及独特的定位算法,通过互联网技术为各地用户提供便捷、精准的坐标采集、定位服务。如图4-39所示为千寻服务的部分对象。

图4-39 千寻服务的部分对象

8. GPS坐标测量质量保障

(1)卫星星座

开放的卫星星座越多,可见卫星的数量和分布越密集、合理,这样就越有利于GPS坐标测量。

目前主要运行的GNSS系统星座如图4-40所示。

图4-40 目前主要运行的GNSS系统星座

(2)载波信号(以北斗为例)

双频GPS接收机比单频GPS接收机有更好的定位优势。双频全球定位系统可以同时接收L1和L2的载波信号。利用双频引起的电离层延迟的差异,可以消除电离层延迟对电磁波信号的影响,因此双频接收机可以用于数千公里的精确定位。

北斗卫星导航系统(BeiDou Satellite Navigation System,BDS)是全球四大卫星导航系统之一,包含静止和非静止两种轨道卫星,每颗BDS卫星通过L和S频率播发导航信号,自2012年投入使用以来已经公布L波段上的B1、B2和B3三个频点,其中B1、B2为民用频率,B3 为军用频率。北斗卫星导航信号见表 4-5,北斗信号组成如图 4-41 所示。

表 4-5　　　　　　　　　　　北斗卫星导航信号

频段	中心频率/MHz	调制方式	测距码频率/Mcps	类型
B1I	1 561.098	BPSK	2.046	公开
B1Q	1 561.098	BPSK	2.046	授权
B2I	1 207.14	BPSK	2.046	公开
B2Q	1 207.14	BPSK	10.23	授权
B3	1 268.52	BPSK	10.23	授权

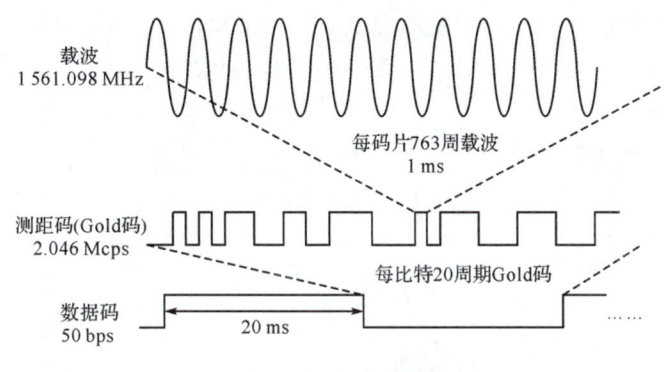

图 4-41　北斗信号组成

(3) 差分技术

在 WGS-84 椭球坐标系统中,确定待测点与某一已知参考点之间的相对位置,可以实现不同目的和层次的数据差分。差分技术包括位置差分、伪距差分、载波相位差分等。

国家交通部海监局在我国沿海从南到北沿海岸线建立了 20 个信标台站,这些信标站 24 小时发送 RTCM 差分校正信息,而且不收任何费用,其传输的距离:在内陆是 300 km 的覆盖范围,在海上是 500 km 的覆盖范围。信标台外观如图 4-42 所示。

采用差分技术可以大大消除各种观测量存在的系统误差。

图 4-42　信标台外观

(4) CORS 基站坐标可靠性

在基于动态差分(如 RTK)的作业模式下,基准站(已知坐标的控制点)通过数据链将其观测值和测站坐标信息一起传送给流动站(测量点位置)。

基准站可以加载在控制点上也可设为中继站模式,在互联网条件下,可以为单站

CORS 也可以布设成多站形成网络 CORS。

基站坐标是通过高等级 GPS 控制测量平差获得的。

(5)数据传输链路

RTK 技术的关键在于数据处理技术和数据传输技术，RTK 数据传输链如图 4-43 所示。数据传输链路即把基准站接收机观测数据（如伪距观测值、相位观测值）及基准站点坐标数据通过通信链路传输给流动站接收机。

基准站向流动站传输链路信号，根据需要和现场条件可以采用几种模式：①电台传输（内置、外置）；②移动信号（如 GPRS、CDMA 等，SIM 卡可以置于天线也可置于 GPS 手簿或手机中）。

链路传输数据协议要保证 RTK 数据格式（如 RTCM，CMR，CMR＋等）能被接受，如 Ntrip 协议就是 CORS 系统中的超级文本数据链通信协议之一。

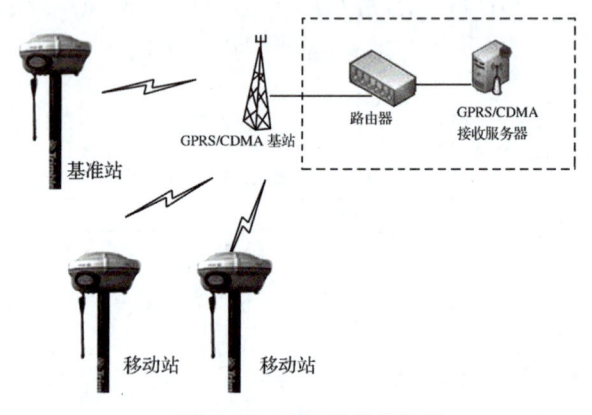

图 4-43　RTK 数据传输链

(6)坐标转换参数准确配置或校正

根据测量场地所需的坐标系统（局部或施工），需要导入事先确定的坐标转换参数，也可以通过区域内 3 个以上公共点现场测量，并按照基于四参数或七参数的相关数学模型等获取平面（或空间）坐标转换参数（目前 GPS 手簿运算系统均提供相关参数转换的 App），由此实现 RTK 坐标成果的系统转换。RTK 数据参数现场校正如图 4-44 所示。

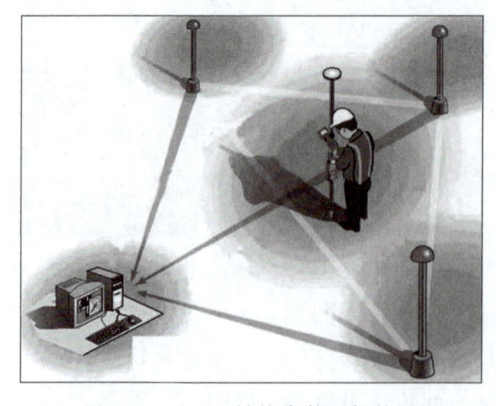

图 4-44　RTK 转换参数现场校正

第4章 基于特征点采集的智能测量

本章知识点概述

1. 坐标点采集智能测量设备。
2. 智能全站仪坐标测量。
3. GPS 坐标测量。

思考题

1. 简述智能全站仪的组成。评估智能型全站仪的参数有哪些？
2. 相对其他测角方式，编码度盘测角优势有哪些？
3. 分析智能型全站仪的概念及意义。
4. 质量检核可以采取哪些手段以保证全站仪数据可靠？
5. 全站仪对中、整平的目的是什么？
6. 简述 GPS 定位测量的优点。
7. 列表介绍 GPS 测量数据采集模式。
8. 比较 GPS 相对定位作业几种模式的特点和适用条件。
9. 简述基于惯性导航的 RTK 测量的组成。
10. 简述 GPS 内业坐标解算基本流程。

第 5 章

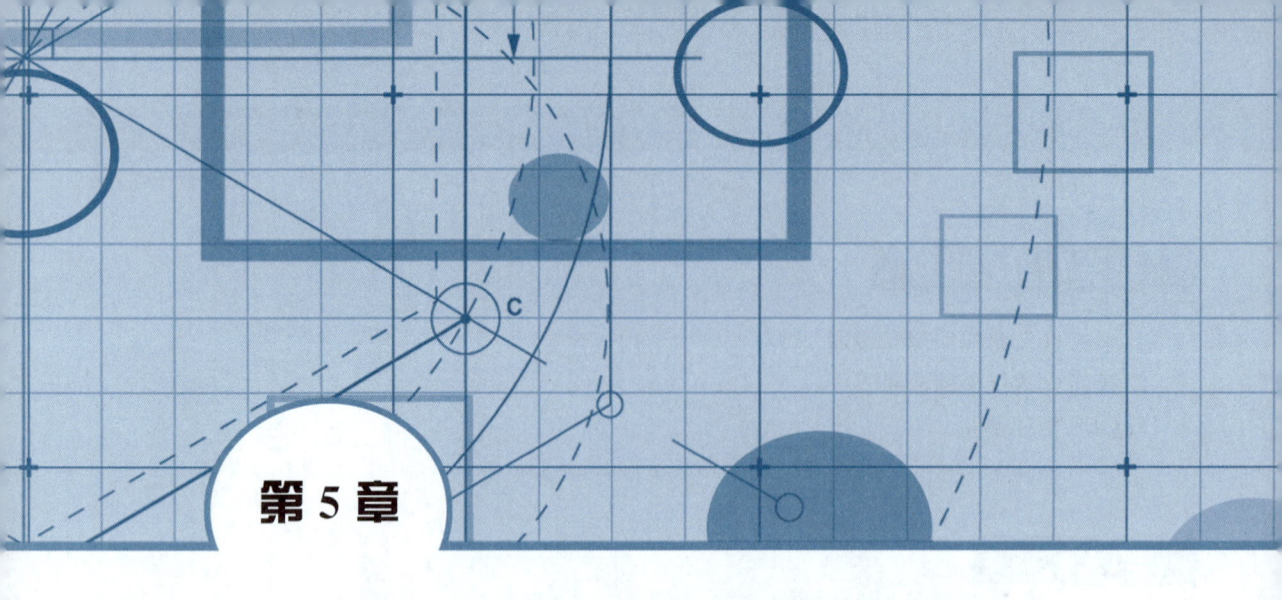

基于扫描技术的智能测绘

5.1 激光及激光扫描测量

1. 激光及激光传感器

原子中的电子吸收能量后从低能级跃迁到高能级,再从高能级回落到低能级的时候,所释放的能量以光子的形式放出,被引诱(激发)出来的光子束就是激光。

按工作介质分,激光传感器可分为气体激光器、固体激光器、半导体激光器和染料激光器4大类,各类激光传感器对应波长如图5-1所示。激光具有直线性好、发散角小、能量集中等特点。

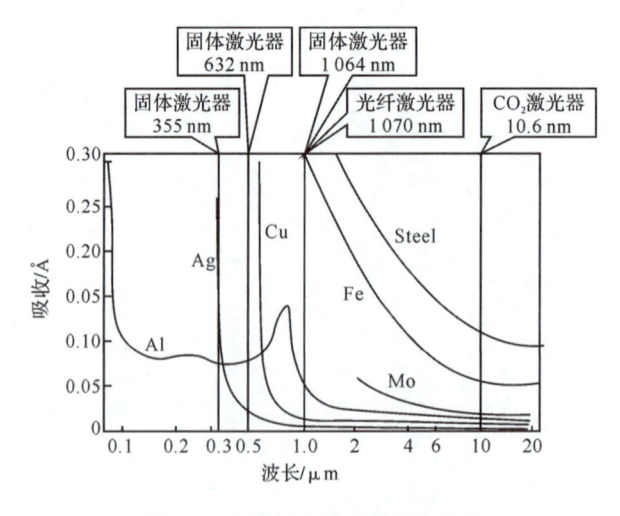

图 5-1 各类激光传感器对应波长

利用激光的高方向性、高单色性和高亮度性,可以实现基于各种平台的激光传感器无接触目标的距离遥测。这些平台激光传感技术可以分为车载激光雷达、机载激光雷达、星载激光雷达、地基激光雷达等。

地形扫描测量所用激光传感器主要为固体激光器,波长范围为 400~1 100 nm。作业时,要避开雾霾天气,因为雾霾颗粒的大小非常接近工作激光的波长,激光照射到雾霾颗粒上会产生干扰,导致扫描效果下降。

2. 激光扫描测量分类

激光扫描能精确测量目标的位置(距离和角度)和运动状态以及形状,探测、识别、分辨和跟踪目标。从搭载激光测量设备的工作状态可以分为静态型(如地基架站型)和动态型(如机载、车载、星载)的扫描设备。

(1)静态基站式三维激光扫描测量

利用电磁波测距原理(包括脉冲激光和相位激光模式),扫描测得目标空间三维坐标值,并形成空间点云数据。由此可快速建立结构复杂的三维可视化模型。

地基三维激光扫描系统主要由三维激光扫描仪、计算机、电源供应系统、支架以及系统配套软件构成。三维激光扫描仪作为激光扫描系统的主要组成部分,由激光发射器、接收器、时间计数器、马达控制可旋转的滤光镜、控制电路板、微电脑、CCD 机以及软件等组成,它是测绘领域继 GPS 技术之后的又一次技术革命。三维激光扫描突破了传统的单点测量方法,具有高效率、高密度数据采集的优势。三维激光扫描技术能够提供扫描物体表面的三维点云数据,因此可以用于获取高分辨率的数字地形模型。

三维激光扫描仪在建设工程领域主要应用对象是文物保护、城市建筑测量、地形测绘、采矿业、变形监测、工厂、大型结构、管道设计、飞机船舶制造等;在工业领域里三维激光扫描仪多用于三维建模、逆向工程、三维检测、产品设计等。

(2)基于动态载体的激光雷达

激光雷达(Light Detection and Ranging,LiDAR),是激光探测及测距系统的简称,是工作范围在红外和可见光波段的雷达。它由激光发射机、光学接收机、转台和信息处理系统等组成,激光器作为发射光源,采用主动遥感光电探测技术手段,将电脉冲变成光脉冲发射出去,光接收机再把从目标反射回来的光脉冲还原成电脉冲,送到显示器。

激光雷达是一种非接触式探测和测距方法。该技术通过发射光脉冲击中附近物体后测量反射回波信号的特性可精确地计算每个目标物的距离。

激光雷达传感器,为实时动态传感器,具有 10 Hz 以上刷新率,厘米级测量精度能力。按成像方式有三维和二维之分。其中机载 LiDAR 系统集激光、全球定位系统和惯性导航系统等多种尖端技术于一身,属于三维智能航空遥感技术。该系统主要包括空中测量平台(近空到太空)、激光系统、全球定位系统和惯导系统、小幅面数码相机等其他附件及辅助的一系列数据处理软件。激光雷达被广泛应用在地形建模中(例如立体制图、林业调查、街景地图采集、地形测量、采矿、林业、考古学)。

3. LiDAR 与三维激光扫描区别

(1) LiDAR 适用于陆地 1∶500～1∶10 000 比例尺地形图测绘、立体模型建立和工程方量测量等,为动态扫描。

(2) 地面激光扫描适用于丘陵地、山地、高山地 1∶200～1∶2 000 比例尺地形图测绘、立体模型建立、工程方量测量、变形监测、地下工程测绘、建筑立面测绘、建筑物三维建模、文物保护、逆向工程等测绘工作,一般为静态扫描。

(3) 系统组成不同。机载激光扫描需要包括 GPS、惯导硬件系统等辅助,而地基三维激光扫描可以独立实施扫描。

(4) 距离测量不同。LiDAR 扫描一般采用脉冲式测距,而地基三维激光扫描可以有包括相位式、脉冲式等选择。

(5) 扫描方式不同。地基三维激光扫描采用机械式扫描,它通过旋转实现横向 360°的覆盖面,通过内部镜片实现垂直角度的覆盖面。而 LiDAR 激光扫描多采用混合半固态激光雷达或固态激光雷达。

5.2 三维激光扫描测量原理

1. 扫描数据及计算模型

地基激光测点原理如图 5-2 所示,利用 360°旋转棱镜,地基三维激光扫描仪把激光先投射到被测目标表面,继而反射回扫描仪内的激光传感器中。扫描仪据此计算扫描仪测站与目标的距离,确定出扫描目标在空间中的位置,并得到三维点云数据。

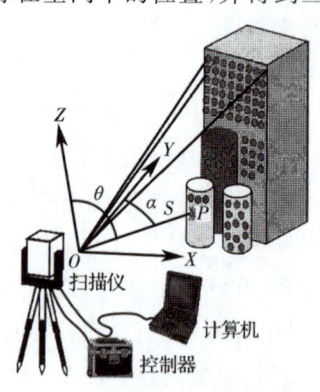

图 5-2 地基激光测点原理

地基三维激光扫描仪一个测站所得到的原始观测数据主要有:

(1) 根据两个连续转动的用来反射脉冲激光的镜子的角度值得到激光束的水平方向值 θ 和竖直方向值 α。

(2) 根据脉冲激光传播的时间而计算得到的仪器到扫描点的距离值 S。

(3) 扫描点的反射强度等。

利用(1)与(2)采集数据,根据式(5-1)计算扫描点的三维坐标值。而扫描点的反射强度则用来给反射点匹配颜色。

$$\begin{bmatrix} X \\ Y \\ H \end{bmatrix} = \begin{bmatrix} S\cos\theta\cos\alpha \\ S\sin\theta\cos\alpha \\ S\sin\alpha \end{bmatrix} \tag{5-1}$$

对于不同测站的扫描,为了得到统一坐标下模型,需要采用各种技术手段获取各测站空间坐标的拼接转换参数。如采用公共标靶控制点、影像特征匹配等。

由于三维激光扫描系统可以密集地大量获取目标对象的数据点,因此相对于传统的单点测量,三维激光扫描技术也被称为从单点测量进化到面测量的革命性技术。其数据采集有如下特点:

(1)速度和精度:一般可以在很短时间完成被测对象的扫描采集,并获得上百万点高精度的点云数据,最高精度可达 0.015 mm。

(2)特征自动提取:基于相位的三维扫描可以在采集三维型面数据的同时自动提取被测物体的轮廓、边界、特征线数据,自动屏蔽周边的无关物体,还可在二维图像中进行编辑,任意取舍数据,为点云数据后处理创造完美的数据条件。

(3)纹理贴图:如基于连续波的光学相位式扫描,无须采用附加贴图(纹理)的方法就可同时得到 24 bit 的三维彩色数据(图 5-3)。每个数据点不仅具备几何空间信息(X、Y、Z),同时还具备色彩信息(R、G、B),真实地再现了现实世界中的物体及变化。

图 5-3 三维彩色数据

2. 架站式(地基)三维激光扫描数据外业采集形式

(1)由于三维激光扫描仪需要固定点扫描,所以需要一个三脚架作为支架,将三维激光扫描仪安装在三脚架上,将 SD 卡安装在三维激光扫描仪上,用来存储扫描的大量的点云数据。但不用对中。

(2)设备进行整平,但不需要如全站仪架设中的测站对中过程。

(3)打开电源开关,显示屏进入主界面,点击参数设置选项,完成必要的初始化。

(4)扫描开始。

不同三维激光扫描设备,采用的数据采集扫描形式不同。表 5-1 列出了三维激光扫描主要的数据外业采集方式。

表 5-1　　　　　　　　三维激光扫描主要的数据外业采集方式

数据采集方法	设置扫描仪在控制点	标靶设置要求	精度和适用范围
基于测站点＋后视点	需要	1个位于控制点标靶	对象范围比较大且复杂，拼接精度高
基于标靶	不需要	3个不共线的标靶且均与相邻测站通视	小型独立对象，数据拼接精度高
基于点云数据自动拼接	不需要	不需要标靶，相邻测站间至少有3%的重叠点云	内业难度大，数据拼接精度低

其中，基于点云的自动拼接已成为当前地基静态扫描的主流，如天宝 X-7 扫描仪。

三维激光扫描前，需要大致确定扫描仪至扫描对象的距离、设站数、大致的设站位置、标靶数、大致的标靶位置等，以较少的设站数获得尽量完整的扫描对象信息。

3. 地基三维激光扫描应用

三维激光扫描仪可以对现场对象进行多角度移动式测量，获取其空间三维点云。而扫描设备自带的视觉追踪技术可大大提高点云拼接效率。

地基三维激光扫描已经用在许多个领域，包括立体制图、采矿、林业、考古学、地质学、地震学、地形测量、回廊制图等，图 5-4 所示为三维激光扫描应用。

(a) 钢桁架扫描点云　　　　　　(b) 建筑体外立面扫描点云

图 5-4　三维激光扫描应用

5.3　LiDAR动态扫描智能测量

1. LiDAR 扫描特性

由于 LiDAR 系统集成了激光、全球定位系统和惯性导航系统（Inertial Navigation System，INS）三种技术，因此它是目前三维模型数据获取的重要手段。

LiDAR 传感器可以选择基于点、线、面扫描作业，点、线、面的作业也对应有不同的扫描方式。不同扫描方式的 LiDAR 如图 5-5 所示，它可以有点＋偏振镜、线＋转镜、面阵的固体激光＋广角匀化扩散器等组合。

用作点状扫描的距离测量系统，可用来实现目标的距离测量（一维结果）：如让激光光束在某一平面上旋转或者移动，可用来获得距离和角度数据，从而提供测量目标的二维结果;也可以通过采用多个传感器,形成同时扫描多个层面的传感器阵列,从而测得 X、Y、Z 的点云数据(三维结果)。

图 5-5 不同扫描方式的 LiDAR

摆镜扫描方式(在转镜的基础上加入振镜,转镜负责横向,振镜负责纵向)是目前比较成熟的扫描方式,很多高端的 LiDAR 系统都采用这种方式,例如,Leica 的 ALS60 型和 Optech 公司的 ALTM3100EA 型。其原理是系统通过电动机带动反射镜围绕转轴按照某一固定角度反复摆动,当反射镜在不同位置时,入射光线与镜面的夹角(入射角)周期性变化,与此对应反射光线也将以不同的反射角出射,这样在地面上的激光脚点就会落在不同的位置。摆镜进行周期性的摆动(摇摆扫描),激光脚点的位置就会周期性地在地面扫过,从而形成了垂直于转轴轴向的地面目标扫描。

2. 机载 LiDAR 测量系统

(1)系统组成

机载 LiDAR 测量系统包括 4 个主要系统:POS 系统、传感器系统、采集管理系统、存储与控制系统。

其中 POS 系统由 GPS 定位系统和惯性导航系统组成。GPS 定位系统通过差分精确测定传感器的空间位置,惯性导航系统精确记录飞行姿态。激光传感器通过计算激光回波时间,精确记录传感器与地物回波点之间的距离。

机载 LiDAR 作业系统如图 5-6 所示,机载 LiDAR 系统将激光发射向地面,然后记录下激光脉冲从发射到地面到从地面反射回系统的时间,根据这个时间结合光速可以计算出距离。系统再根据飞机高度、姿态以及脉冲角度,计算出地表物体的高度,同时根据 GPS 接收器的信息得到地面物体的空间坐标。

图 5-6 机载 LiDAR 作业系统

由 LiDAR 传感器扫描得到与地面上各点的距离,同时由 GPS 接收机得到扫描仪的位置,由高精度姿态量测装置 INS(惯导测量装置 IMU)量测出扫描仪的姿态,进而实时获得地面点 WGS-84 下坐标及地面点高程。机载 LiDAR 数据处理流程具体包括如下部分:①数据集及采集模式;②空间数据获取;③基准投影;④数据分类;⑤数据滤波;⑥数据格栅及抽稀。

机载 LiDAR 定位流程如图 5-7 所示。

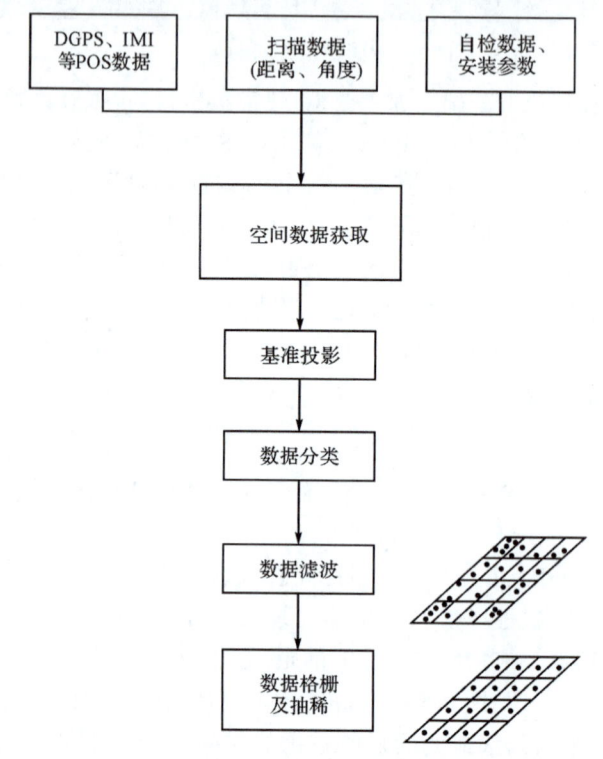

图 5-7 机载 LiDAR 定位流程

(2)基于 IMU 的惯性导航系统简介

惯性测量单元(Inertial Measurement Unit,IMU)如图 5-8 所示,包含了陀螺仪和加速度计,陀螺和加速度计是导航关键参数获取的传感器件。而惯性导航系统(INS)是利用 IMU 数据进行航迹推算,提供位置、速度、姿态信息。该系统根据陀螺的输出建立导航坐标系,根据加速度计输出解算出运载体在导航坐标系中的速度和位置。

惯性导航系统是一种不依赖于外部信息,也不向外部辐射能量的自主式导航系统。其工作环境不仅包括空中、地面,还包括水下。惯导的基本工作原理是以牛顿力学定律为基础,通过测量载体在惯性参考系的加速度,将它对时间进行积分,再把它变换到导航坐标系中,就能够得到在导航坐标系中的速度、偏航角和位置等信息。

◆ DOF=自由度

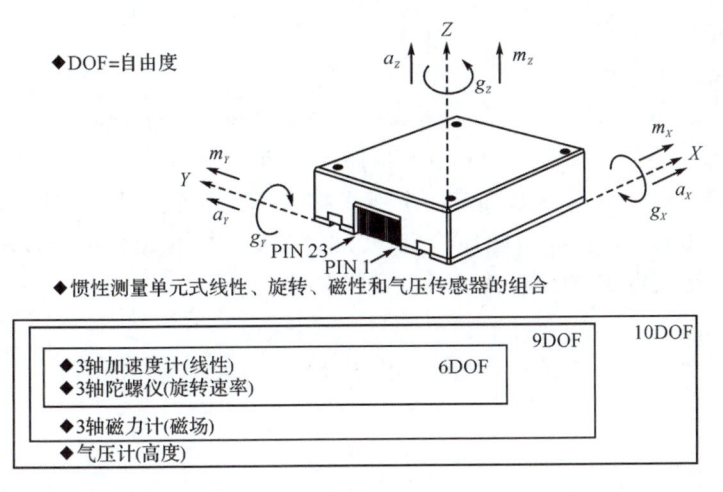

◆ 惯性测量单元式线性、旋转、磁性和气压传感器的组合

```
                                              10DOF
                                        9DOF
◆ 3轴加速度计(线性)              6DOF
◆ 3轴陀螺仪(旋转速率)
◆ 3轴磁力计(磁场)
◆ 气压计(高度)
```

图 5-8　惯性测量单元

(3) 机载 LiDAR 激光传感器测量系统

LiDAR 激光传感器系统包括一个单束窄带激光器和一个接收系统。激光器产生并发射一束光脉冲,打在物体上并反射回来,最终被接收器所接收。接收器准确地测量光脉冲从发射到被反射回的传播时间。因为光脉冲以光速传播,所以接收器总会在下一个脉冲发出之前收到前一个被反射回的脉冲。

举例来说,一个频率为每秒一万次脉冲的系统,接收器将会在一分钟内记录 60 万个点。一般而言,LiDAR 系统的地面光斑间距在 2~4 m 不等。

机载 LiDAR 系统还有一个非常重要的特性,就是它所发出的脉冲的穿透性。LiDAR 树木反射信号如图 5-9 所示,LiDAR 信号不仅会到达树顶并返回,有时候也可以穿透某些地物植被。就好像阳光照进树林中一样,LiDAR 的光束也同样可以穿透树冠,并反射树冠以下的部分。LiDAR 系统这种不仅可以记录树顶反射信息,还可以获取地面信息的特性,使得 LiDAR 系统成为在林业研究中非常有用的工具。根据 LiDAR 穿透树冠并提供多次回波的特性,可以分析有关树林结构的更多信息。比如,它可以推算树的形状,或者树林树叶的密度,有时甚至可以提供树林里地面灌木以及地表的地质构造情况。

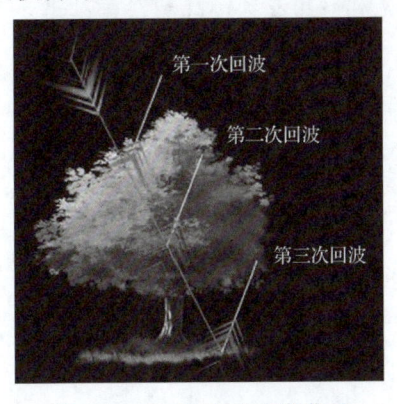

图 5-9　LiDAR 树木反射信号

(4)机载 LiDAR 地面点三维坐标计算

①共线条件下扫描方程

机载 LiDAR 数据获取地面点坐标如图 5-10 所示,GPS 获取扫描仪中心 O_S 位置坐标 (X_S, Y_S, Z_S),扫描仪获取 O_S 到地面相点相应距离 S,同时扫描仪的姿态角度 φ、ω、κ 由惯导装置 IMU 获取,由 φ、ω、κ 函数构成的矩阵 A 称为姿态矩阵。而相对应的,地面 P 点扫描中线的角度 θ 由编码器按固定脉冲给出(实际计算时可以根据扫描点数和标称扫描角度推算)。这样,地面点 P 的坐标就可以由式(5-2)进行计算。

$$\begin{bmatrix} X \\ Y \\ Z \end{bmatrix}_P = \begin{bmatrix} X \\ Y \\ Z \end{bmatrix}_S + A \begin{bmatrix} 0 \\ S\sin\theta \\ S\cos\theta \end{bmatrix} \quad (5\text{-}2)$$

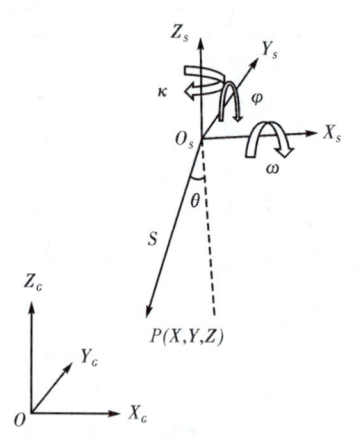

图 5-10 机载 LiDAR 数据获取地面点坐标

②扫描方程姿态矩阵 A 的组成

式(5-3)中的 A 为扫描中心测量时的姿态矩阵,即

$$A = \begin{bmatrix} a_1 & a_2 & a_3 \\ b_1 & b_2 & b_3 \\ c_1 & c_2 & c_3 \end{bmatrix} \quad (5\text{-}3)$$

根据图 5-10,可以获得 A 矩阵里各元素的表达式:

$a_1 = \cos\varphi\cos\kappa + \sin\varphi\sin\omega\sin\kappa$

$a_2 = -\cos\varphi\sin\kappa + \sin\varphi\sin\omega\cos\kappa$

$a_3 = -\sin\varphi\cos\omega$

$b_1 = \cos\omega\sin\kappa$

$b_2 = \cos\omega\cos\kappa$

$b_3 = -\sin\omega$

$c_1 = \sin\varphi\cos\kappa + \cos\varphi\sin\omega\sin\kappa$

$c_2 = -\sin\varphi\sin\kappa + \cos\varphi\sin\omega\cos\kappa$

$c_3 = \cos\varphi\cos\omega$

姿态矩阵 A 又称定向矩阵 A,扫描器姿态对应坐标系如图 5-11 所示,图中展示了实

际扫描作业中基于定向矩阵 A 的地面点 P 与扫描点 ρ 的成像关系。

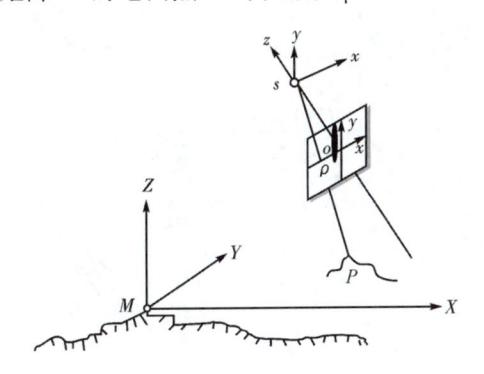

图 5-11　扫描器姿态对应坐标系

③不同扫描方式地面点三维坐标确定

A. 基于旋转 360°线扫描方式

旋转正多面体扫描是一种比较常用的扫描方式,其原理是:将正多面体棱镜作为反射镜,将其中一轴设为转轴,通过电动机带动转轴转动,正多面体棱镜做匀速转动。随着镜面的转动,其位置不断变化,入射角也不断变化,反射光束的方向也随之变化。假设转速为匀速,由于各个镜面都是相同的,则每隔相同的时间,镜面将回到初始位置。同样,反射光束方向也将回到初始位置。这样,镜面位置的变化是周期性的,反射光束方向也周期性地变化,地面上激光脚点的位置也在一定范围内往复变化。若沿转轴的轴向飞行,即可实现激光束对地扫描。

旋转 360°线扫描方式激光斑点分布如图 5-12 所示。由于转轴只沿着一个方向旋转,激光束的方向也将沿着一个方向扫描,一旦达到扫描边缘即立刻回到初始位置,然后再沿同一方向进行扫描。因此,其激光脚点在地面形成单向扫描平行线轨迹;反射镜被匀速旋转,其地面扫描点的分布也比较均匀和规则。

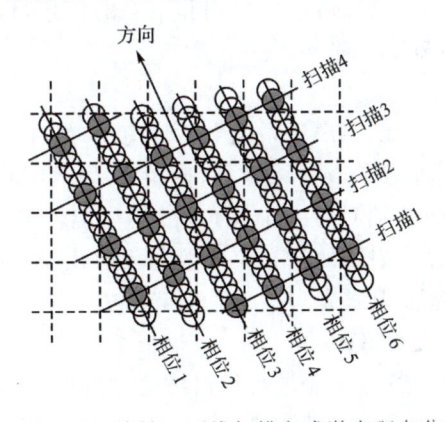

图 5-12　旋转 360°线扫描方式激光斑点分布

旋转 360°线扫描方式如图 5-13 所示,基于旋转 360°线扫描方式的对应计算模型见式(5-4)。

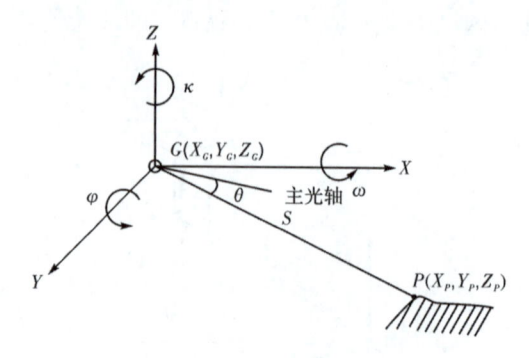

图 5-13 旋转 360°线扫描方式

由 $\begin{cases} X_P = X_G + \Delta X_P \\ Y_P = Y_G + \Delta Y_P \\ Z_P = Z_G + \Delta Z_P \end{cases}$ 及 $\begin{cases} \Delta X_P = f_x(\varphi'\omega'\kappa'\theta's) \\ \Delta Y_P = f_y(\varphi'\omega'\kappa'\theta's) \\ \Delta Z_P = f_z(\varphi'\omega'\kappa'\theta's) \end{cases}$

得到:

$$\begin{cases} X_P = X_G + \left(S\cos\theta - \dfrac{s\sin\theta}{\sqrt{1-b^2}}b\right)\sin\omega + \dfrac{S\sin\theta}{\sqrt{1-b^2}}\sin\kappa \\ Y_P = Y_G + \left(S\cos\theta - \dfrac{s\sin\theta}{\sqrt{1-b^2}}b\right)\cos\omega\ \sin\varphi + \dfrac{S\sin\theta}{\sqrt{1-b^2}}\cos\kappa \\ Z_P = Z_G + \left(S\cos\theta - \dfrac{s\sin\theta}{\sqrt{1-b^2}}b\right)\cos\omega\ \cos\varphi \end{cases} \quad (5\text{-}4)$$

式中:$b = \cos\omega\sin\varphi\cos\kappa + \sin\kappa\cos\omega$,图 5-13 中 θ 为测距方向 GP 与传感器主光轴夹角,G、P 两点距离为 S。

以扫描镜旋转 360°的线阵扫描方式,仅在对地面扫描的 45°范围内发射的脉冲有效,脉冲频率的利用率为 1/8,一条扫描行只能得到几个点的信息,这对于地面三维信息的采集及后续数据的处理等都带来了一些问题。

B. 基于圆锥线扫描方式

旋转多面镜扫描方式在主流 LiDAR 系统中不常使用,但在我国自行研制的机载激光遥感基础系统中使用的是这种方式。其原理是,使用一个可沿转轴旋转的棱镜作为反射镜,棱镜的法线方向与旋转轴的轴向有一个夹角,镜面与旋转轴不垂直,旋转轴线与水平面的夹角一般为 45°。激光器发射出的激光束照射到反射镜面,经过反射指向地面。反射棱镜每旋转一周,激光束在地面上激光脚点的轨迹就形成一个椭圆。随着飞机飞行,激光脚点形成沿飞行方向前进的无数椭圆。

圆锥线扫描激光斑点分布特点是通过倾斜扫描镜,使扫描镜的镜面具有一定倾角,旋转轴与发射装置的激光束呈 45°。随载体的运动,光斑在地面上形成一系列有重叠的椭圆,圆锥线扫描方式激光斑点分布如图 5-14 所示。这种作业模式的优点是机械结构简单,运行平稳,适合高速旋转,有利于提高效率,可以获得具有一定重叠度的椭圆扫描轨迹,从而使测量的点的密度增大,并且可以对某些遮挡地区进行测量(在当前扫描视场角中被遮挡的地区,在下一个扫描角中,往往可以被测量到)。但是,其缺点也是明显的,测点分布不均匀,数据处理比较麻烦。

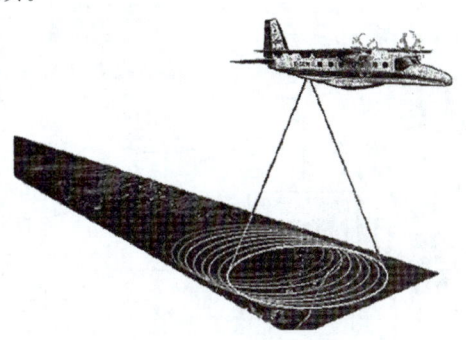

图 5-14　圆锥线扫描方式激光斑点分布

圆锥线激光扫描时,设入射角(入射激光与扫描镜法线的夹角)为 δ,Y 轴和法线确定的平面与 Z 轴的夹角为 γ。圆锥线扫描计算模型如图 5-15 所示,电机转轴与 Y 轴的夹角 α、扫描镜法线与电机转轴的夹角 β 一般说来都是一个固定值,电机转动角度 θ 大小则由码盘测定。由此可以计算出因转角 θ 变化所对应的 δ 和 γ 值。

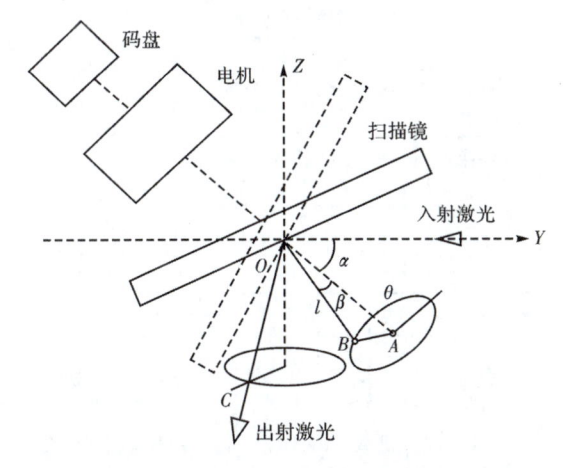

图 5-15　圆锥线扫描计算模型

根据激光测距值 S,还可以获取每一点在传感器坐标系 $O\text{-}XYZ$ 中的相对坐标 $(\Delta X_P, \Delta Y_P, \Delta Z_P)$。利用 GPS 差分测量方法可以确定 O 点在大地坐标系中的坐标 (X_O, Y_O, Z_O),同时姿态测量装置又量测出传感器(和飞行平台的)姿态参数 (φ, ω, k) 进而得到姿态矩阵 A,那么地面 P 点在大地坐标系中的坐标为

$$\begin{bmatrix} X \\ Y \\ Z \end{bmatrix}_P = \begin{bmatrix} X \\ Y \\ Z \end{bmatrix}_O + A \begin{bmatrix} S\sin(2\delta)\sin\gamma \\ S\cos(2\delta) \\ -S\sin(2\delta)\cos\gamma \end{bmatrix} \tag{5-5}$$

(5)机载 LiDAR 内外业工作

①机载 LiDAR 外业工作

激光雷达无人机外业工作主要包括测区的踏勘以及资料收集、无人机航线的规划和设计、飞行控制(调试飞行器,调试相机参数)以及自动航飞及采集数据存储。机载 LiDAR 外业如图 5-16 所示。

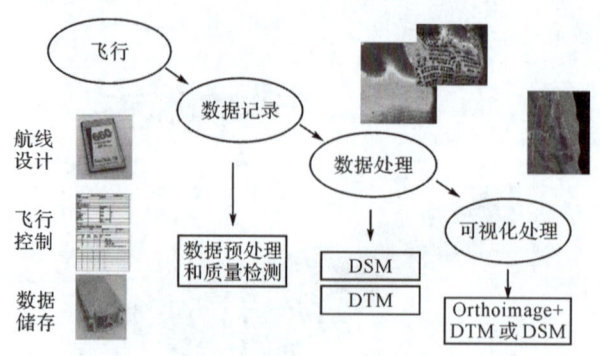

图 5-16　机载 LiDAR 外业

②LiDAR 内业点云建模工作

A. LiDAR 点云建模内业处理技术流程

机载 LiDAR 点云内业处理框图如图 5-17 所示。

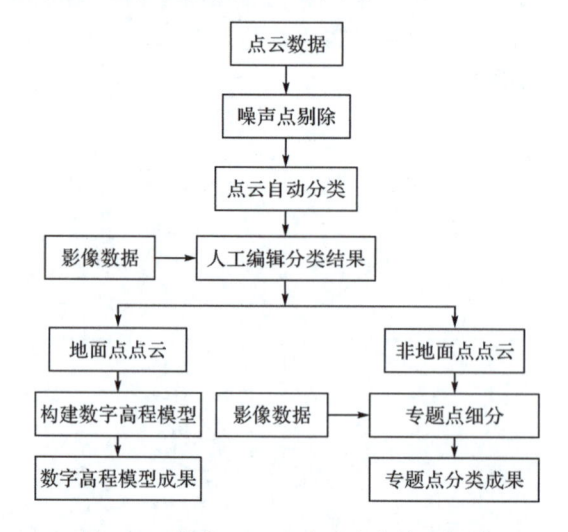

图 5-17　机载 LiDAR 点云内业处理框图

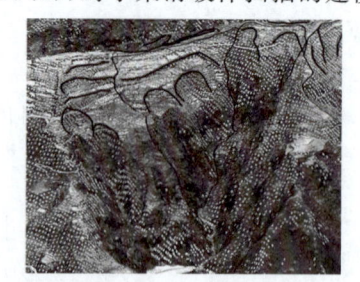

图 5-18(a)所示为基于 LiDAR 点云数据(图 5-18(b))对于某滑坡体扫描的建模效果。

(a)建模效果　　　　　　　　　(b)LiDAR 点云数据

图 5-18　基于机载 LiDAR 点云建模成果

密集的点云往往对应的是海量数据,这需要进行点云特征分析和归类。

B. LiDAR 点云分类查询

点云分类(Point Cloud Classification)(图 5-19(a))是将点云分类到不同的点云集,即

为每个点分配一个语义标记。同一个点云集具有相似或相同的属性,例如地面、树木、人等,也叫作点云语义分割(图5-19(b))。特征提取单个点或一组点可以根据低级属性检测某种类型的点。"低级属性"是指没有语义(例如位置、高程、几何形状、颜色、强度、点密度等)的信息。"低级属性"信息通常可以从点云数据查询中获取。

(a)点云分类　　　　　　　　　(b)点云语义分割

图 5-19　机载 LiDAR 点云分类及查询

随着在遥感影像的基础上进行人工智能语义化提取、实体对象识别、三维模型单体自动生成、实体对象轮廓和图元提取面向应用的实体数据生产效率将大大提升,LiDAR 产品或解决方案,将会深度纳入中国建设的实景三维数据生产体系。

3. 车载 LiDAR 测量技术

(1)车载 LiDAR 数据采集系统

与机载 LiDAR 一样,车载 LiDAR 是一种集激光测距、全球定位系统 GPS 和惯性 INS 导航系统、CCD 影像技术于一身的系统。这几种技术的集成,可以实现车行过程中,直接测量建筑立面及附近地物各个点的三维坐标。

以各种汽车(包括无人驾驶汽车)等移动设备为搭载平台的车载 LiDAR 移动测量载体车作业系统(图5-20),具有能快速测定道路、河道、桥梁的特点,其测距精度可达 5 mm,综合测点精度达到厘米级。系统一般采用了先进的直接惯导辅助定位技术(DIA),能有效解决车行中由于遮蔽等引起的 GPS 信号失锁的问题。

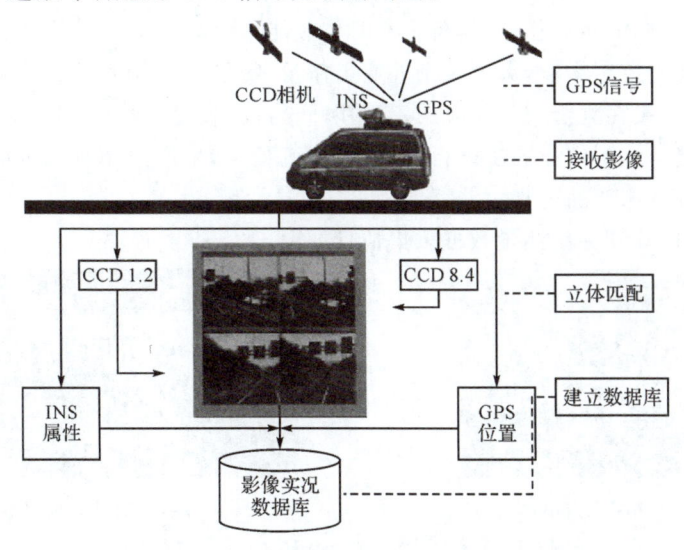

图 5-20　车载 LiDAR 移动测量载体车作业系统

(2)车载 LiDAR 设备主要参数

以图 5-21 所示的车载 LiDAR 产品 8L-LiDAR 为例。

>>> 车规级8L-LiDAR

产品技术参数	
产品特性	描述
产品名称	8L-LiDAR
产品型号	WLR-713
尺寸	150×93×100(长×宽×高mm)
测距精度	150 m(40%反射率);75 m(10%反射率)
水平扫描视场	106°
水平扫描分辨率	0.25°/0.5°
垂直扫描视场	6.4°
垂直扫描分辨率	0.8°
扫描频率	25 Hz/50 Hz
激光波长	905 nm
入眼安全等级	Class1(人眼安全)
通信接口	Ethemet、RS232、IO、CAN
工作电压	9-36VDC
功耗	8 W(加热24 W)
防护等级	IP67
净重	1.2 kg
工作温度	−40°~80°
存储温度	−50°~85°

图 5-21 车载 LiDAR 产品 8L−LiDAR

(3)车载 LiDAR 采集数据优势

①采用脉冲激光探测技术,移动中直接获取地物景观对应的三维点云坐标,采集数据精度高。

②激光具有植被穿透能力,能多次回波,获取更多地形、植被信息。获取的数据信息全,可广泛应用于电力线、管线、道路、林业、城市等专业领域。

③多传感器集成,三维激光点云数据与影像数据同时获取。在不获取影像数据的情况下,激光对天气要求相对宽松,具备全天时作业能力。

④少或无地面控制作业,大大减小外业工作量,特别适合困难地区作业。具备应急测绘能力,特别适合灾害测绘与工程应用,节约时间与成本。

⑤车辆采集与控制作业同步进行,内业处理流程少,生产效率高。可应用于多种搭载平台,应用领域广泛、产品丰富。

车载 LiDAR 及其移动测量数据采集情景如图 5-22 所示。

(a)车载 LiDAR　　　　　　　　　　(b)移动测量数据采集

图 5-22 车载 LiDAR 及其移动测量数据采集

(4)车载 LiDAR 数据采集云特点

①数据采集密度:每平方米1个点或更多(0.4 m×0.4 m)

②数据的精度:垂直精度可以达到5~15 cm;平面精度可以达到10~75 cm

③数据的分布:扫描带重叠区域数据密度高,一个扫描内点的间距很小,而扫描线之间点的间距却较大,采样模式和地形起伏对数据的分布也有影响

(5)车载 LiDAR 空间数据采集应用

利用车载 LiDAR 技术,可以通过移动测量车采集城市建筑道路等点云数据,并获取高精度道路地图,可满足 L3 以上级别自动驾驶及城市 1∶500 地形图更新的需求。

百度全景地图的制作,就是利用车载 LiDAR,在汽车行进过程中不断扫描周边环境,并收集反射回来的激光信息。根据激光从远近不同的物体表面反射回来的时间差,计算机将这些激光信息转化成 3D 空间模型,并绘制出道路两侧的高楼大厦。根据获得的城市街道三维数据,建立起道路 3D 模型,并识别全景中的建筑、围墙、道路和天空。在 3D 化的全景中浏览,让人更能真实地触摸城市的轮廓。

4. 空地一体 LiDAR 集成及应用

(1)空地一体 LiDAR 集成目的

相对于传统全站仪、RTK 技术而言,车载 LiDAR 数据采集具有非接触、效率高、速度快等优势。

相对于无人机航测技术而言,机载 LiDAR 具有全天候作业、高程精度高、可穿透植被缝隙直接获取真实地面高程的优势。

由于机载与车载 LiDAR 采集数据平台的不同,在扫描视角、空间覆盖范围、空间分辨率、场景复杂性等多个方面存在显著的差异,在获取空间数据过程中互有优缺点。

如在高楼大厦林立的城市中运行,GPS 信号时有时无。又由于交通状况的影响,车载平台时走时停,这些都使得车载系统采集的数据漏点、粗差现象普遍,或者说车载 LiDAR 系统在数据获取过程中容易因 GPS 失锁而导致局部点云漂移。而机载平台 LiDAR 弥补了这一缺陷。同样机载 LiDAR 数据获取建筑物立面信息的能力较弱等,而车载平台 LiDAR 数据加强了这一能力。

因此实现机载与车载 LiDAR 数据大区域下的集成和优势互补就很有必要。

为了更全面、实时、全链接地实现三维建模目标,基于空-车-地一体化集成的空间信息采集或空-车-地一体扫描数据融合也应运而生,空-车(船)-地一体化移动测量系统如图 5-23 所示。

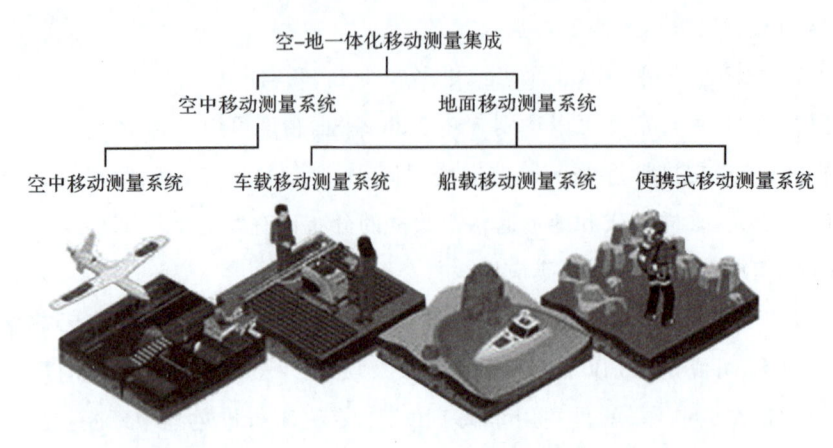

图 5-23　空-车(船)-地一体化移动测量系统

采用空地一体化的数据融合建模技术具备以下优势：①高速、高效、精确；②信息丰富；③无须可见光源；④点云可直接测量；⑤非接触测量获取表面模型；⑥生成各种数字模型，便于保存和处理。

而在高精度高程测绘、海洋测绘、电力巡线、应急监测、森林植被采集及滩涂等人工无法到达的作业环境，这一集成技术有巨大的优势。

(2) 空地一体 LiDAR 集成技术路线

空地平台 LiDAR 点云数据一体化集成存在诸多问题，包括内、外业的技术实现方法、点云数据的特征提取、点云匹配、三维建模到成果应用等，尤其是海量离散点云数据特征感知与提取难、异质平台点云数据自动匹配难、不规则点云数据集成效果定量评价难等问题如何解决。

因此空地一体扫描技术可以定义为，采用机载激光辅以地面(包括车载)三维激光等多种扫描技术，快速采集物体表面真实可靠的三维数据的技术。

一体化作业内业成果处理需解决的几个技术难点：

①点云拼接：多平台点云信息提取技术。围绕特征引导下的"空-车-地"LiDAR 点云数据集成的目标，充分挖掘地物特征信息提取在不同平台点云数据中的优势，优化了地物特征(建筑物、道路网、树木等)信息提取的质量。

②点云匹配："空-车-地"多平台点云集成技术。针对不同平台点云数据匹配存在的困难，在上述地物特征提取基础上，充分利用地物轮廓、角点、可移动引导点、对称轴等参照物，克服了不同平台点云数据的异质性、离散性等难题。

③点云去噪。

④点云空洞修补。

空地一体数据三维建模是集成多平台点云数据的三维建模。综合利用多平台点云数据，可以实现基于多尺度格网的建筑物屋顶模型重建或基于结构单元的建筑物立面模型重建。

(3)基于空地一体技术的水深智能测绘

基于机载 LiDAR 水深测量的 CZMIL(Coastal Zone Mapping and Imaging LiDAR)系统,被认为是海洋测绘领域极具潜力的对地观测新技术。

①CZMIL 联合船基测深采集系统

A. 发射系统:激光发射器、望远镜和扫描器。

B. 接收系统:接收望远镜、滤光器和光电测距仪。

C. 载体定位装置:全球定位系统、惯性测量系统。

D. 机载载体:航天器、人造卫星,现在一般是飞机、直升机。

E. 船载发射系统:船载多波束声呐水深测量(图 5-24(a))。也可以根据需要配备水下三维声呐数据采集系统,可生成水下地形、水下结构和地物的高分辨率图像。

②机载 LiDAR 激光测深原理

CZMIL 系统水深测量如图 5-24(b)所示,CZMIL 是利用激光发射器同时发射两种波段的激光实现测量。一种是不能穿透水体的 1 064 nm 波段的红外激光,一种是能够穿透水体或者说水体对其吸收作用很小的 532 nm 波段的绿色激光。激光发射器同时发射两种波段的激光后,1 064 nm 波段红外激光经过海面反射后返回,被接收机接收记录;532 nm 波段绿色激光穿过水体,经过海底底质反射后返回,被接收机接收记录。通过测量激光在海面和海底的往返时间差,即可利用水中光速计算出海面至海底的瞬时水深值;通过系统获取的定姿定位参数计算激光在陆地和海底的三维坐标,最后得到海陆一体的地形数据。

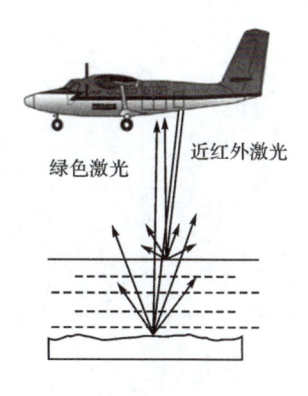

(a)船载多波束声呐水深测量　　(b)CZMIL 系统水深测量

图 5-24　空地一体 LiDAR 用于水深测量

机载激光测深原理示意图如图 5-25 所示。图的波形图的第 1 个波峰代表水面回波信号;第 2 个波峰代表水底回波信号,2 个波峰之间的时间差即激光在海面和海底的往返时间差。

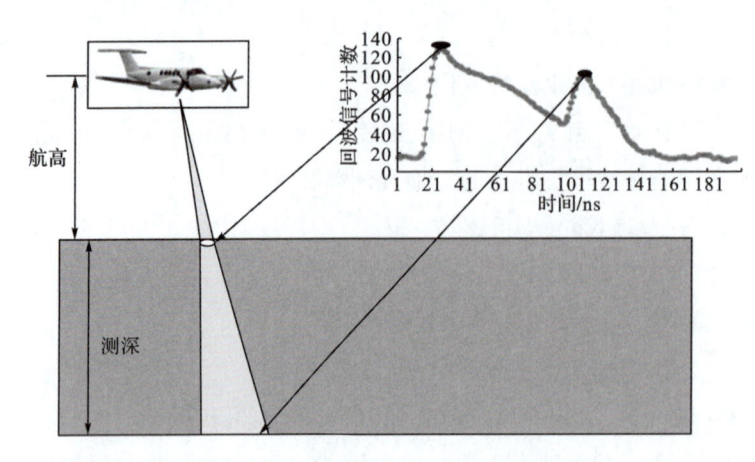

图 5-25　机载激光测深原理示意图

CZMIL 系统采用特殊的多通道接收器架构,共有 3 个接收器。1 个红外通道实现陆地和水面回波探测,1 个深水通道用于深水回波探测,7 个浅水通道用于浅水和陆地回波探测。

③机载 LiDAR 激光测深指标及优势

机载 LiDAR 配合船载声呐扫描具有测区大、航程远、应变能力强、可及时进行水深测量等优点,逐渐成为海岛礁测绘中的重要数据采集工具,尤其对"人下不去、船上不来"的海岸带的海陆一体化测量更具优势、是传统的有(无)人船多波束水下地形测量的重要补充。而机载激光雷达测深系统与传统的舰船海洋声学探测系统相比,具有速度快、覆盖率高、灵活性强等优点。表 5-2 为典型的 CZMIL 系统水深测量技术指标。

表 5-2　CZMIL 系统水深测量

类别	技术指标	CZMIL Nova	Hawk Eye Ⅲ	VQ-880G	LADS MK Ⅲ
一般指标	工作航高/m	400～1 000	400～600	600～1 600	400～1 000
	飞行速度/kts	140～175	140～175	140～175	125～175
测量指标	激光扫描频率/kHz	水深 70/10,地形 80	水深 35/10,地形 500	550	512/1.5
	最大测深	浅水 $2.0/K_d$ 浅水 $4.2/K_d$	浅水 $2.2/K_d$ 浅水 $4.0/K_d$	1.5 secchi	标称 3.0 secchi 最深可达 80 m
	测深精度	$\sqrt{0.3^2+(0.013d)^2}$ m,2δ	$\sqrt{0.3^2+(0.013d)^2}$ m,2δ	0.025 m	0.5 m
	测点密度	水深 0.8 m×0.8 m 陆地 0.3 m×0.3 m	水深 0.8 m×0.8 m 陆地 0.1 m×0.1 m	标称 69 pts/m²	2 m×2 m

5.4　微波雷达智能测量

类比蝙蝠回声定位,雷达(Radio Detection And Ranging)是根据发出和接收的电磁波信息,得到前方预测物体的距离和速度信息。雷达的种类繁多,分类的方法也非常复杂。

利用波长为 0.8～10 cm 的微波雷达传感器以侧式扫描方式,在卫星(飞机)移动过程中相隔一段距离发射一束微波,并由星载(机载)天线接收地面目标对该发射位置的回波信号。经混频处理算出信号往返于测线所产生的后滞相位差,进而推求待测距离,称星载(机载)侧式雷达(Side-Looking Radar,SLR),侧式雷达如图 5-26 所示。

1. 侧式雷达扫描成像机理

雷达图像是地面目标的距离投影,通常有斜距显示和地距显示两种形式。斜距显示的雷达图像记录了目标点到天线的微波斜距:$r = ct/2$;地距显示的雷达图像记录了目标点到天线的水平距离 d。

侧式雷达是对地测量通用的主动式微波传感器,其空间分辨率包括距离向分辨率 y 和方位向分辨率 x。

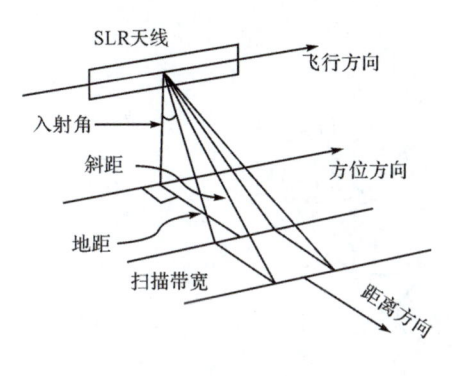

图 5-26 侧式雷达

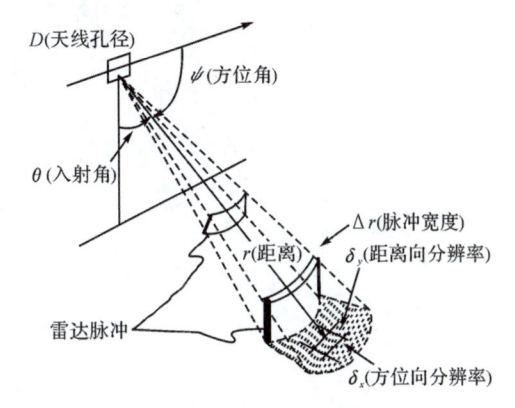

图 5-27 侧式雷达成像精度

(1)侧式雷达成像及精度

SLR 的距离向分辨率 δ_y 是指雷达脉冲发射的方向上能分辨的目标的最小距离。设雷达脉冲宽度为 $\Delta r = c\tau$,雷达脉冲入射角为 θ,可以推算 δ_y,见式(5-6):

$$\delta_y = \frac{\Delta r}{2\sin\theta} = \frac{c\tau}{2\sin\theta} \quad (5-6)$$

SLR 方位向(横向)分辨率 x 为两相邻扫描脉冲间能区分的目标的最小距离。

侧式雷达成像精度如图 5-27 所示,设 D 为雷达天线实际孔径,r 为微波测量斜距,β 为波瓣角,其与波长 λ 成正比,而与 D 成反比,则:

$$\delta_x = r\beta = r\frac{\lambda}{D} \quad (5-7)$$

式(5-7)显示方位向分辨率 δ_x 与波长 λ 成正比,与雷达天线尺寸 D 成反比。就像光学系统需要大型透镜或反射镜来实现高精度一样,雷达在低频工作时也需要大的天线或孔径 D 来获得清晰的图像。

SLR 图像一般是采用脉冲压缩技术来提高距离向分辨率 δ_y。而方位向分辨率与采集时间密切相关:当增大图像采集时间时,意味着方位向分辨率 δ_x 相应变高。

(2)适于星(机)载的微波测量——合成孔径雷达

从理论上讲,采用波长较短的电磁波、缩短探测距离、加大天线的孔径等措施,都是提高方位向分辨率 δ_x 的途径。实际上,这些措施在机载或星载的条件下都是难以实现的,而合成孔径雷达(Synthetic Aperture Radar,SAR)正是解决这一问题的有效途径。

若使用一个小型天线作为单个辐射单元,将此单元沿直线运动,在运动中选择若干个位置,每一个位置都发射一个信号,接收机接收这些同一地物的信号并存储相应信号的幅度和相位。当运动一段距离 L 后,存储的信号与一个实际孔径为 $D=L$ 的线性阵列所接收的信号非常相似。这时的 L 就是合成孔径,这种装置称为 SAR。合成孔径雷达如图 5-28 所示。

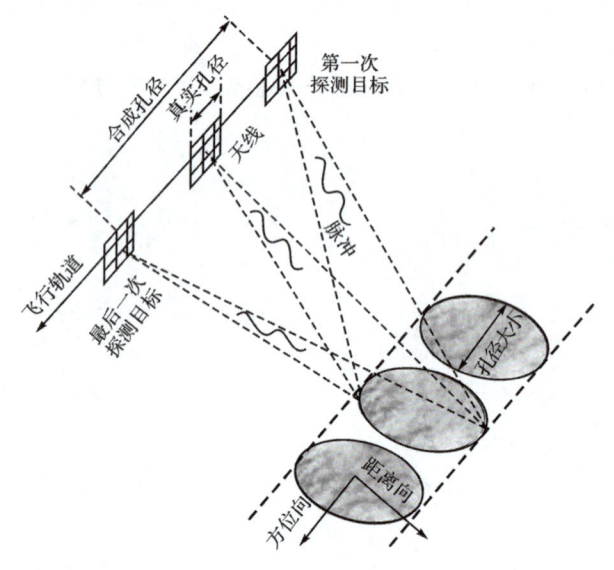

图 5-28 合成孔径雷达

SAR 成像类似于昆虫的复眼,把很多张图片结合在一起,最终给出高清晰度的成像结果。

SAR 成像的角度多是侧视。因为斜视角的存在可以使目标区域中的不同位置处反射的回波时间不同,从而可以达到可分辨的目的。

2. 基于合成孔径雷达的对地测量

基于主动式微波传感器获取 SAR 图像的原理如下:

首先由微波发射机主动产生微波脉冲,经 SAR 天线以微波脉冲束的形式向地面发射,到达地面后又以回波形式反射回来,并由 SAR 天线接收,经收发开关送往接收机处理,最后由显示或记录设备再现形成的 SAR 图像。

SAR 微波地面反射特性如图 5-29 所示。因回波反映了地表起伏状况和目标的结构特性,因此 SAR 图像能够用于实施地形测量。

图 5-29 SAR 微波地面反射特性

根据需要,SAR 微波传感器可安装在飞机、卫星、宇宙飞船等飞行平台上。

(1) 星/机载 SAR 扫描成像

星载 SAR 成像过程如图 5-30 所示,星载 SAR 传感器向垂直轨道方向的一侧或两侧发射微波,把从目标返回的后向散射波以图像的形式记录下来,并按照回波返回的时间顺序排列,构成一条距离向扫描线。通过平台的前进,扫描面在地表面移动,实现方位向扫描,获得一系列扫描线。由若干条距离扫描线构成一幅斜距单视复数影像(Single Look Complex,SLC),复数的振幅表示地面的反射率,复数的相位记录传感器到目标的距离。

图 5-30 星载 SAR 成像过程

(2) SAR 技术优点

将雷达所在平台的运动等效成一个大的天线孔径的 SAR 技术,提高了影像二维成像的分辨力。其优点有:

① 分辨力与波长、载体的飞行高度、雷达的作用距离无关。

② 强透射性,不受气候、昼夜等因素影响,具有全天候成像能力,能有效地识别伪装和穿透掩盖物。

③ 获取目标电磁散射特性,与光学传感形成互补。

(3) 基于共线条件的 SAR 解算模型

SAR 解算模型如图 5-31 所示,设高程为 Z_0 的地平面上任意一地面点 A,在斜距显示 SAR 图像上的像点为 a,像点坐标为 X_a;而 A 点在等效的以 f 为焦距的中心投影像上的像点为 a',相应的像点坐标为 $(\bar{X}_{a'},0)$,则 X_a 和 $\bar{X}_{a'}$ 满足式(5-8):

$$\bar{X}_{a'} = \sqrt{(r_0 + X_a)^2 - f^2} \tag{5-8}$$

式中:r_0 为影像上的扫描延迟;f 为等效焦距。这时,天线中心 S,像点 a',地面点 A 严格满足共线关系。

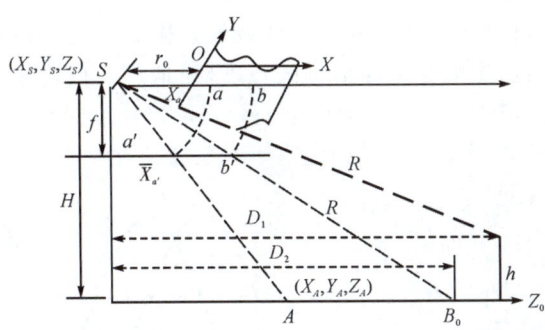

图 5-31 SAR 解算模型

当地面平坦时,SAR 图像的成像共线方程可表达为式(5-9):

$$\begin{cases} \bar{X}_{a'} = -f\dfrac{a_1(X_A-X_S)+b_1(Y_A-Y_S)+c_1(Z_A-Z_S)}{a_3(X_A-X_S)+b_3(Y_A-Y_S)+c_3(Z_A-Z_S)} \\ 0 = -f\dfrac{a_2(X_A-X_S)+b_2(Y_A-Y_S)+c_2(Z_A-Z_S)}{a_3(X_A-X_S)+b_3(Y_A-Y_S)+c_3(Z_A-Z_S)} \end{cases} \tag{5-9}$$

式中:(X_A,Y_A,Z_A) 为地面点 A 坐标;(X_S,Y_S,Z_S) 为 a 点所在扫描线对应的天线中

心坐标；a_i、b_i、c_i 为该扫描线姿态参数 φ、ω、κ 构成的方向余弦。

其中 X_S、Y_S、Z_S、φ、ω、κ 合称为该扫描线的外方位元素。

当地面不平坦时，通过透视收缩变形修正系数 ρ，可以得到任意地面点 SAR 图像的成像共线方程，见式(5-10)：

$$\begin{cases}\bar{X}_{a'}=-f\dfrac{a_1(X_A-X_S)+b_1(Y_A-Y_S)+c_1(Z_A-Z_S)}{a_3(X_A-X_S)+b_3(Y_A-Y_S)+c_3(Z_A-Z_S)}\\0=-f\dfrac{a_2(X_A-X_S)+b_2(Y_A-Y_S)+c_2(Z_A-Z_S)}{a_3(X_A-X_S)+b_3(Y_A-Y_S)+c_3(Z_A-Z_S)}\end{cases} \quad (5\text{-}10)$$

基于共线方程，按照测量的后交—前交计算公式，即可解求地面点 A 坐标。

3. 干涉测量技术

干涉测量技术(Interferometric SAR, InSAR)结合了合成孔径雷达成像技术和干涉测量技术，利用传感器的系统参数和成像几何关系等，精确测量地表某一点的三维空间位置及微小变化。

微波被反射后，星/机载天线接收目标反射的回波，可以得到同一目标区域成像的单视复数 SLC 影像对。若 SLC 影像对之间存在相干条件，则 SLC 影像对共轭相乘可以得到干涉图。根据干涉图的相位值，得出两次成像中微波的相位差，从而计算出目标地区的地形、地貌以及表面的微小变化。

(1) InSAR 技术起源

波的干涉使某些区域的振动加强，某些区域的振动减弱，而且振动加强的区域和振动减弱的区域相互隔开。这种现象叫作波的干涉。波的干涉所形成的图样叫作干涉图样（图 5-32(a)）。

从历史上来看，InSAR 技术的发展起源于托马斯·杨(Thomas Yong)于 1801 年所做的"杨氏双缝干涉实验"。InSAR 正是受这一实验启发发展而来的。

(2) InSAR 干涉图技术实现

为了生产干涉图，可以利用雷达向目标区域发射微波，微波被地球表面反射，会记录下两个信息：振幅和相位，振幅是返回信号的强度，受地球表面物理特性的影响。从卫星到地面再返回的往返距离以雷达波长为单位进行测量。收集到的两幅雷达图像之间的距离变化表现为相位差 θ，两幅雷达图像相位差如图 5-32(b)所示。

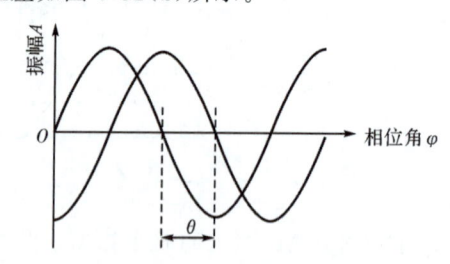

(a) 干涉图样　　(b) 两幅雷达图像相位差

图 5-32　InSAR 干涉技术实现

(3) InSAR 干涉图像

① 干涉图像形成方式

单幅 SAR 影像是场景中目标对雷达斜距的远近成像，不能提供高程信息。需通过两副天线同时观测(单轨道双天线模式如机载、星载侧式雷达),或两次平行的观测(单天线重复轨道模式),方能获得同一区域的重复观测数据即单视复数 SLC 影像对(图 5-33(a))。

由于两副天线和观测目标之间的几何关系,同一目标对应的两个回波信号之间产生了相位差,由此得到的相位差影像通常称为干涉图(Interferogram)。

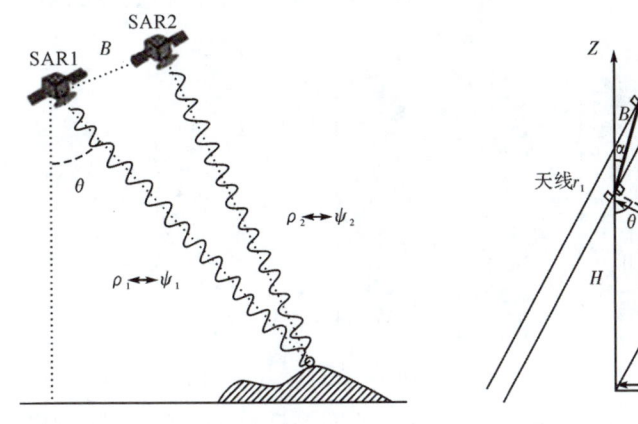

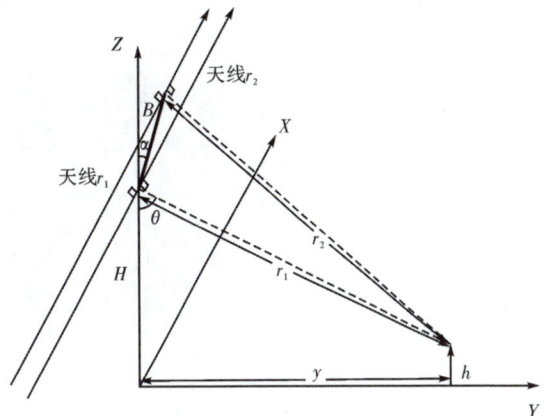

(a)单视复数 SLC 影像对   (b)双基单航 InSAR 成像

图 5-33   InSAR 干涉图提取地面高程

双基单航 InSAR 成像如图 5-33(b)所示。信号模式可以是一发双收或自发自收,两个天线之间的基线为 B,天线 r_1 的下视角为 θ。天线 r_2 在垂直航向平面内与 XOZ 平面的夹角为 α。利用三角形余弦定理有:

$$r_2^2 = r_1^2 + B^2 + 2Br_1\cos(\alpha + \theta) \tag{5-11}$$

两个天线的相位差与波程差的关系为:

$$\Delta\varphi = \frac{2\pi}{\lambda}(r_2 - r_1) \tag{5-12}$$

由于 $\Delta\varphi$ 由两幅 SAR 图像进行干涉获得,因此可以计算出两个天线的波程差,再由波程差计算出地面目标的高度 h:

$$h = H - r_1\cos\theta \tag{5-13}$$

式中 H 为第一个 SAR 天线高度,$\theta = \arccos(\dfrac{(2r_1 + \Delta r)\Delta r - B^2}{2Br_1}) - \alpha$

InSAR 干涉图生成需要一对 SLC 影像。基于主影像和从影像所生成的干涉图如图 5-34 所示。

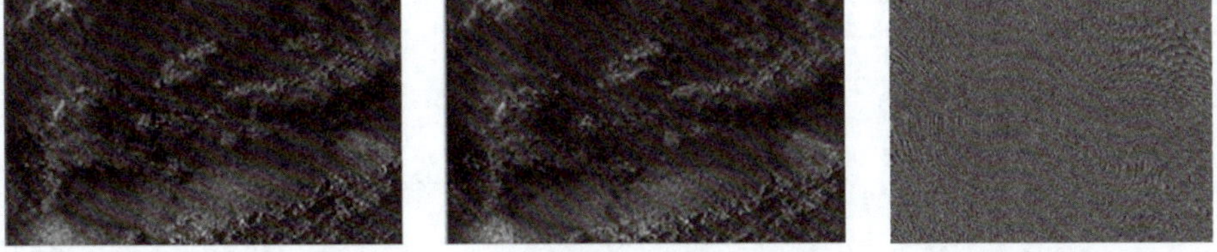

(a)主影像   (b)从影像   (c)生成干涉图

图 5-34   基于主影像和从影像所生成的干涉图

InSAR 干涉影像扫描成像过程如图 5-35 所示。

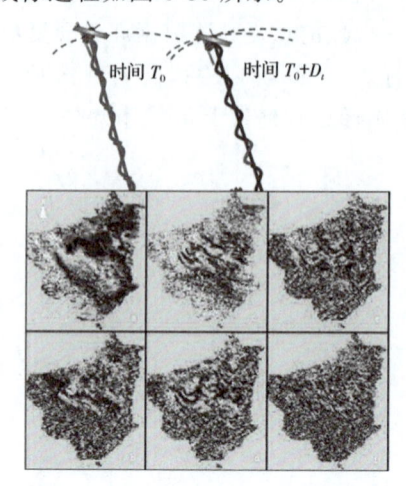

图 5-35　InSAR 干涉影像扫描成像过程

一般来说，波程差比波长大许多，因此解出的相位差还需要进行解缠绕处理，也称去模糊处理。相位解缠是干涉成像解算的核心。

②InSAR 数据处理基本流程

InSAR 干涉图处理过程如图 5-36 所示。

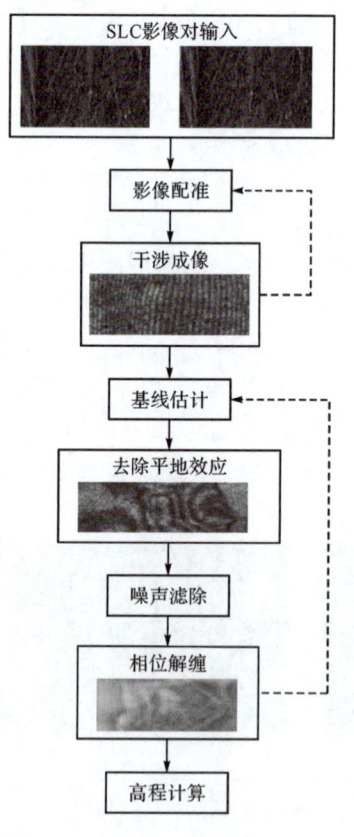

图 5-36　InSAR 干涉图处理过程

InSAR 主要解算说明如下：

SLC 影像：是指一段合成孔径长度所形成的 SAR 图像，没有和其他 SAR 图像进行叠加。

影像配准：影像配准是为了使两幅 SLC 影像中的配对像素对应同一目标，识别出同名点在各幅影像的精确位置。配准后的影像要保证两幅 SLC 影像的相干性。一般的配准过程都是由粗到细两步操作，以满足亚像素级的配准精度要求。

基线估算：即时间、空间基线文件。可以根据卫星星历轨道数据获取基线，它是 SAR 图像干涉形成的基础。一般时间基线越短越好，而空间基线在一定范围内越长（但一定要远小于阈值），对地形、高程的探测敏感度越高，基线解算样例如图 5-37 所示。

图 5-37 基线解算样例

③InSAR 处理关键技术

主要是噪声滤除：影像各种噪声去除或削弱。

A. 去平地效应

平地效应指水平地面上高度相同的两个物体由于卫星的距离不同所产生的相位差异。造成这种现象的根本原因是合成孔径雷达采用的是斜距成像的方式，它是依据接收回波信号的先后顺序成像的，先接收的信号被先记录。平地效应使得产生的干涉条纹过于密集，对相位解缠造成很大困难，因此在进行相位解缠之前需要去除平地效应。由于干涉图不仅是目标高度 h 的函数，而且是目标水平距离 y 的函数，因此即使是无高度的地面也会产生近密远疏的干涉条纹。因此需要选定一个参考平面将平地干涉相位去掉。干涉图去平地效应前后效果如图 5-38 所示。

(a) 去平地效应前　　　　　　　　(b) 去平地效应后

图 5-38 干涉图去平地效应前后效果

B. 大气延迟相位去除

重复轨道干涉测量在两次成像时大气条件通常不一致,因此差分干涉图中也有两次大气延迟差异引起的相位(主要考虑电离层的影响)。电离层对载波信号延迟的影响不仅取决于带电粒子浓度,也取决于载波频率。对于 C 波段和 X 波段等波长较短的 SAR 图像进行干涉,电离层延迟无明显影响,但是对于 L 波段和 P 波段等波长较长的 SAR 图像进行干涉,电离层延迟的影响就比较大。

C. 多视、滤波

为了减少干涉相位噪声,需要对相位图进行多视和滤波处理,提高高程测量精度。干涉图去噪前后效果如图 5-39 所示。

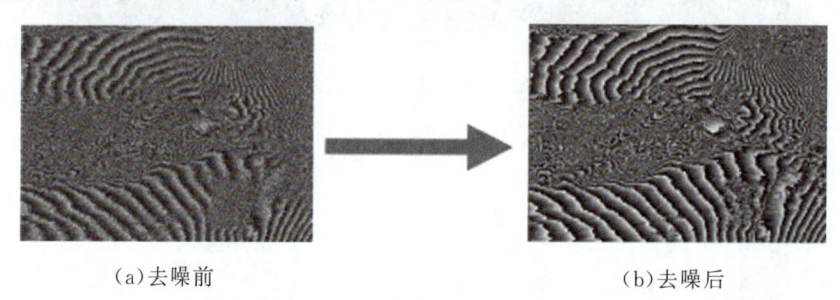

(a)去噪前　　　　　　　　　(b)去噪后

图 5-41　干涉图去噪前后效果

D. 相位解缠

干涉相位只能以 2π 为模,所以只要相位变化超过了 2π,就会重新开始和循环。相位解缠是对去平和滤波后的相位进行相位解缠,解决 2π 整周模糊的问题,恢复出绝对相位,以便系统得到准确的地表高程或形变。InSAR 干涉图相位解缠前后效果如图 5-40 所示。

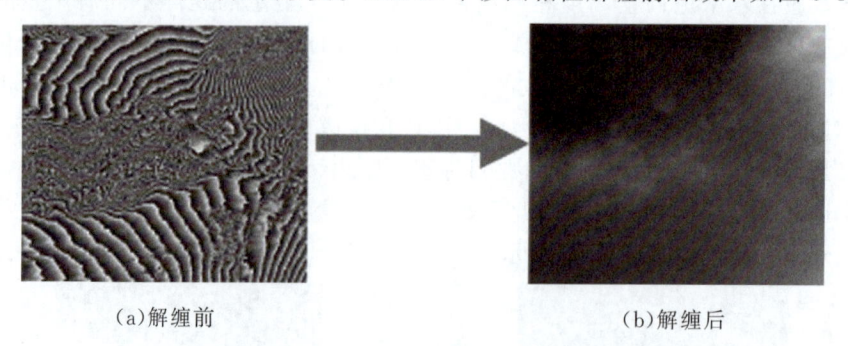

(a)解缠前　　　　　　　　　(b)解缠后

图 5-40　InSAR 干涉图相位解缠前后效果

④InSAR 干涉图获取 DEM 及计算地面点高程

结合 SAR 观测平台的轨道参数和传感器参数等最后可以获得高精度、高分辨率的地面高程信息。

首先基于 InSAR 的雷达波束的相位信息,可以形成地形干涉图(图 5-41(a)),然后通过测定相位差 $\Delta\varphi$,按式(5-13)获取地面点高程,从而得到 DEM(图 5-41(b))。

(a) 干涉图 　　　　　　　　　　　　(b) DEM

图 5-41　InSAR 干涉图获取 DEM

基于 InSAR 成果获取的三维地形效果如图 5-42 所示。

图 5-42　基于 InSAR 成果获取的三维地形效果

4. 对地测绘 InSAR 卫星介绍

自 20 世纪 90 年代以来，通过地球低轨卫星（例如 ERS-1/2 和 ENVISAT）上的 SAR 传感器获得了具有每天至每月重复周期的地球表面的雷达图像。这些星载雷达图像提供了前所未有的信息源，可利用 InSAR 技术用于地表运动监测，地质、地形图绘制等。表 5-3 为部分运行中的地球低轨 InSAR 卫星。

表 5-3　　　　　　　　　　　　　地球低轨 InSAR 卫星

卫星	时间段	重访周期/d	分辨率
Sentinel-1	2014 年至今	12	标准
TerraSAR-X	2007 年至今	11	高
COSMO-SkyMed	2007 年至今	16	高
RadarSat-2	2007 年至今	24	标准
ALOS	2006—2011 年	46	中等
ALOS-2	2014 年至今	14	高
Envisat	2003—2010 年	35	标准
ERS	1992—2001 年	35	标准

高分三号卫星是中国高分专项工程的一颗遥感卫星，为 1 m 分辨率雷达遥感卫星，也是中国首颗分辨率达到 1 m 的 C 频段多极化合成孔径雷达成像卫星。

2023 年 3 月 30 日发射的"宏图一号"分布式干涉 SAR 高分辨率遥感卫星，由 4 颗高分辨率 X 波段合成孔径雷达卫星组成,是全球首个采用四星车轮式编队构型的多星分布式干涉合成孔径雷达系统。该卫星系统是由"1 颗主星＋3 颗辅星"组成的,具备全球范围高分宽幅成像、高精度测绘及形变监测等能力,可快速、高效地制作高精度数字表面模型并完成全球非极区测绘任务,可在 1 年内完成全球陆地范围测图任务,提供多类型遥感数据产品。

5. 基于星载 InSAR 技术的地形图测绘

利用传统测绘方法测图不仅费时费力,而且高程精度不高。利用 InSAR 技术可以解决这一问题。InSAR 干涉图如图 5-43(a)所示,InSAR 技术能在平坦地区取得 2 m 左右的高程精度,地形起伏较大的地区高程精度可以达到 5 m 左右,完全可以满足实际需要,获取地形等高线如图 5-43(b)所示。

(a)InSAR 干涉图　　　　　　　　(b)获取地形等高线

图 5-43　基于 InSAR 技术的地形测绘

(1)星载 InSAR 绘制全球 DEM

2000 年地球航天飞机雷达地形测绘使命(Shuttle Radar Topography Mission,SRTM)任务中,奋进号航天飞机执行雷达地形测绘任务,9 天时间采集到的信息超过人类之前 100 年对地球家园的认识。航天飞机扫描作业如图 5-44(a)所示,获得的 DEM 图如图 5-44(b)所示。

(a)航天飞机扫描作业　　　　　　　(b)获得的 DEM 图

图 5-44　SRTM 任务

(2)InSAR 对地测绘的优点

与可见光或红外光不同,雷达波可以穿透大多数云、雾和烟对地表物体进行观测,并且在黑暗中也同样有效。因此,借助 InSAR,即使在恶劣的天气和夜间,也可以监测地表的变形。此外,InSAR 的全天候、全天时、高分辨率、高精度、范围广等优点,不仅对可见光、近红外被动遥感技术具有很好的补充作用，而且在提取数字高程模型、制图、监测地表形变等方面具有广阔的应用前景。

6. 提高 InSAR 测量精度措施

提高 InSAR 测量精度的措施是指从系列 SAR 图像中选取在时间序列上保持高相干性的地面目标点作为研究对象，分解各个永久散射体点上的相位组成，消除轨道误差、高程误差和大气扰动等因素对地表形变分析的影响，得到长时间序列内地表形变信息，包括改进的合成孔径雷达差分干涉测量（图 5-45(a)）、极化合成孔径雷达干涉测量（图 5-45(b)），以及永久散射体合成孔径雷达干涉测量、差分干涉测量短基线集时序分析技术等。

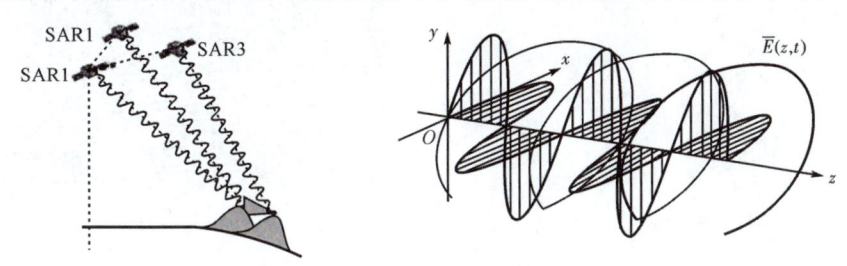

(a) 合成孔径雷达差分干涉测量　　(b) 极化合成孔径雷达干涉测量

图 5-45　长时间序列干涉测量

(1) 差分 InSAR 技术之 D-InSAR

合成孔径雷达差分干涉测量（DifferentialInSAR，D-InSAR）技术是 InSAR 技术的延伸，它通过两景 SAR 影像联合外部地形数据来获取地表的微小形变。差分干涉图是由两景不同时间获取的 SAR 影像组成，假如在这段时间内地表发生了形变，差分干涉图中将会记录相关的信息。D-InSAR 技术对形变极为敏感，对于雷达干涉差分图，图中一个条纹变化就能反映接近 1 cm 左右的形变信息。

可见同为条纹，InSAR 测地形的条纹与 D-InSAR 测形变的条纹，对地表信息的刻画精度有着数量级的差异。

D-InSAR 技术流程如图 5-46 所示。

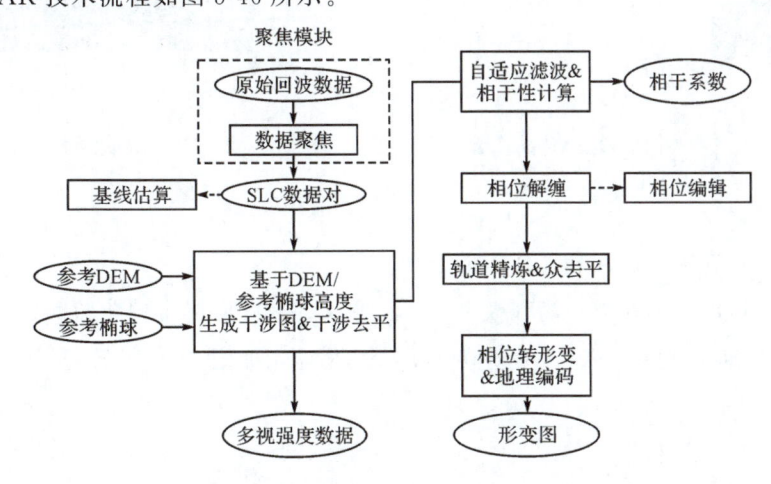

图 5-46　D-InSAR 技术流程

① 基于 D-InSAR 的差分干涉测量

D-InSAR 两次成像如图 5-47(a)所示,利用两次获取的覆盖同一区域的合成孔径雷达回波信号,根据两次成像时传感器、地面目标点的空间几何关系,对利用复图像干涉处理得到的干涉条纹图(图 5-47(b))进行分析,提取地面高程信息和地表形变信息。

(a)D-InSAR 两次成像　　　　　(b)干涉条纹图

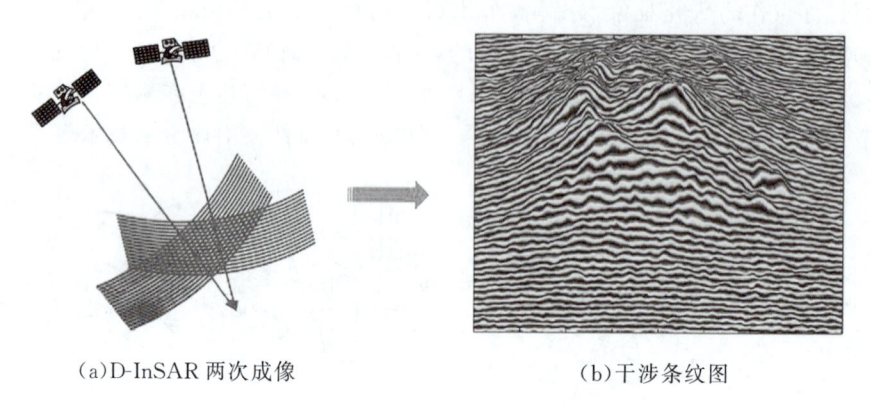

图 5-47　基于 D-InSAR 的差分干涉测量

② D-InSAR 干涉测量获取地面位移

干涉测量技术把同一地区,不同时段 SAR 图像叠合(图 5-48(a)),通过比较目标体在不同时刻的反射波相位,得到目标体的位移信息。场地沉降变化如图 5-48(b)所示

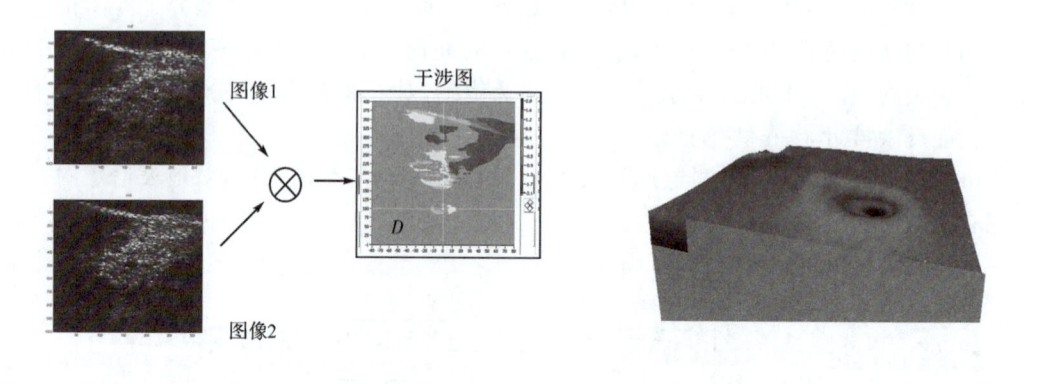

(a)不同时段 SAR 图像叠合　　　　　(b)场地沉降变化

图 5-48　D-InSAR 干涉测量获取地面位移效果

③ D-InSAR 在灾害监测和评估中的应用

D-InSAR 广泛应用在数字高程模型、洋流、水文、森林、海岸带变化监测、地面沉降、火山灾害、地震活动、极地研究等诸多领域。D-InSAR 应用如图 5-49 所示。

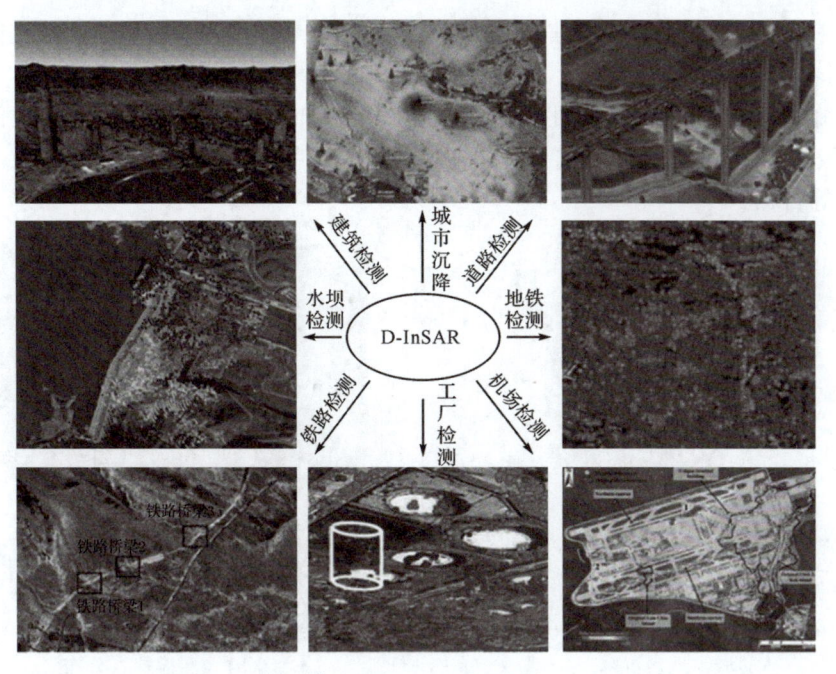

图 5-49　D-InSAR 应用

(2) 差分 InSAR 技术之 PS-InSAR

针对常规 D-InSAR 相位失相关和大气延迟影响的问题,仅仅跟踪成像区域内雷达散射特性较为稳定的目标而放弃那些失相关严重的分辨单元的方法,即永久散射体合成孔径雷达干涉测量(Persistent Scatterers InSAR,PS-InSAR),如图 5-50 所示。

PS-InSAR 技术使用了多景影像进行基于时间序列的建模分析,具有监测精度高、抗相位误差干扰、能够揭示监测目标时序形变规律等特点,目前已经广泛应用于城市地面沉降以及建筑、桥梁、公路、铁路、地铁、工厂、机场等基础设施的形变监测。

地面沉降一般都较为缓慢,时间跨度长达数年,因此时间去相干以及大气的影响成为限制 InSAR 应用于地面沉降的主要因素,而 PS-InSAR 的出现使问题迎刃而解。

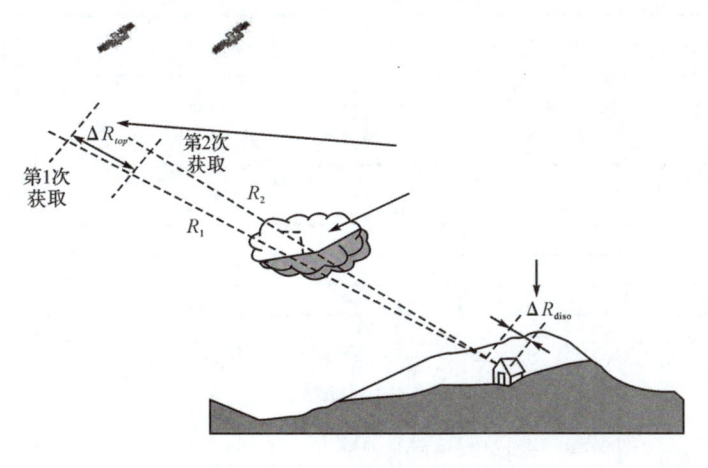

图 5-50　PS-InSAR

基于 PS-InSAR 的地表沉降监测技术,近年来已大量应用到大区域地表形变监测如城市地表沉降(图 5-51(a))等领域。

在实施基于 PS-InSAR 技术的沉降监测实践中,地面监测点要选择对雷达波的后向散射较强,并且在时序上较稳定的各种地物目标,如建筑物与构筑物的顶角、桥梁、栏杆、裸露的岩石等目标。

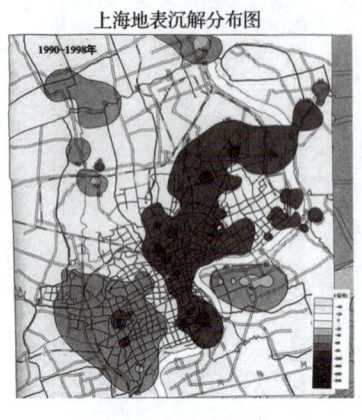

(a)城市地表沉降　　　　　　　　　(b)水准检核点分布

图 5-51　基于 PS-InSAR 城市沉降监测实例

基于时间序列 PS-InSAR 处理关键步骤:①PS-InSAR 相干目标点的选取、融合;②相位解缠;③DEM 误差、轨道误差、大气延迟相位估计。完成这些工作,得到的地面形变精度非常高。

为确定其精度大小,选择与对应水准点地形地貌相同的部分 PS-InSAR 测量点的沉降变化数据进行偏差比较。水准检核点分布如图 5-51(b)所示。比较结果是,二者的平均误差为 0.436 mm,中误差为 1.602 mm,而最大误差为 5.016 mm。可见基于 PS-InSAR 获取沉降变化的测量精度是非常高的。基于 PS-InSAR 地面沉降与水准测量偏差比较如图 5-52 所示。

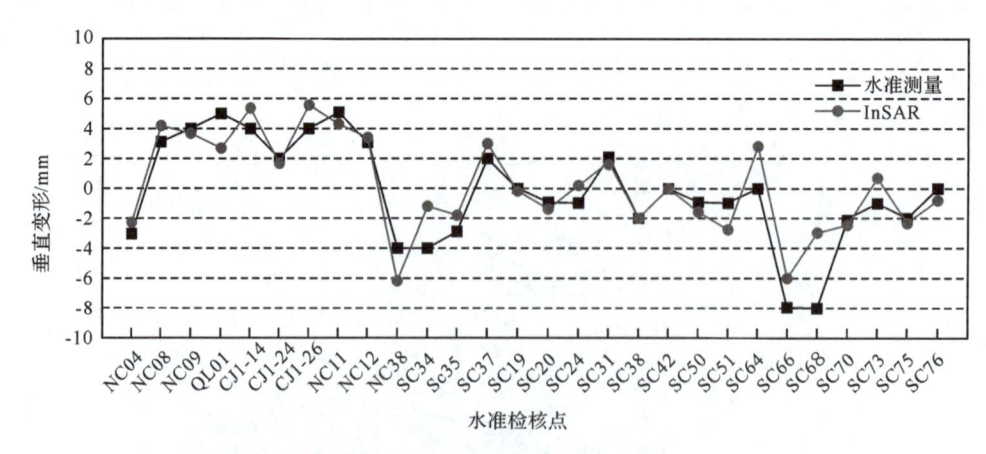

图 5-52　基于 PS-InSAR 地面沉降与水准测量偏差比较

本章知识点概述

1. 激光及激光测量。
2. 三维激光扫描测量原理。
3. LiDAR 测量技术。
4. 空地一体集成 LiDAR 技术。
5. 机(星)载雷达智能测量。

思考题

1. 激光测距有哪些类型？各有何优点？
2. 地基 LiDAR 扫描测量数据有哪些特点？
3. 简述车载 LiDAR 技术优点。
4. 分析机载 LiDAR 测量系统组成。POS 的作用是什么？
5. 介绍机载 LiDAR 数据处理流程。
6. 机载 LiDAR 扫描方式有几种？写出基于共线条件的扫描基本模型。
7. 何谓空地一体 LiDAR 扫描技术？介绍空地一体 LiDAR 水深测量采集系统。
8. 简述合成孔径雷达 SAR 的原理，并写出 SAR 影像的构像方程。
9. 什么是 InSAR 技术？简述 InSAR 干涉图生成处理过程。
10. 简述 InSAR 对地测量的优点。
11. 基于一个实例，说明 D-InSAR 在形变监测中的作用和优点。

第6章

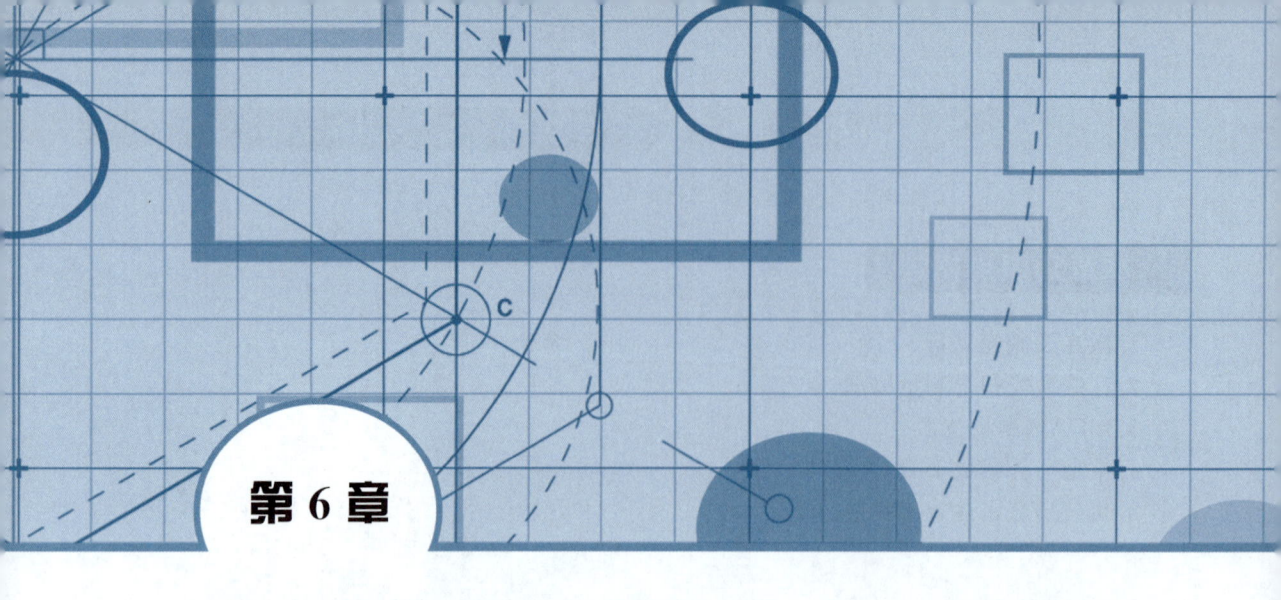

基于影像面阵采集技术的智能测绘

6.1 数字影像智能测量

1. 影像测量定义

影像测量是利用摄影影像信息测定目标物的形状、大小、空间位置、性质和相互关系的科学技术。

数字影像每个像素点的亮度值(Digital Number,DN)都有着重要的信息意义,要获取其中的准确信息,就需要利用各种测量手段和算法,对数字影像中的像素进行管理、转换、校正、增强、提取等一系列的"神操作",便于后续获取像素点对应的空间位置及其属性。

数字影像测量主要内容包括影像信息获取、影像信息处理、影像信息表达、影像信息应用等。

2. 数字影像采集设备

常用装置:激光扫描仪、数码照相机、数码摄像机。

数字影像设备重要部件:影像传感器、模/数转换装置、数字影像处理器。

3. 数字影像测绘优点

(1)影像记录目标信息,客观、逼真、丰富。

(2)测绘作业无须接触目标本身,不受现场条件限制。

(3)可测绘动态目标和复杂形态目标。

(4)影像信息可永久保存、重复量测使用。

4. 数字影像测量分类

(1)按摄影方式分成地面摄影测量、航空摄影测量、航天摄影测量、近景摄影测量等。

(2)按数据处理方法分为模拟摄影测量、解析摄影测量和数字摄影测量。

随着软、硬件发展,包括数据通信、成像平台、成像方式、影像智能分析等的数字摄影测量成果,在获取空间和时间分辨率上都大有发展。

当今,基于影像技术的智能测绘技术已渗透到日常生活、工作的各个领域。

5. 数字摄影测量的任务

数字摄影测量的任务主要是根据得到的数字影像,生成数字地面模型(Digital Terrain Model,DTM)与数字正射影像图(Digital Orthophoto Map,DOM)等产品。其涉及的技术包括方位参数的解算、沿核线重采样、影像匹配、解算空间坐标、内插数字表面模型(如DTM)、自动绘制等值线、数字纠正产生正射影像及生成带等值线的正射影像图等。

第一套全数字摄影测量系统是20世纪60年代在美国建立的DAMCS(Digital Automatic Map Compilation System)。自20世纪90年代以来,随着计算机的飞速发展,全数字摄影测量系统已相继建立,如国外的DPW(Digital Photogrammetry Workstation)与中国的WUDAMS(Wuhan Digital Automatic Mapping System)等。

6. 影像测量中遥感、遥测、遥控技术的区别

遥感技术是指不接触物体本身,用遥感器收集目标物的电磁波信息,经处理、分析后,识别目标物、揭示目标物几何形状大小、相互关系及其变化规律的科学技术。遥感、遥测、遥控的区别如图6-1所示,借助卫星平台,遥感器可以短时间内获取地面目标的海量信息。

遥测是无接触地对研究对象进行定位和形状描述的技术,数字影像测量就是遥测技术的组成部分。遥测可以是直接方式,如基于影像直接识别地面点特征;也可以是间接方式,如由动态影像确定地面目标的运动速度等。

遥控技术是地面人员以发射无线电信号来控制影像采集平台及传感器运动的轨迹、方位和姿态的技术,如人类对火星车的遥控模式,保证火星车始终能保持安全、高效的移动探测。

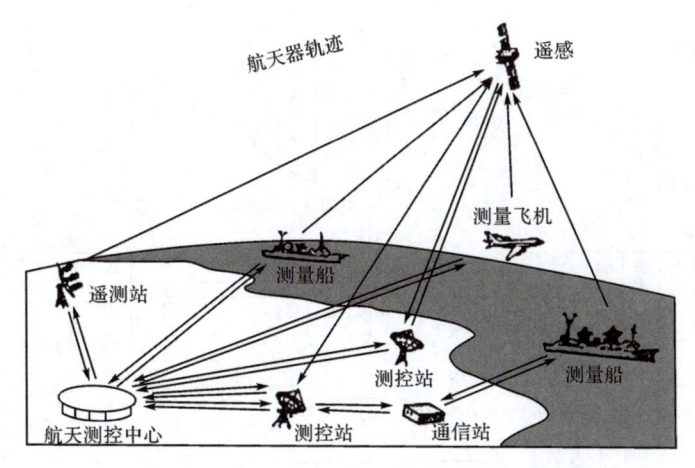

图6-1 遥感、遥测、遥控的区别

7. 数字摄影测量与遥感的关系

(1) 数据采集目的不同

摄影测量学作为一个成熟的学科,已有上百年发展史,它强调的是定位。而遥感是随

着对地观测卫星技术的出现发展的,作为现代高科技只有几十年左右的发展史,强调的是定性。

(2)测量内容和应用差异

表 6-1 为摄影测量和遥感的区别。

表 6-1　摄影测量和遥感的区别

主要区别	摄影测量	遥感
1	以航空、无人机摄影成像为主	以卫星传感器成像为主(具有宏观特性、光谱特征、时相特征)
2	以测绘大比例尺地形图为主	以编制中小比例尺专题图为主
3	以影像几何信息的处理为主	以影像物理信息的处理为主
4	以提供区域基础地理信息服务为主	以各行业、部门专业应用为主

摄影测量与遥感均是利用非接触式传感器获得数字影像进行记录、量测和解译的技术,因此两者在理论基础、技术手段、生产设备、应用目的等方面目前已趋于融合一致,共同发展形成了现代智能影像信息科学。

8. 现代智能影像信息技术

(1)定义

智能影像信息技术是由摄影测量学、遥感、地理信息系统、计算机图形学、数字图像处理、计算机视觉、专家系统、空间技术和传感器技术等相结合的一个边缘学科,是基于影像认识世界和改造世界的途径。

(2)智能影像信息系统的组成

智能影像信息系统组成庞大,有 4 个研究方向,即研究对象、影像模拟、数字化产品及目标化产品,智能影像信息系统的组成如图 6-2 所示。

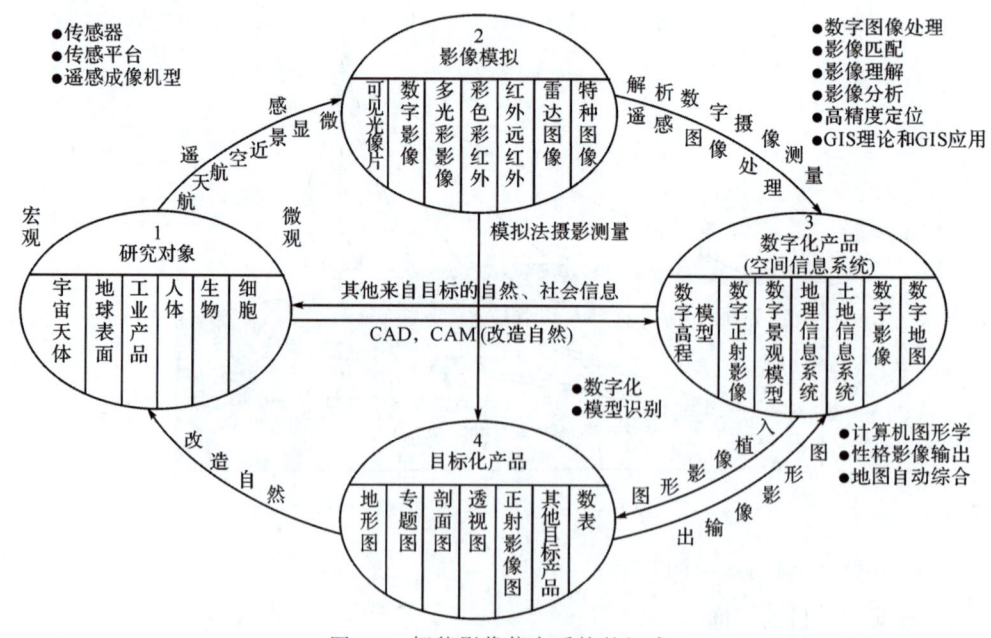

图 6-2　智能影像信息系统的组成

(3)智能影像技术的融合发展

基于智能影像技术的测绘遥感是一个与人工智能密切相关的学科领域。摄影测量与遥感和自动化机器视觉在许多概念、原理、理论、方法与技术上是重叠的,它们都是用来感知环境的技术。其区别是,摄影测量与遥感主要感知地球和自然环境,而机器视觉主要感知智能体关注的目标和环境,但是它们在数学和物理上的原理基本相同。

基于影像的交叉学科融合见表 6-2,基于影像的交叉学科融合产生了地理信息学、遥感科学与技术等新技术,而这些技术又在更广阔的应用领域融合。尤其是当今智能化时空大数据时代,交叉学科整合不光体现在遥感影像采集的多样化、实时化,还体现在借助机器视觉等技术产生的数字影像自动边缘提取、自动匹配、多源测量数据时空动态融合等技术。

表 6-2　　　　　　　　　　基于影像的交叉学科融合

序号	融合技术	交叉学科
1	地理信息学	航测、制图与 GIS 相结合
2	遥感科学与技术	空间科学、电子科学、地球科学与计算机科学等相结合

6.2 数字影像空间数据采集方式

1. 航天摄影测量

航天摄影测量是指用各种专用卫星、航天飞机、空间站等获取卫星像片(简称卫片),快速提取影像所包含的空间信息,并将其用于测绘地形图或各种专题图中(从 1∶100 万到 1∶5 万,并进一步提高到 1∶5 000 左右甚至 1∶1 000 左右)。航天摄影测量平台如图 6-3 所示。

(a)卫星 　　　　　　　(b)航天飞机 　　　　　　(c)空间站

图 6-3　航天摄影测量平台

(1)卫星像片分类

卫星像片产品呈现多尺度、多分辨率、全覆盖的特点,拥有全色影像(包括可见光),扫描类多光谱、高光谱、雷达等影像数据,成果可以处理成全色黑白片、彩色片、红外黑白片、红外假彩色片等。而量测用像片大多是黑白片。

①全色遥感图像一般空间分辨率高,但无法显示地物色彩,图像的光谱信息少。实际操作中,经常将全色图像与多波段图像进行融合处理,得到既有全色图像的高分辨率,又有多波段图像的彩色信息的图像。

②多光谱图像是指对地物辐射中多个单波段的摄取,得到的影像数据中会有多个波

段的光谱信息。若取其中 RGB 三个波段的信息显示,就是 RGB 彩色图像。一般图文显示出来的多光谱图像,其实是 RGB 三通道的图像,因为有的波段不是人肉眼可见范围内的。

③高光谱图像则是由很多通道组成的图像,每一个通道捕捉指定波长的光,具体有多少个通道,这需要看传感器的波长分辨率。高光谱卫片波段组合如图 6-4 所示,把高光谱图像想象成多层叠加的积木,由于波长分辨率的存在,每隔一层(一定厚度)才能"看到"一个波长的图像。"看到"这个波长就可以收集这个波长及其附近一个小范围的波段对应的图像信息(如土壤、水、植被),形成一个通道,也就是一个波段对应一个通道。而多光谱图像其实可以看作是高光谱图像的一种情况,即成像的波段数量比高光谱图像少。

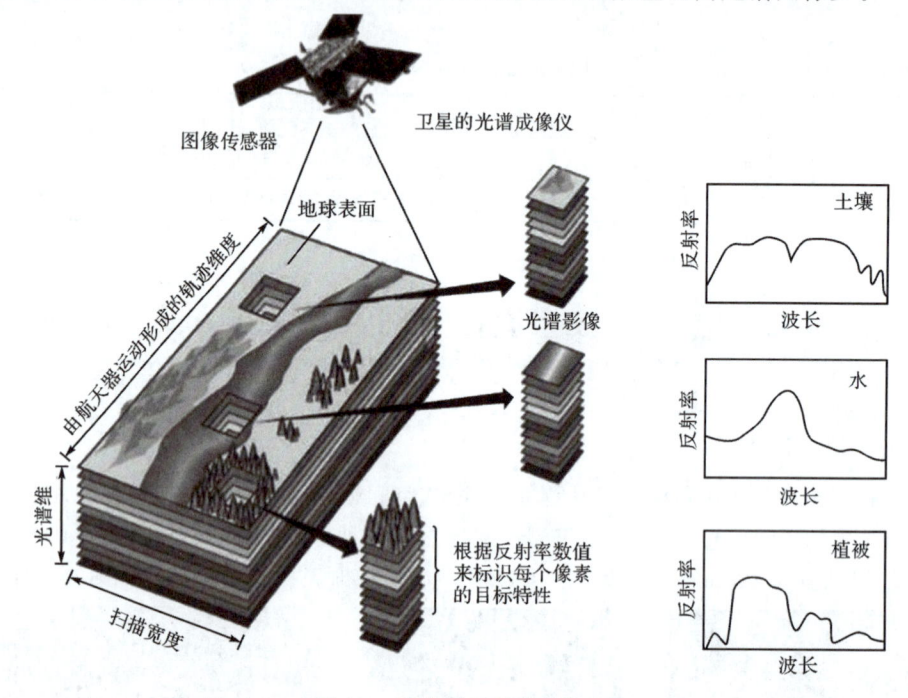

图 6-4 高光谱卫片波段组合

高光谱遥感是当前遥感技术的前沿领域,它利用很多很窄的电磁波波段从感兴趣的物体里获得有关数据,包含了丰富的空间、辐射和光谱三重信息。高光谱遥感的出现是遥感界的一场革命,它使本来在宽波段遥感中不可探测的物质,在高光谱遥感中能被探测。

(2)卫星图像误差来源

①外部因素造成的误差

A. 辐射误差

辐射误差包括大气层厚度、太阳高度角、大气对不同波长的散射、吸收和反射等。另外还有传感器本身受到的环境影响。

B. 几何误差(影像变形)

几何误差包括地球曲率与大气折光、地形起伏、地球自转、卫星传感器位置与姿态等。而卫星位置信息的不准确引起了遥感数据的空间位置误差,卫星姿态变化引起了影像平移、旋转、扭曲和缩放误差,卫星姿态变化引起的影像误差如图 6-5 所示。

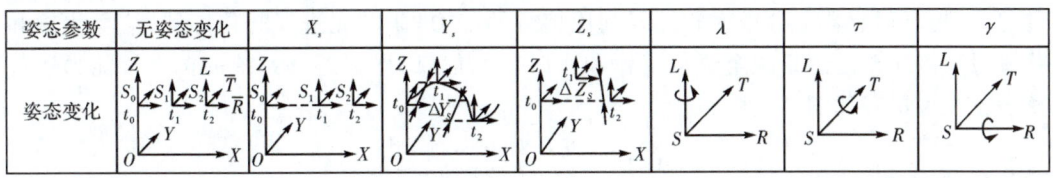

姿态参数	无姿态变化	X_s	Y_s	Z_s	λ	τ	γ
姿态变化							

图 6-5　卫星姿态变化引起的影像误差

② 内部设备误差

传感器辐射误差：由 CCD 点阵列探测元件的灵敏度不同造成的电子噪声产生。

传感器几何误差：由镜头焦距的变动、聚焦不准、镜头光学畸变、扫描镜的非线性振动、采样和记录速度不均匀和其他一些偶然因素产生。

扫描成像镜摆动速率不均匀所造成的非线性变化如图 6-6 所示。

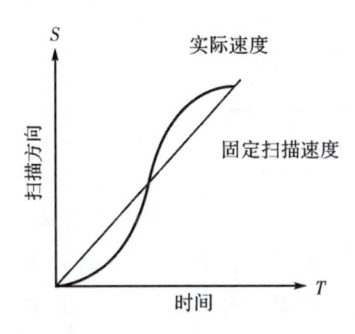

图 6-6　扫描成像镜摆动速率不均匀所造成的非线性变化

(3) 卫星影像产品分级（高光谱类）

在遥感图像的生产过程中，需要根据用户的要求对原始图像数据进行不同的处理，从而构成不同级别的数据产品。根据中国科学院遥感卫星地面站的资料，遥感图像数据级别划分见表 6-3。

表 6-3　　遥感图像数据级别划分

级别	数据产品	产品说明
0 级	原始数据产品	分景后的卫星下传遥感数据
1 级	辐射校正产品	经辐射校正，没有经过几何校正的产品数据
2 级	系统几何校正产品	经辐射校正和系统几何校正并将校正后的图像映射到指定的地图投影坐标下的产品数据
3 级	几何精校正产品	经过辐射校正和几何校正，同时采用地面控制点改进产品的几何精度的产品数据
4 级	高程校正产品	经辐射校正、几何校正和几何精校正，同时采用数字高程模型纠正了地势起伏造成的视差的产品数据
5 级	标准镶嵌图像产品	无缝镶嵌图像产品
	广播数据产品	快视图像数据，对用户广播

(4) 国外影像采集技术发展

遥感影像测量技术广泛应用于地球资源普查、植被分类、土地利用规划、农作物病虫害和作物产量调查、环境污染监测、海洋研制、地震监测等方面。遥感测绘技术总的发展趋势是,提高遥感器的分辨率和综合利用信息的能力,研制先进遥感传感器、信息传输和处理设备以实现遥感系统全天候工作和实时获取信息,增强遥感系统的抗干扰能力。遥感卫星发展历程如图6-7所示。

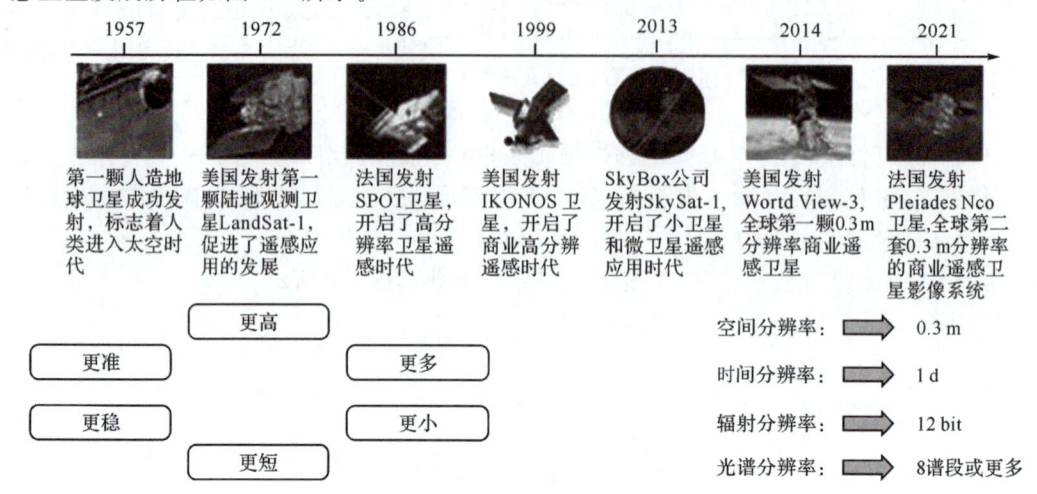

图6-7 遥感卫星发展历程

近些年,遥感图像信息融合技术发展成了有效提升图像分辨率与信息量的手段。遥感图像信息融合技术是将多源遥感数据纳入在统一的地理坐标系中,采用一定的算法,生成一组新的空间信息或合成图像的技术。

(5)我国卫星影像采集技术

我国遥感卫星跨越式发展如图6-8所示,自20世纪以来,我国遥感卫星实现了从"有"到"好"的跨越式发展,逐步实现了业务化、商业化和智能化。

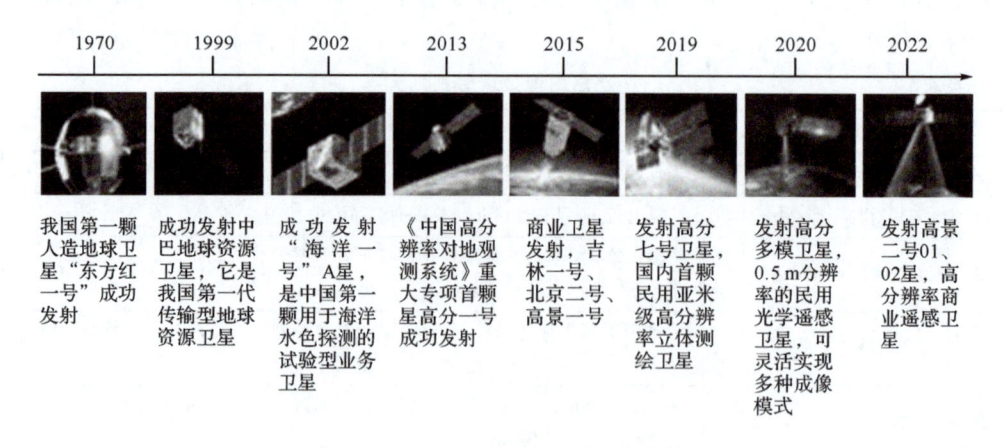

图6-8 我国遥感卫星跨越式发展

近些年更智能化的卫星影像产品如卫星视频凝视成像数据服务,实现了对于时敏性要求高的目标的监测,例如港口船舶、高速公路车流量、空中运动目标跟踪监测任务等。2023年1月15日发射的首颗互联网智能遥感科学实验卫星"珞珈三号01星"所提供的就是卫星视频凝视成像数据服务。

2. 航空摄影测量

航空摄影测量是利用飞机、气球等挂载的航空摄影机,对地面进行光学摄影所获得的航空像片,航空像片获取如图 6-9 所示。航空像片(又称航摄像片)是测绘大面积地形图最主要、最有效的数据之一。航空摄影测量具有外业工作少、成图快、精度均匀、成本低、不受气候季节限制等优点。随着摄影测量理论和设备的发展,我国现有的 1∶1 万~1∶10 万国家基本图乃至工程建设和城市大、中比例尺地形图的测绘都是采用航空摄影测量方法绘制的。

传统框幅式航空像片一般为正方形,常用尺寸有 18 cm×18 cm 和 23 cm×23 cm 两种像幅。胶片或底片可以处理成全色黑白片、彩色片、红外黑白片、红外假彩色片等。量测用像片大多是黑白片。数码相机像幅传感器尺寸一般是 36 mm×24 mm 或 54 mm×40 mm。

图 6-9 航空像片获取

(1)机载数字影像参数

①航高基准

航高定义如图 6-10 所示,航高基准是指机载摄影机相对某一水准面的高度,包括:

A. 相对航高:摄影机相对某一基准面的高度。(通常基准面取测区地表平均高程平面。)

B. 绝对航高:摄影机相对 85 国家高程基准的高度。

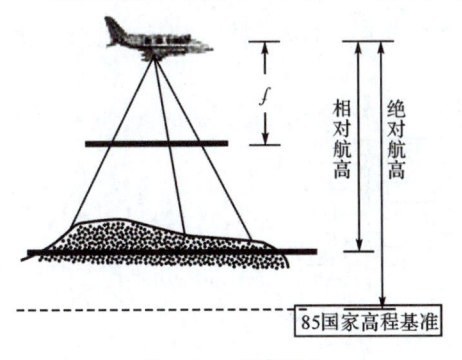

图 6-10 航高定义

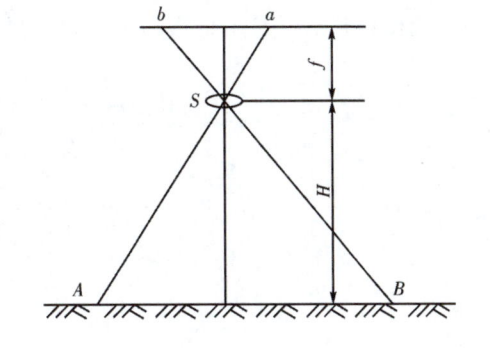

图 6-11 航片比例尺

②航摄像片比例尺

航摄像片上某两点 a、b 间的距离和地面上相应两点 A、B 间水平距离之比,称为航摄像片比例尺,用 $1/M$ 表示。航片比例尺如图 6-11 所示,当像片和地面水平时,同一张像片上的比例尺是一个常数。即

$$\frac{1}{M}=\frac{f}{H} \tag{6-1}$$

航摄的像片比例尺按成图比例尺而确定。一般来说,将像片比例尺放大约四倍即所需地形图的比例尺。

③航空摄影比例尺的选择

航空摄影比例尺分大、中、小三类比例尺,不同比例对应航高不同。航空摄影比例尺类别见表6-4。

表6-4　　　　　　　　　　　航空摄影比例尺类别

比例尺类别	航空摄影比例尺	地形图比例尺
大比例尺	1∶2 000～1∶3 000	1∶500
	1∶4 000～1∶6 000	1∶1 000
	1∶8 000～1∶12 000	1∶2 000
中比例尺	1∶15 000～1∶20 000(像幅23 cm×23 cm)	1∶5 000
	1∶10 000～1∶25 000	1∶10 000
	1∶25 000～1∶35 000(像幅23 cm×23 cm)	
小比例尺	1∶20 000～1∶30 000	1∶25 000
	1∶35 000～1∶55 000	1∶50 000

(2)航空摄影测量实施

①空中摄影

为了获取航空像片,在进行航空摄影前,应制订详细的计划,包括确定摄影区域、摄影时的航高、摄影倾斜程度、所拍摄像片的种类等。

在测区进行航摄时,飞机通常沿S型路线飞行,航线规划如图6-12所示。为了利用像片进行内业立体观察和量测,相邻像片影像应有一定重叠区域。影像重叠有航向重叠和旁向重叠两种。

拍摄像片可以是垂直摄影方式,也可以是以倾斜摄影(3D模型建立)方式进行。

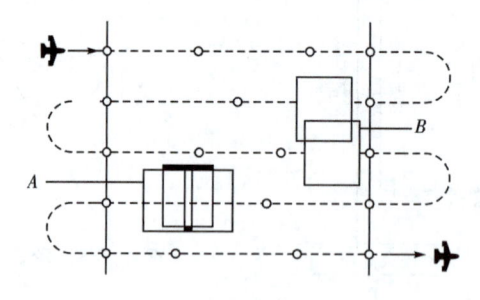

图6-12　航线规划

②航空影像采集一般要求

影像采集平台:框幅式CCD数字成像。

飞行高度:1 000～3 000 m。

成图比例:1∶500～1∶25万。

影像分辨率:5～35 cm。航摄像片不同影像分辨率的效果如图6-13所示。

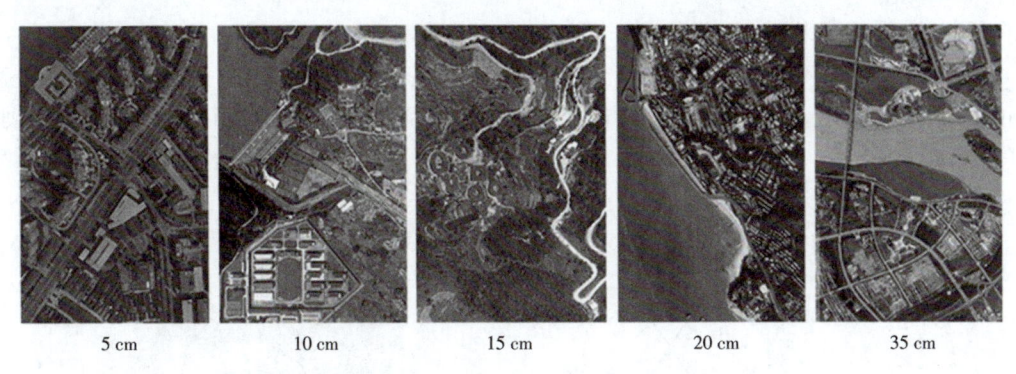

图 6-13 航摄像片不同影像分辨率的效果

③典型的航测平台和航测设备

航测外业经典的机载平台代表为赛斯纳飞机,因其坚固耐用、性能良好、符合民航仪表飞行规定、易于驾驶和维护、起降场地要求不高,几乎可以在海拔 3 000 m 以下的任何稍微平坦的地方起降,在航空摄影测量中成了主角。

航空影像测量采集系统主要采用 ADS100 航摄仪(图 6-14(a))及其同品牌系列航摄仪,属于推扫式成像。航摄仪采用三线阵 CCD 扫描,一次飞行可以同时获取前视、下视和后视三个条带的全色及多光谱影像,三条带影像具有 100% 三度重叠,三线阵 CCD 航测扫描如图 6-14(b)所示。当分辨率为 0.2 m 时,像幅宽则为 4 km。航摄仪在地形平坦地区作业,具有非常高的飞行效率。获取 20 cm 分辨率影像时,航摄高度约 2 500 m,每架次可获取约 600 km² 影像数据。数据经内业处理,可生成高精度数字高程模型、真彩色正射影像和包含近红外波段的多光谱影像等。

(a)ADS100 航摄仪　　　　(b)三线阵 CCD 航测扫描

图 6-14　航测外业实施

(3)影像重叠条件与立体感知

①航测像片重叠度

像片的重叠度是指当相邻的两张航测像片拍摄景区有重叠时,重叠部分占整张像片的比例。影像重叠如图 6-15 所示,其中 X 为重叠区域所占像幅大小。为获得最佳立体观测效果,提高建模精度和可靠性,航测像片重叠度是重要指标。航向重叠一般要求重叠度为 60%~65% 或更大,旁向重叠一般应达到 30%~40%。而无人机影像重叠度要求更高。

②立体感受的来源：视差

物体由于远近不同在视网膜上产生不同物象和生理视差。在航空摄影模拟双眼观察取得的立体像对上，可以量测出像点的左右视差。利用视差眼镜进行立体测量作业如图 6-16 所示。

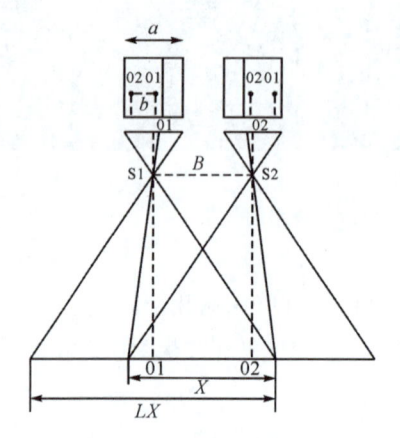

图 6-15　影像重叠

图 6-16　利用视差眼镜进行立体测量作业

人眼的视网膜中心(O)，相当于像片上的像主点，像点在视网膜上对中心的一段弧长相当于像片上的横坐标。同名点在双眼视网膜上产生的两段弧长之差，相当于在像对上两张像片 X 坐标之差。所以要获得两个地面点的高差，只需将这两个地面点的像点左右视差之差求出即可。左右视差之差又叫左右视差较，以 Δp 表示。例如 a、b 两点的左右视差较 Δp 通过作业采集得到，按式(6-2)可求得 a、b 两点的高差 h。

$$\Delta p = \frac{h}{H_0 - h} p_0 \tag{6-2}$$

式中 p_0 为起始点的左右视差较，H_0 为起始点的高程。

③影像人造立体效应

从摄影基线两端摄取的具有重叠影像的一对像片，按视差原理可以获得人造立体效应。该对像片用肉眼或借助立体镜观察，就能看出影像重叠部分的立体视觉模型。

人造立体原理如图 6-17 所示，为了能进行立体观测，应满足下列条件：

①在左、右两个摄站点处，对同一物体进行摄影，形成像对 P_1P_2。

②两眼分别观看像对的两张像片或影像（像对比例尺不能偏差过大）。

③保证眼基线与摄影基线平行。左右两个同名像点形成的视线对相交，得到左、右视差，即可形成立体视觉（感知）。

正立体即光学立体模型与实地物体的凹凸及景物的远近实况相同；反立体则为立体模型与实地物体的凹凸或与景物的远近实况正好相反；而零立体即没有凹凸或远近的变化，近于一个平面，失去立体感。

图 6-17 中两个像片中心基线位置的合理调整是构造立体效应的关键。

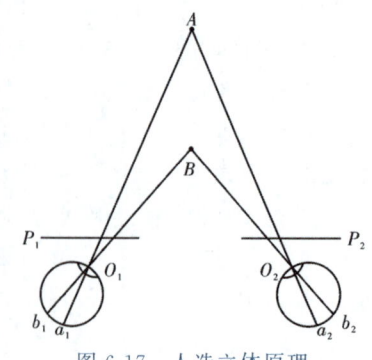

图 6-17　人造立体原理

3. 贴近摄影测量

贴近摄影测量就是在地面上用各种专业摄影测量设备，以两台以上摄影机近距离对研究对象进行空间数据采集的技术，也称为近景摄影测量，广泛应用于工业生产、工业机器人、公安侦查（如指纹识别）等领域。

（1）地形摄影测量

地形摄影测量用于测量立面图和补测航摄漏洞、死角。设备包括量测型和非量测型相机。量测型相机地形摄影测量如图 6-18 所示。

（2）工业摄影测量

工业摄影测量一般用于拍摄距离＜300 m（或 100 m）的非地形目标测绘近景（贴近）摄影测量（图 6-19）。工业摄影测量是摄影测量的一个分支学科，主要研究利用影像确定非地形目标物的形状、大小及空间位置等，广泛应用于工业制造、建筑工程、考古、变形观测、爆破、矿山工程等领域。

图 6-18　量测型相机地形摄影测量　　图 6-19　近景（贴近）摄影测量

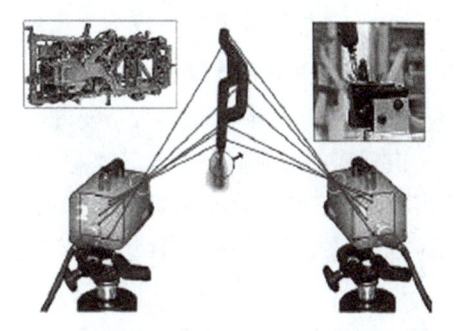

（3）显微摄影测量

显微摄影测量是利用电磁波谱成像分析系统诊断病情，如显微镜图像分析、DNA 成像分析等。显微摄影量测如图 6-20 所示，显微摄影测量时使用的各种波源包括电磁波和声波等。

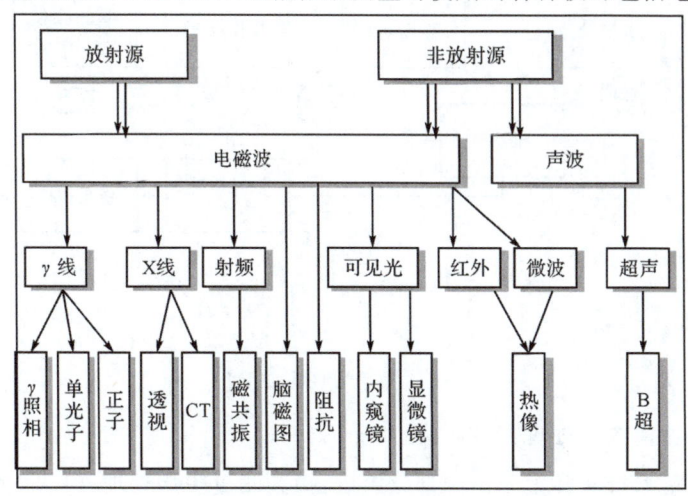

图 6-20　显微摄影量测

现代医学如 CT 及核磁共振、超声波、X 射线成像分析等,均是基于三维测量可视化软件系统,对各类医学断层图像进行分析处理,为诊断和治疗方案提供依据。

6.3 数字影像测量内业解算基础

利用数字影像点坐标(x,y)和数码相机的相关参数,通过一定的数学手段,将数字影像点坐标转换成大地坐标(X,Y,Z)的方法见式(6-3):

$$\left.\begin{array}{l}X=f_1(x,y)\\Y=f_2(x,y)\\Z=f_3(x,y)\end{array}\right\} \quad (6-3)$$

近些年,随着遥感技术的发展和 GIS 地理信息系统建设的需要,以数字摄影测量技术为代表的影像坐标解算方法已成为海量地面点坐标采集的主要手段。

1. 数字影像内业解算流程

数字摄影测量内业工作是以立体数字影像为基础,由计算机进行影像处理和影像匹配,自动识别两个像对同名像点及坐标,运用解析摄影测量的方法确定所摄物体的三维坐标,输出数字高程模型和正射数字影像或图解线划等高线图和带等高线的正射影像图等。内业流程依次是前期方案准备、影像数据采集、数据处理等,数字影像内业流程如图 6-21 所示。

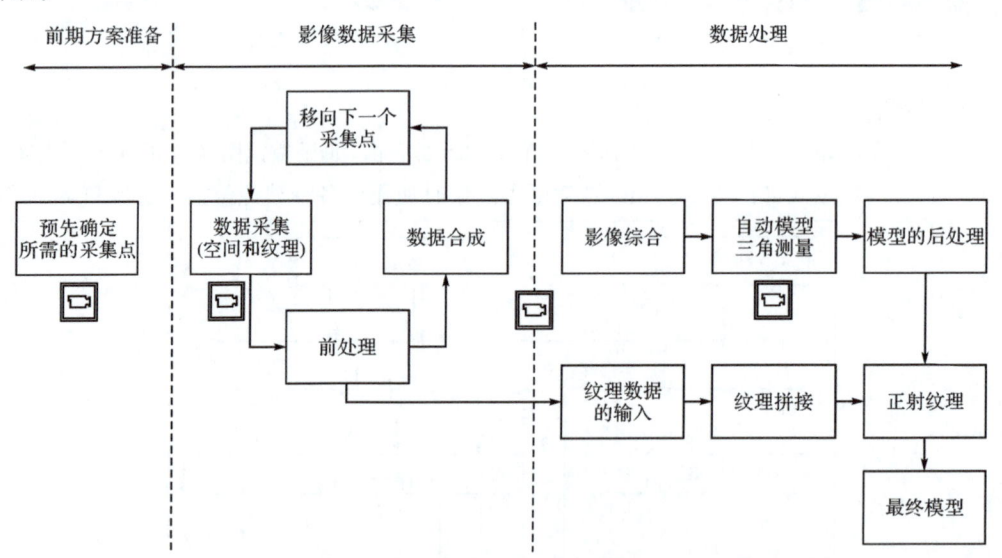

图 6-21 数字影像内业流程

2. 数字摄影测量内业处理系统组成

数字摄影测量系统实际上是由两部分组成:摄影测量模型处理、模式识别与视觉。
数字摄影测量系统软件,应具有数据存储、空三、定向、影像匹配与编辑、正射影像的生成、正射影像的拼接、等高线的生成、数字地面模型的生成与拼接、数字地图的编辑等功能。

内业系统处理的主要工作：方位参数的解算、沿核线重采样、影像匹配、解算空间坐标、内插数字表面模型（如 DTM）、自动绘制等值线、数字纠正产生正射影像及生成带等值线的正射影像图等。

6.4 数字影像的定向

1. 数字影像的定向的目的和内容

数字影像的定向包括整幅数字影像的内定向、相对定向和绝对定向。

内定向：确定扫描坐标系和像平面坐标系的关系。

相对定向：用影像匹配算法自动确定立体数字影像中的相对定向点的像坐标，用解析摄影测量相对定向解算相对方向参数。

绝对定向：用已知控制点的像坐标和内定向参数计算控制点在一幅数字影像中的坐标，用图像匹配算法自动确定它们在另一幅数字影像中的坐标。

2. 数字影像的方位元素

当利用数字像片进行解算时，即要通过计算来精确获得地面点或目标物的空间坐标时，需要确定摄影瞬间摄影中心的位置和摄影姿态。而对其进行描述所用的参数，称为像片的方位元素。像片方位元素分为内方位元素和外方位元素。

内方位元素(x_0, y_0, f)用来描述摄影中心与像片之间的相对位置。

外方位元素$(Xs, Ys, Zs, \varphi, \omega, \kappa)$用来描述摄影瞬间，摄影中心的位置和摄影姿态。

(1) 影像的内方位元素

内方位元素定义如图 6-22 所示，影像内方位元素的定义是，投影中心（物镜后节点）相对于像平面位置关系的参数 x_0、y_0、$-f$。其中参考原点称像主点 O，坐标 (x_0, y_0)。焦距 f：相机可以是定焦也可以是变焦的。

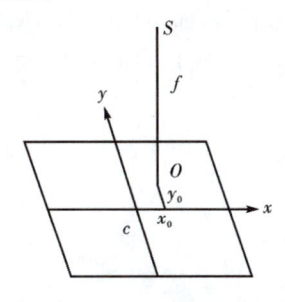

图 6-22 内方位元素定义

像点在框标坐标系上的坐标为(x, y)，其到像主点距离：

$$r = \sqrt{(x-x_0)^2 + (y-y_0)^2} \tag{6-4}$$

由于镜头畸变(尤其是对非测量型相机)等影响,需要对像点坐标按下式进行改正:

$$\begin{cases} \Delta x = -x(k_0 r + k_1 r^2 + k_2 r^4 + \cdots) \\ \Delta y = -y(k_0 r + k_1 r^2 + k_2 r^4 + \cdots) \end{cases} \quad (6-5)$$

因此,对于一个用于航测的相机而言,需要有相机检校报告,否则需要按式(6-5)进行相机检校以获取相关改正参数 k。

(2)影像(摄影机)的外方位元素

像片外方位元素(Elements of Exterior Orientation)是确定摄影光束在物方的几何关系的基本数据,用于表征摄影光束在摄影瞬间的空间位置,包括确定摄影中心在某一空间直角坐标系中的三维坐标值和确定摄影光束空间方位的 3 个角定向元素,共 6 个数据。外方位元素如图 6-23 所示,具体描述如下:

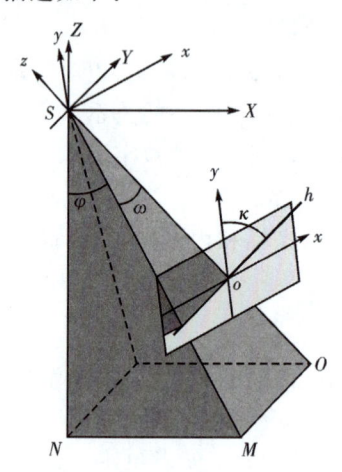

图 6-23　外方位元素

① 三个线元素

摄影瞬间投影中心 S 在空间坐标系中坐标 (X_S, Y_S, Z_S)。

② 三个角元素

摄影瞬间像片在空间坐标系中的姿态角称为影像外方位角元素(两个角度确定主光轴方位,一个角度确定像片在像平面内的方位),影像外方位角元素如图 6-24 所示。

A. 航摄仰俯角(Pitch):称航摄倾角,即飞机前后仰俯时产生的影像与水平面夹角 φ。

B. 航摄横滚角(Roll):称航摄横向倾角,即飞机左右摆动时产生的影像与水平面夹角 ω。

C. 像片旋转角(Yaw):像片与航线方向不一致产生的夹角 κ。

(a) 航摄仰俯角(Pitch)　　(b) 航摄横滚角(Roll)　　(c) 像片旋转角(Yaw)

图 6-24　影像外方位角元素

(3) 基于 IMU/DGPS 的外方位元素自动获取

基于 IMU/DGPS 的系统已成熟应用于航空摄影测量中,基于 IMU 的外方位元素实时获取如图 6-25 所示。其中航测相机 3 个外方位线元素可以通过使用 DGPS 技术获得,利用机载惯性测量装置直接在航摄飞行中测定航空相机的姿态或外方位 3 个角元素,并经严格的联合数据后处理后即可获得高精度的基于时间序列的航片外方位元素。

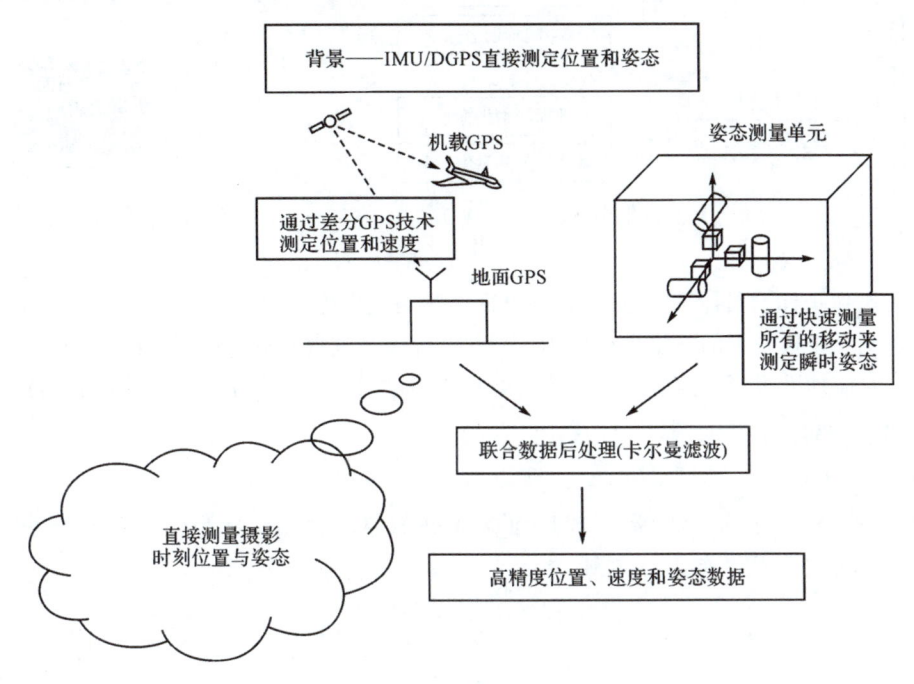

图 6-25 基于 IMU 的外方位元素实时获取

3. 摄影测量坐标系

摄影测量中常用的坐标系有两大类:一类用于描述像点的位置,称为像方空间坐标系;另一类用于描述地面点的位置,称为物方空间坐标系,摄影测量常用坐标系如图 6-26(a)所示。

如图 6-26(b)所示为摄影测量各坐标系关系。其中像方空间坐标系主要包含像平面直角坐标系、像空间坐标系和像空间辅助坐标系。像平面直角坐标系(o-xy),用来确定像点在像片上的位置。像空间坐标系(S-xyz),用来确定像点在空间上的位置(x,y,z),其中 $z=-f$。像空间辅助坐标系(S-XYZ)是为了便于像空间坐标的变换,建立描述像点在像空间位置的坐标系。

物方空间坐标系包括以下两种坐标系:①地面摄影测量坐标系(M-$X_{tp}Y_{tp}Z_{tp}$),是摄影测量坐标与地面测量坐标相互转换的过渡性坐标系,是符合右手定则的,坐标轴通常分别与第一张像片(或第一个像对)的像空间辅助坐标系的各坐标轴平行。原点通常选在地面某一控制点 M。②地面测量坐标系(O-$X_oY_oZ_o$)通常指地图投影坐标系,包括基于高斯-克吕格投影的各种平面直角坐标系和高程系,两者组成的空间直角坐标系是符合左手定则的。

(a) 摄影测量常用坐标系   (b) 摄影测量各坐标系关系

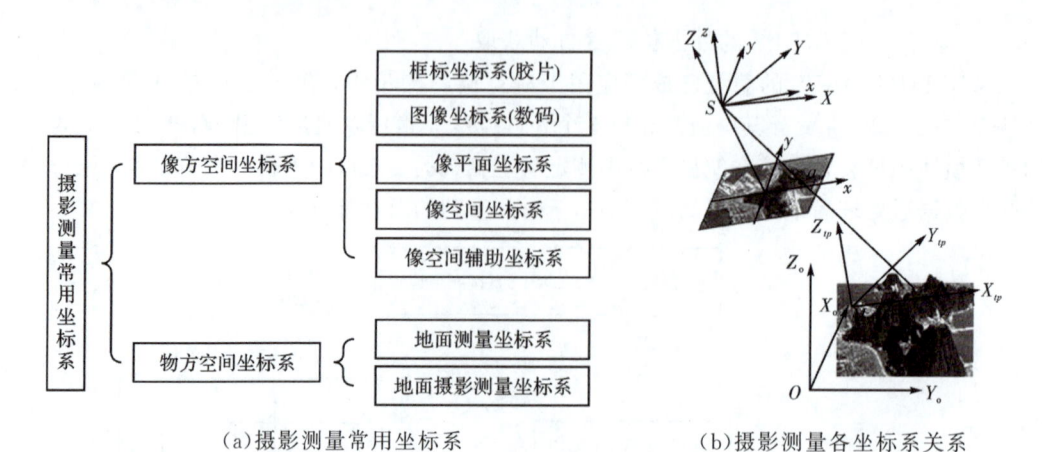

图 6-26 摄影测量坐标系

机载影像坐标系具体选择方式:机载地面摄影测量坐标系如图 6-27 所示,摄影中心 S 在地面摄影测量坐标系中的三维坐标值为 (Xs, Ys, Zs),一般由机载 GPS 获得 WGS-84 框架大地坐标。对应地面摄影测量坐标系中的姿态角 X 轴为 Roll, Y 轴为 Pitch, Z 轴为 Yaw。

4. 摄影测量成像模型

(1) 共线方程

共线方程构建如图 6-28 所示,设地面点 A 在像空间辅助坐标为 (X, Y, Z),地面坐标为 (X_A, Y_A, Z_A)。可以有式(6-6)成立:

$$\lambda \begin{bmatrix} X \\ Y \\ Z \end{bmatrix} = \begin{bmatrix} X_A - X_0 \\ Y_A - Y_0 \\ Z_A - Z_0 \end{bmatrix} \tag{6-6}$$

这里 (X_0, Y_0, Z_0) 为航空摄影机中心,λ 为投影比例。

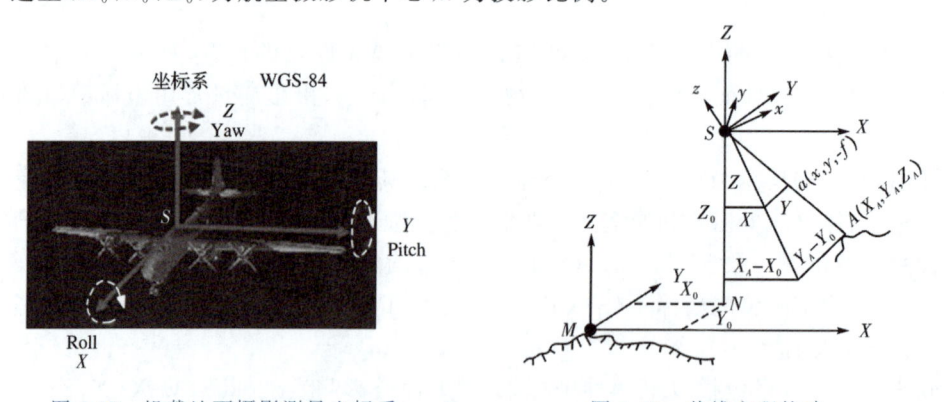

图 6-27 机载地面摄影测量坐标系   图 6-28 共线方程构建

而 A 在像空间辅助坐标与像点 a 坐标 $(x, y, -f)$ 存在式(6-7)关系:

$$\begin{bmatrix} X \\ Y \\ Z \end{bmatrix} = R \begin{bmatrix} x - x_0 \\ y - y_0 \\ -f \end{bmatrix} = \begin{bmatrix} a_1 & a_2 & a_3 \\ b_1 & c_2 & b_3 \\ c_1 & c_2 & c_3 \end{bmatrix} \begin{bmatrix} x - x_0 \\ y - y_0 \\ -f \end{bmatrix} \tag{6-7}$$

式(6-7)就是共线方程的表达形式,其中 (x_0, y_0) 为像坐标系原点,$R(a_i, b_i, c_i)$ 称为方向余弦矩阵。

把式(6-7)进行改化,得到经典的光束法共线方程,见式(6-8)。

$$\left.\begin{array}{l}x-x_0=-f\dfrac{a_1(X-X_0)+b_1(Y-Y_0)+c_1(Z-Z_0)}{a_3(X-X_0)+b_3(Y-Y_0)+c_3(Z-Z_0)}\\[2mm] y-y_0=-f\dfrac{a_2(X-X_0)+b_2(Y-Y_0)+c_2(Z-Z_0)}{a_3(X-X_0)+b_3(Y-Y_0)+c_3(Z-Z_0)}\end{array}\right\} \quad (6\text{-}8)$$

(2)绕 Y 轴旋转顺序所确定的转角系统

光束法共线方程解算需要确定方向余弦矩阵。而不同的轴系转角顺序,对应方向余弦矩阵系数也不一样。一般采用以 Y 为主轴的 φ-ω-κ 转角系统。

①以 Y 为主轴的 φ-ω-κ 转角系统特点:航摄倾角 φ(绕 Y 轴转的仰俯角);横向倾角 ω(绕 X_φ 轴转的横滚角);像片旋转角 κ(绕 $Z_{\varphi\omega}$ 轴转的偏航角)。

②空间旋转变换过程:绕 Y 轴转 φ,S-XYZ;绕 X_φ 轴转 ω,S-$X_\varphi Y_\varphi Z_\varphi$;绕 $Z_{\varphi\omega}$ 轴转 κ,S-$X_{\varphi\omega} Y_{\varphi\omega} Z_{\varphi\omega}$。

另外也有以 X 或 Z 为主轴的空间旋转变换转角系统。

③基于 φ-ω-κ 转角系统影像的方向余弦参数

目前数字影像处理选择的坐标转角系统主要是以 Y 为主轴的 φ-ω-κ 转角系统。基于 φ-ω-κ 转角系统,可以获取方向余弦矩阵 R 的解算系数以及对应的转角计算公式,见式(6-9):

$$\begin{aligned}a_1&=\cos\varphi\cos\kappa+\sin\varphi\sin\omega\sin\kappa\\ a_2&=-\cos\varphi\sin\kappa+\sin\varphi\sin\omega\cos\kappa\\ a_3&=-\sin\varphi\cos\omega\\ b_1&=\cos\omega\sin\kappa\\ b_2&=\cos\omega\cos\kappa\\ b_3&=-\sin\omega\\ c_1&=\sin\varphi\cos\kappa+\cos\varphi\sin\omega\sin\kappa\\ c_2&=-\sin\varphi\sin\kappa+\cos\varphi\sin\omega\cos\kappa\\ c_3&=\cos\varphi\cos\omega\end{aligned} \quad\Rightarrow\quad \begin{aligned}\varphi&=-\arctan\left(\dfrac{a_3}{c_3}\right)\\ \omega&=-\arcsin(b_3)\\ \kappa&=-\arctan\left(\dfrac{b_1}{b_2}\right)\end{aligned} \quad (6\text{-}9)$$

5. 数字影像定向参数解算途径

(1)利用立体像对的内在几何关系,进行相对定向,然后通过绝对定向解求外方位元素(共面法)。

(2)利用光束法双像解析摄影测量,解求外方位元素(共线法)。

(3)利用基于 2 张以上像片 3 个以上控制点的直接解算(空间后方交会法)获取外方位元素

(4)利用直接线性变换法获取外方位元素(最少 2 张像片,辅助以 6 个以上控制点)。

6.5 数字摄影测量中影像采样

1. 数字影像采样技术

(1) 影像灰度及采样

影像灰度共有 256 级(0~255)。灰度最高相当于最高的黑,就是纯黑 0。灰度最低相当于最低的黑,也就是"没有黑",那就是纯白 255,灰度级别越高,图像越暗。影像灰度等级如图 6-29 所示,图中展现了建筑物不同灰度效果表达。

(a) 灰度级 256　　(b) 灰度级 8　　(c) 灰度级 4　　(d) 灰度级 2

图 6-29　影像灰度等级

数字影像采样即对实际连续函数模型离散化的量测过程,数字影像如图 6-30(a)所示。摄影类数字化影像一般以二维像元灰度矩阵表示。数字影像采样点就是确定被量测的"点"对应的小区域(图 6-30(b))的灰度数值矩阵(图 6-30(c))。

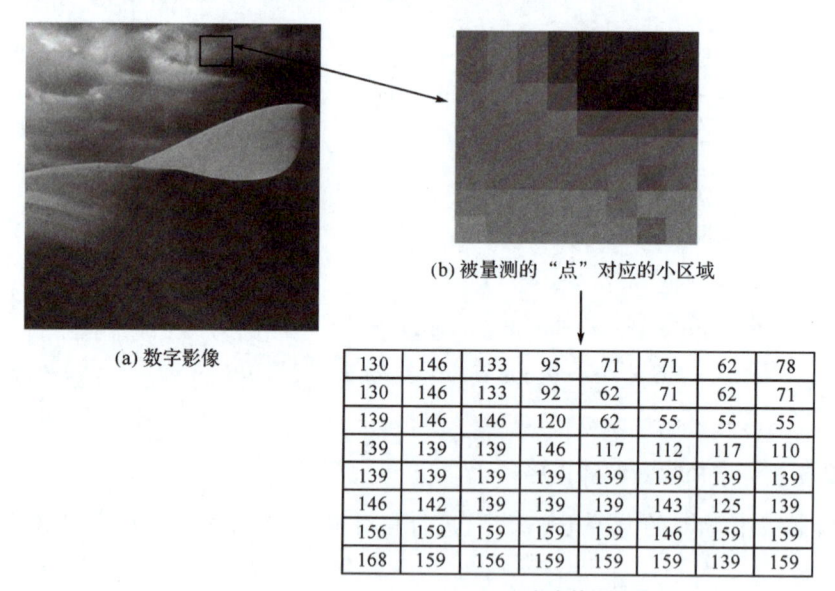

(a) 数字影像

(b) 被量测的"点"对应的小区域

130	146	133	95	71	62	78
130	146	133	92	62	71	71
139	146	146	120	62	55	55
139	139	139	146	117	112	110
139	139	139	139	139	139	139
146	142	139	139	139	143	125	139
156	159	159	159	159	146	159	159
168	159	156	159	159	159	139	159

(c) 灰度数值矩阵

图 6-30　数字影像灰度矩阵采样

(2) 影像数字化内容

采样:对影像几何空间(像平面)的离散化操作,取得像元点位。采样间隔(通常取与像元边长相等)可取 12.5、25、50、100(μm)。

量化:对影像灰度空间的离散化,取得各像元的整数灰度值。图像灰度量化级别可取

2^i,i 通常取 8（黑白）或 24（彩色）。

根据采样的不同分辨率、精度要求，数字图像一般采用分层采样技术。影像分层采样如图 6-31(a)所示，它是由原始影像按一定规则生成的由细到粗不同分辨率的影像金字塔（图 6-31(b)）。金字塔的底部是图像的高分辨率表示，也就是原始图像，而顶部是低分辨率的近似图像。最底层的分辨率最高，并且数据量最大，随着层数的增加，其分辨率逐渐降低，数据量也按比例减小。

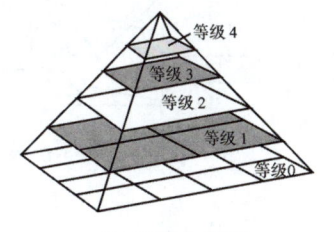

(a)影像分层采样　　　　　　(b)影像金字塔

图 6-31　数字影像金字塔量化

(3)数字影像中的核线概念

数字影像中的核线定义如图 6-32 所示。

核面：通过图 6-32 中的摄影基线 SS' 且与两个像平面相交的任一平面。

核线：核面与像平面的交线。

同名核线：同一核面与像对相交所得的一对核线（图 6-32 中的 l、l'）。

核线特性：同名像点 a、a' 必然位于同名核线上。

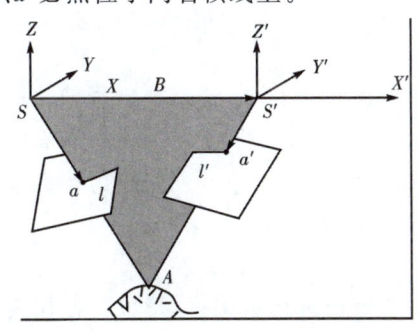

图 6-32　数字影像中的核线定义

①核线影像获取方式

所谓核线影像，就是基于核线几何关系，利用倾斜影像生成沿核线方向（数字影像的行方向为核线方向）排列的数字影像。核线影像生成（或纠正）一般有直接法和间接法。两幅数字影像中核线影像及纠正如图 6-33 所示。

核线影像纠正目的：对立体影像像对中两个原始数字影像进行重采样，使影像扫描行（图 6-33 中虚线）与核线重合，并使同名核线的影像扫描行的序号相同。

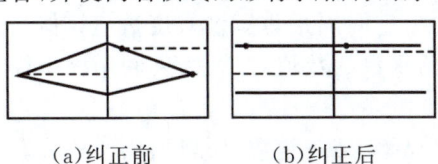

(a)纠正前　　　　(b)纠正后

图 6-33　两幅数字影像中核线影像及纠正

② 直接法生成核线影像

直接法生成核线影像的实质是一个数字纠正过程。几何纠正前、后核线影像如图6-34所示。根据式(6-10)可将图6-34中的倾斜影像上不平行的核线的每个像素(X,Y)映射到水平影像平行核线上的(U,V),并将原始灰度值赋予核线影像。

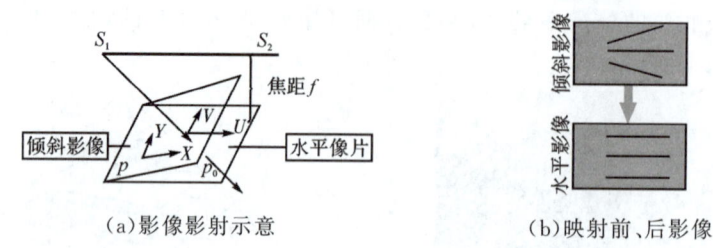

(a) 影像影射示意　　(b) 映射前、后影像

图6-34　几何纠正前、后核线影像

$$\begin{cases} X = -f\dfrac{a_1 U + b_1 V - c_1 f}{a_3 X + b_3 Y - c_3 f} \\ Y = -f\dfrac{a_2 U + b_2 V - c_2 f}{a_3 X + b_3 Y - c_3 f} \end{cases} \tag{6-10}$$

由于同一核线的V坐标是相同的,因此各核线是互平行的,式(6-10)可以简化成式(6-11):

$$\begin{cases} X = \dfrac{d_1 U + d_2}{d_3 U + 1} \\ Y = \dfrac{e_1 U + e_2}{e_3 U + 1} \end{cases} \tag{6-11}$$

在水平影像上获取核线影像如图6-35所示,数字图像采样的任务就是用直接法把影像按图6-35所示的$U = k\Delta$采样间隔,把数字影像像元由按扫描坐标系(U,V)排列变换为按核线方向排列,且对影像进行增强和特征提取。

③ 核线立体像对

对原始倾斜影像沿每一条核线进行重采样,形成一幅核线方向与离散数字影像的行方向一致的影像,就消除了Y视差,但X视差仍然存在,这种X视差正是场景中目标高差的反映。这种新生成的影像就称为核线立体像对(Epipolar Stereo Pair),有时也称为归一化立体像对(Normalized Stereo Pair),核线立体像对如图6-36所示。

(3) 数字影像重采样概念

按核线方向重采样如图6-37所示,影像采样就是对实际连续模型离散化的过程,即按一定间隔采集影像灰度数值。但当阈值不位于采样点上的原始函数的数值时,就需要利用已采样点进行内插,称为重采样。

但由于映射后的像素坐标未必是整数,所以形成的核线影像是非规则的,还需要在核线影像上进行重采样形成规则格网

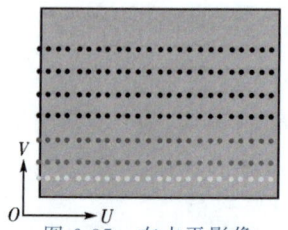

图6-35　在水平影像上获取核线影像

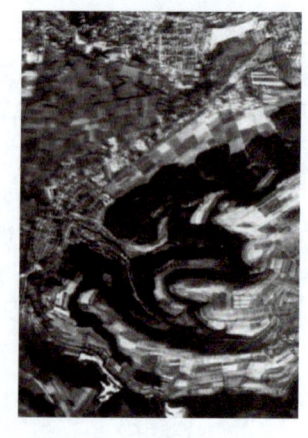

图6-36　核线立体像对

后才能供后续使用。

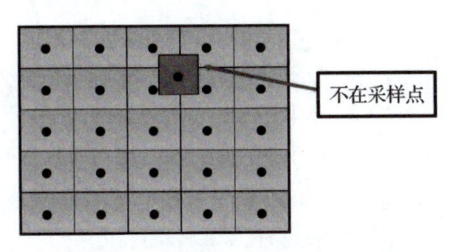

图 6-37 按核线方向重采样

在数字摄影测量和遥感处理中,数字影像核线重采样一般是根据各相邻的原采样点内插出新采样点的过程。内插的方法(函数)有双线性插值法、双三次卷积法以及最邻近像元法等。

双线性插值算法也叫一阶插值,它是利用了待求像素点在源图像中 4 个最近邻像素之间的相关性,通过两次线性插值得到待求像素点的值。

双线性插值法如图 6-38 所示,设图中 Q_{11}、Q_{12}、Q_{21}、Q_{22} 为已知的 4 个像素点。第一步:x 方向的线性插值,在 Q_{12}、Q_{22} 中插入 R_2,Q_{11}、Q_{21} 中插入点 R_1;第二步:y 方向的线性插值,通过第一步计算出的 R_1 与 R_2 在 y 方向上插值计算出 P 点。

如果选择一个坐标系统使得四个已知点坐标分别为(0,0)、(0,1)、(1,0)和(1,1),那么插值公式就可以化简为式(6-12):

$$f(x,y) = f(0,0)(1-x)(1-y) + f(1,0)x(1-y) + f(0,1)(1-x)y + f(1,1)xy \tag{6-12}$$

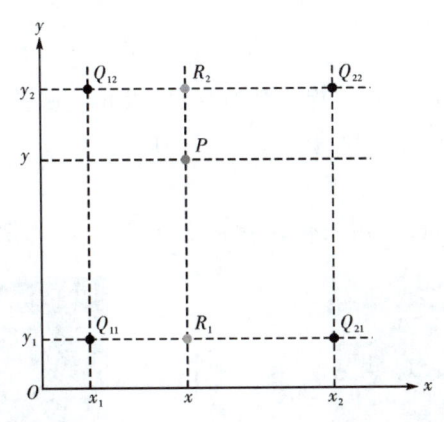

图 6-38 双线性插值法

双三次卷积法是利用数字图像采样函数 $S(x)$ 与影像函数 $g(x)$ 进行空域卷积相乘(式(6-13)),即得重采样结果,空域卷积如图 6-39(a)所示。

$$S(x)g(x) = g(x)\sum_{k=-\infty}^{\infty}\delta(x-k\Delta x) = \sum_{k=-\infty}^{\infty}g(k\Delta x)\delta(x-k\Delta x) \tag{6-13}$$

式中,Δx 为采样间隔,δ 为间隔 Δx 组成的脉冲串函数。

与此对应,在频域中则应为变换后的两个相应函数的卷积,成为在 $\dfrac{1}{\Delta x}$、$\dfrac{2}{\Delta x}$、… 处的影像频谱的复制品,频域卷积如图 6-39(b)所示。

(a)空域卷积   (b)频域卷积

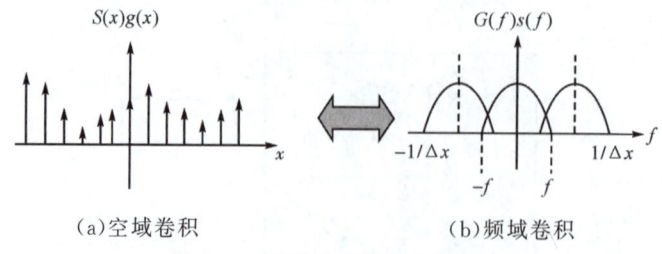

图 6-39　影像重采样中内插法

影像处理的许多环节都需要进行重采样,如影像的自动定位、影像核线排列、特征提取、影像匹配、影像几何改正、多重影像融合中都需涉及影像重采样工作。

完成影像核线重采样后,把原始影像转为了行方向与核线方向一致的影像,则同名像点的匹配搜索只需沿行方向进行,这样二维匹配转化为一维匹配,大大提高了后期影像匹配的效率和精度。

6.6　数字摄影测量中影像匹配

1. 数字影像匹配技术

数字影像匹配又称数字影像相关(Digital Image Correlation,DIC),它是实现立体观察、量测自动化、测图自动化的关键技术。

数字影像相关如图 6-40 所示,数字影像相关技术是指影像自动化立体观测时,确定构成立体像对的左右像片上影像相似程度的算法,它以相关函数和相关系数来度量像对上的两个像点(图 6-40 中的目标区和搜索区)是否为同名像点。当相关函数和相关系数为最大值时即判断为相同像点,反之就不是。

依据产生信号的不同,影像相关有数字相关、电子相关、光学相关等。

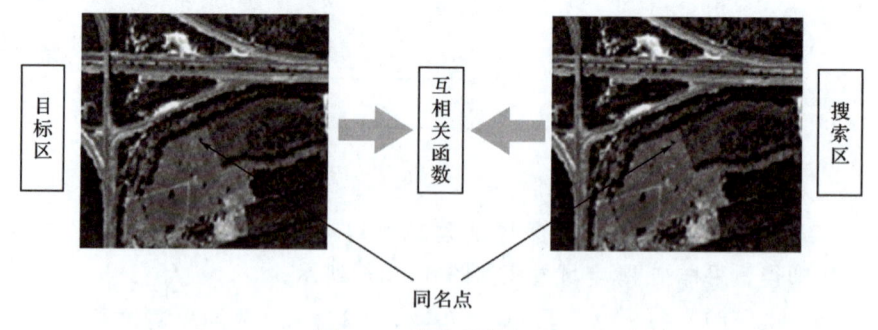

图 6-40　数字影像相关

2. 数字影像匹配方法

(1)基于灰度的影像匹配

直接探求窗口影像的灰度分布相似性的匹配法称为灰度影像匹配,如图 6-41(a)所示。

(a)灰度影像匹配　　　　　　　　　　　(b)特征影像匹配

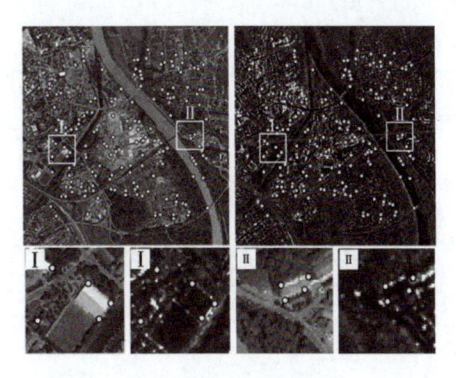

图 6-41　影像匹配两种方法

(2)基于特征的影像匹配

先提取窗口影像中的特征,再探求特征相似性的匹配法称为特征影像匹配如图 6-41(b)所示。

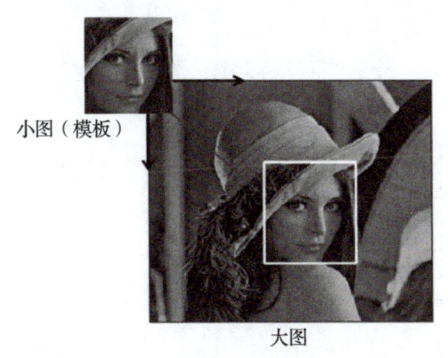

3. 数字影像自动相关技术

利用计算机对数字影像进行数值计算完成影像的匹配相关。

(1)二维相关

二维相关搜索示意图($m \times n$)如图 6-42(a)所示,在左影像上先确定一个待定点,以此待定点为中心选取 $m \times n$ 个像素的灰度阵列作为目标区或称目标窗口。为了在右影像上搜索同名点,必须估计出该同名点可能存在的范围,建立一个 $k \times l$ 个像素的灰度阵列作为搜索区(图 6-42(b))。相关的过程就是依次在搜索区中取出 $m \times n$ 个像素灰度阵列,计算其与对应目标区的相似测度。当其取得最大值时,该搜索窗口的中心元素被认为是同名点。

(a)目标区($m \times n$)　　　　　　　(b)搜索区($k \times l$)

图 6-42　二维相关搜索示意图

(2)一维相关

当进行影像相关时如果只在像片的一个方向,如在 X 视差方向建立搜索区,则这种情况的相关称为一维相关。

由于同名点必然位于同名核线上,这样,利用核线的性质,将沿 X、Y 视差方向搜索同名点的二维相关,改成沿同名核线同名点的一维相关问题,即核线相关。从而大量节省搜索同名点的计算工作量。

为了保证相关结果的可靠性,一般目标区也选取一个一维目标区,一维相关搜索示意图如图 6-43 所示。

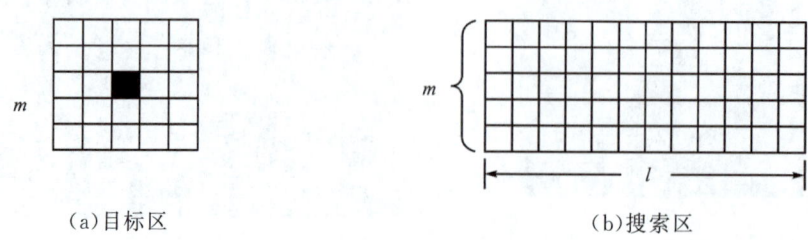

(a)目标区　　　　　　　　(b)搜索区

图 6-43　一维相关搜索示意图

4. 高精度影像最小二乘匹配法

最小二乘法在影像匹配中的应用是在 20 世纪 80 年代发展起来的。匹配原理是,影像匹配中判断影像匹配的度量很多,其中有一种是"灰度差的平方和最小",若将灰度差记为余差 v,则上述判断可以写为:$\sum vv = \min$。因此,它与最小二乘的原则是一致的。但是,在一般情况下,它没有考虑影像灰度中存在着系统误差,仅仅认为两影像的灰度函数 $g(x,y)$ 只存在偶然误差(随机噪声 n),即式(6-14)

$$n_1 + g_1(x,y) = n_2 + g_2(x,y) \tag{6-14}$$

则可以建立误差方程式(6-15):

$$v = g_1(x,y) - g_2(x,y) \tag{6-15}$$

这就是一般的按 $\sum vv = \min$ 的原则进行影像匹配的数字模型。若在此系统中引入系统变形的参数,并按最小二乘 $\sum vv = \min$ 的原则求解这些参数,就构成了最小二乘匹配系统。

根据匹配对象不同,最小二乘法匹配法有考虑影像相对位移的一维最小二乘匹配、单点最小二乘匹配、多点最小二乘影像匹配等。

采用相对位移的一维最小二乘匹配时,若引入变换参数以抵偿两个影像匹配窗口之间的几何及辐射误差,解算结果可使影像匹配精度达 1/100～1/10 像元。

最小二乘匹配优点:

①最小二乘影像匹配中可以非常灵活地引入各种已知参数和条件,从而可以进行整体平差。

②最小二乘影像匹配既可以解决"单点"的影响匹配问题,以求得"视差",也可以直接解求其空间坐标。

③最小二乘影像匹配同时解决了"多点"影像匹配和"多片"影像匹配。

④最小二乘影像匹配可引入"粗差检测",从而大大地提高影像匹配的可靠性。

⑤最小二乘影像匹配还可以用于解决影像遮蔽问题。

5. 基于点、线、面的影像特征匹配

数字影像匹配中,利用影像分析法在立体像对上提取点、线、面特征(图 6-44),找出两像片间相匹配的同名特征,实现自动立体量测的方法。

优点:不需要很精确的初始值并可在较大范围内寻找特征;可用一些快速算法,且出错和失去匹配的可能性较小。

缺点:精度较低,为粗一级的影像匹配。一般为基于灰度影像匹配提供初始值或用于机器视觉。

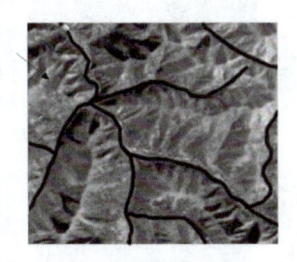

(a)点　　　　(b)线　　　　(c)面

图 6-44　点、线、面特征

(1)点特征提取

点特征主要指明显点。基于数字影像的点特征提取方法可以采用兴趣算子、直线相交、模板匹配法、直接量测法等技术。其中模板(标志点)匹配法在面向对象的特征点提取中使用较为方便。如图 6-45 所示为基于兴趣算子方法提取的影像特征点。

目前,Harris 算子、SUSAN 算子、FAST 算子在点特征使用中很有前途。

(2)线特征提取

线特征是指影像的"边缘"与"线"。"边缘"可定义为影像局部区域特征不相同的那些区域间的分界线。"线"则可定义为具有很小宽度的,其中间区域具有相同的影像特征的边缘对,也就是距离很小的一对边缘构成的一条线。

图 6-45　基于兴趣算子方法提取的影像特征点

其中 LSD(Line Support Regions)算法是用来提取直线的常用算法,该算法主要是利用每个像素的梯度作为基础来进行处理。根据原始影像(图 6-46(a)),基于 LSD 进行直线特征提取获得原始 LSD 直线特征(图 6-46(b)),而如图 6-46(c)所示则为建筑物边缘检测。

(a)原始影像　　　　(b)原始 LSD 直线特征　　　　(c)建筑物边缘检测

图 6-46　建筑边缘特征提取

线特征提取常用的有索贝尔(Sobel)算子、平均差分(Prewitt)算子、罗伯茨(Roberts)算子、拉普拉斯(Laplacian of Gaussian)算子、坎尼(Canny)算子等,各种线算子特征提取效果如图 6-47 所示。

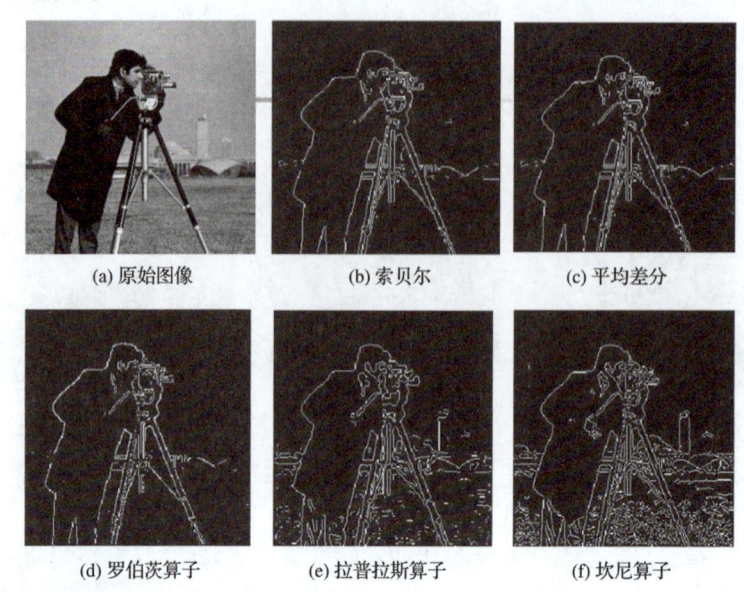

(a) 原始图像　　(b) 索贝尔　　(c) 平均差分

(d) 罗伯茨算子　　(e) 拉普拉斯算子　　(f) 坎尼算子

图 6-47　各种线算子特征提取效果

(3) 特征提取的其他方法

①基于梯度的特征点匹配提取,如 SIFT、SURF、GLOH、ASIFT、PSIFT 算子等。

如目前数字影像特征提取中最具影响力的描述算子之一:SIFT 算子,它是利用梯度变化较小的平滑区域在不同尺度空间的值差距较小,而边缘、点、角、纹理等区域差距较大的特性,通过对相邻尺度的图像做差分,最终可以算得多尺度空间的极值特征点。SIFT 特征对旋转、尺度缩放、亮度变化等保持不变性,是一种非常稳定的局部特征。基于 SIFT 特征的点匹配如图 6-48 所示。

②基于纹理的特征提取,如灰度共生矩阵、小波 Gabor 算子等。

图 6-48　基于 SIFT 特征的点匹配

6.7 数字摄影测量输出成果

1. 数字高程模型

DEM 是数字摄影测量的重要成果。作为一个数字测绘产品,除用于地貌重构外,还在许多应用领域中充当重要角色。

2. 数字表面模型

数字表面模型可以用于"变化检测",如在森林地区,可以用于检测森林的生长情况;在城区,可以用于检查城市的发展情况。特别是众所周知的巡航导弹,它不仅需要数字地面模型,更需要的是数字表面模型,这样才有可能使巡航导弹在低空飞行过程中,逢山让山,逢森林让森林。

3. 数字等高线

数字等高线是根据规则格网 DEM,采用一定的插值算法生成的等高线。具体过程是首先在 DEM 中按规定的等高线间隔跟踪等高线离散点,然后光滑加密形成数字等高线数据。

4. 数字正射影像

数字正射影像是利用 DEM 对扫描处理的数字化的卫星或航空影像,经逐个像元进行投影差改正,再按影像镶嵌,根据图幅范围剪裁生成的影像数据。

(上述具体内容第 8、9、10 章介绍)

5. 未来的数字摄影产品的纵横融合

由城市的正射影像、DEM、建筑物的量测数据、房顶与墙面的影像纹理数据所产生的城市环境的三维景观,已经为计算机可视化、计算机模拟、计算机动画、仿真、虚拟现实 VR、土地与城市规划提供了数据,这也为数字摄影测量的应用开辟了极为广阔的前景,如为建筑建模甚至为元宇宙提供强大数据支持。如图 6-49 所示为基于虚拟现实的 VR 沉浸式体验。

图 6-49 基于虚拟现实的 VR 沉浸式体验

本章知识点概述

1. 数字影像智能测量概述。
2. 数字影像采集及分类。
3. 数字影像测量内业解算基础。
4. 数字影像的定向。
5. 数字摄影测量中的影像采样。
6. 数字摄影测量中的匹配技术。
7. 数字摄影测量输出成果。
8. 数字摄影产品的纵横融合。

思考题

1. 什么是数字影像？数字影像测绘有哪些优点？
2. 解析遥感、遥测、遥控技术的区别。
3. 简述数字影像采集平台和方式。
4. 简述航摄像片重叠度作用。航向重叠、旁向重叠一般要求多少？
5. 什么是影像视差？影像人造立体效应的原理是什么？
6. 数字摄影测量内业工作有哪些？
7. 简述数字影像的内、外方位元素组成及作用。
8. 为什么要对数字影像传感器进行检校？检校的参数包括哪些？
9. 影像坐标系主要有几种？
10. 列出描述像空间坐标系与地面坐标系之间的关系的共线方程。写出以 Y 为主轴 φ、ω、κ 为转角系统的 R 矩阵表达式。
11. 怎样确定数字影像的采样间隔？
12. 何为数字影像匹配？匹配方法有哪些？
13. 介绍基于数字摄影测量的主要产品特点。

第 7 章

基于 UAV 影像的测绘技术

7.1 UAV的定义

1. 无人机简介

无人驾驶飞机简称"无人机"(Unmanned Aerial Vehicle,UAV),是利用无线电遥控设备和自备的程序控制装置操纵的不载人飞机。UAV 驱动动力一般包括电动、油动和混动等。从飞行技术角度,UAV 可以分为两类:

①无人固定翼机(图 7-1(a)):又称固定翼 UAV,根据起飞方式,有结构简单的抛射起飞无人固定翼机和结构相对复杂的弹射起飞无人固定翼机。固定翼 UAV,航行速度快、航测效率较高。

②无人多旋翼机(图 7-1(b)):又称多旋翼 UAV,多旋翼 UAV 的前进和后退桨是成对的(两对到多对都有),向不同的方向旋转,平衡扭矩,推动气流到旋翼"下面"。飞机的姿态控制是通过改变定距螺旋桨的转速,调节来流来实现的。多旋翼 UAV,可在狭小场地上灵活起降,并能在目标上空长时间悬停测量,但最大缺点是飞行速度慢、滞空时间短。

除此以外,也把无人直升机、无人飞艇、无人伞翼机划归为 UAV 系列。

(a)无人固定翼机　　　　　　　(b)无人多旋翼机

图 7-1　无人机 UAV 分类

无人机除了在测绘行业中大放异彩,在如消防救灾、靶机引导、反恐治安、线路巡线、农药喷洒、物流配送、施工悬空放线作业、气象环境调查中等也有特殊作用。

2. UAV 的技术特点

① 固定翼 UAV

固定翼 UAV 能量利用效率高。采用固定翼 UAV 在飞行中能够利用空气动力的效应,减小燃料的消耗。而且无人机重量轻,不需要复杂的动力控制系统来维持持续的动力,使得飞行时间能够延长,噪声也较低,从而增加了飞行的安全性。

② 多旋翼 UAV

多旋翼 UAV 以优良的操控性能和可垂直起降的方便性等优点迅速成为热销产品。借助先进的飞行控制系统保证起降动作更精准、可靠,多旋翼 UAV 相较于其他无人机具有得天独厚的优势。与固定翼 UAV 相比,它具有可以垂直起降,定点盘旋的优点;与单旋翼直升机相比,它没有尾桨装置,因此具有机械结构简单、安全性高、使用成本低等优点。基于电驱动的多旋翼 UAV 其载重及续航时间成了制约其发展的重要因素。

由于上述两种类型 UAV 各有优缺点,因此结合多旋翼 UAV 和固定翼 UAV 二者优势,一种既能高速巡航又能垂直起降、精准悬停,解决了固定翼 UAV 起降对场地的要求,同时拥有了固定翼 UAV 飞行距离长、速度快、高度高的优点,解决了多旋翼 UAV 续航短、速度慢、飞行高度较低的问题的产品,无人混合式起飞的垂直起降固定翼 UAV(图 7-2)应运而生。

图 7-2 垂直起降固定翼 UAV

3. UAV 测量作业重要参数

由于两类 UAV 产品实施测量作业时各有优缺点,作业时要根据作业实际需要,结合表 7-1 的 UAV 飞行参数,进行机种测量作业选择。

表 7-1　　　　　　　　　　　　UAV 飞行参数

飞行参数	无人固定翼机	无人多旋翼机
作业航高/m	100~1 000	50~300
作业距离/km	2~10	2~5
作业速度/(km/h)	50~120	50~80
挂载重量/kg	5~50	5~50
在线航时/h	2	1
机身材料	泡沫、碳纤维、玻璃钢	碳纤维、玻璃钢

7.2 基于UAV测绘系统构成

无人机测绘系统如图 7-3 所示，低空无人机测绘系统主要由飞机平台控制系统（简称飞控系统）、机载影像信息采集系统和地面控制系统组成。

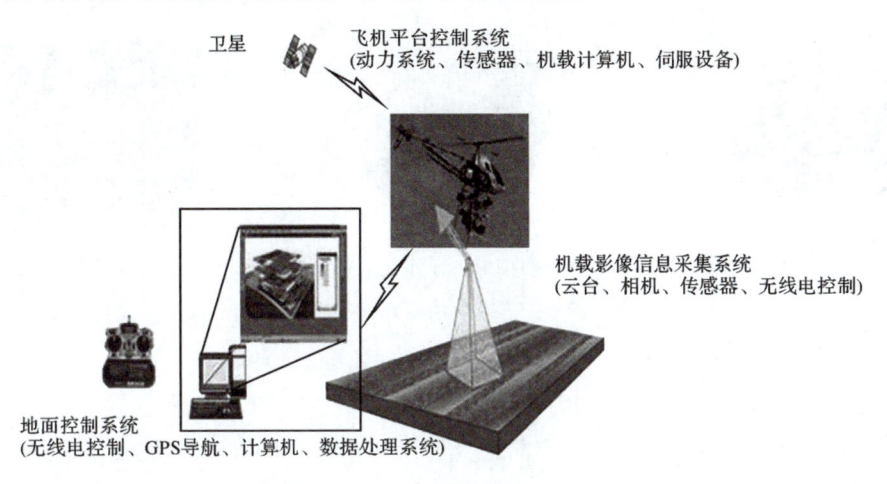

图 7-3 无人机测绘系统

1. UAV 飞控系统

（1）飞控系统是无人机完成起飞、空中飞行、执行任务和返程等整个飞行过程的核心系统，能够自主采集导航传感器数据，自主完成数据融合、系统逻辑处理、飞行控制解算以及在线故障容错处理，控制无人机自主或半自主飞行。DJI-GO，是大疆所生产的无人机飞行控制 App，可支持图传功能，DJI-GO 飞行控制 App 图传界面如图 7-4 所示。

（2）除了动力系统外，飞控一般包括传感器、机载计算机和伺服设备三大硬件。实现的功能主要有无人机姿态稳定和控制，无人机任务设备管理和应急控制三大类。传感器为飞机飞行提供各种数据信息。

（3）前置机载软件系统包括航点编辑器软件、遥控监测数据和回放软件、飞行记录仪（黑匣子）分析软件、终端通信软件。

图 7-4 DJI-GO 飞行控制 App 图传界面

2. UAV 机载影像信息采集系统

机载影像信息采集器可以包括摄像机、数码相机、多光谱相机(图 7-5(a))、红外热像仪、LiDAR 系统(图 7-5(b))、InSAR 等测量数据采集传感器。它们可以以单独或组合的形式挂载作业。如基于多旋翼 UAV 的低空影像采集模式,主要包括了单镜头光学成像、多镜头的倾斜摄影(图 7-5(c))、光学+LiDAR、光学+多(高)光谱等。

(a)多光谱相机　　　　　(b)LiDAR 系统　　　　　(c)多镜头倾斜摄影

图 7-5　机载影像信息采集设备

下面主要介绍机载数码相机特性。

(1)UAV 中常用非量测数码相机参数

非量测数码相机指不是专为摄影测量目的设计制造的摄影机。内方位元素不稳定或不能记录,没有框标,一般无外部定向设备。

适用于机载的非量测数码相机种类非常多,其中比较常见的镜头及性能参数见表 7-2。

表 7-2　　机载数码相机性能参数

生产厂商及型号	幅面类型	成像单元类型	分辨率/px	传感器尺寸/mm	外形尺寸/mm	重量/kg
Phase IQ1 100MP	MF	CMOS	10 108 万	53.4×40.4	97×93×110	0.93
Hasselblad H2D-无反	MF	CMOS	10 000 万	53.4×40.0	153×131×205	0.65
Nikon D850	SF	CMOS	4 689 万	35.9×24	146×124×79	0.915
Cannon ESO-1DX	SF	CMOS	2 020 万	36×24	152×116×76	0.93
SONY A7R111	SF	CMOS	4 240 万	36×24	113×65×72	0.507

(2)非量测相机镜头畸变修正

一般非量测相机镜头畸变是比较大的,因此在 UAV 影像测量作业时,需要获知其变形参数并加以修正。

非量测相机镜头畸变如图 7-6 所示,它有两种形式即径向变形和切向变形,其中径向变形(图 7-6(a))中的桶状变形最常见,尤其是在带有广角镜头的相机当中。其变形特点是中间小,边缘大,最大形变可达 20~40 px。

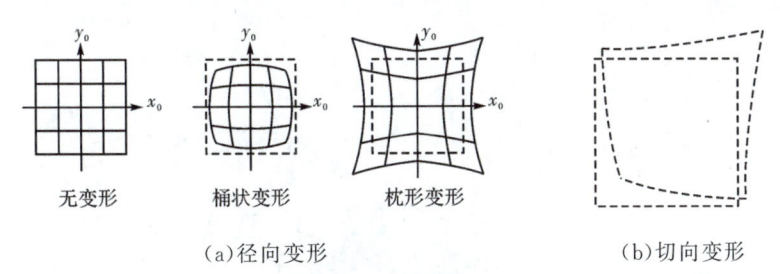

(a)径向变形　　　　　　　　　　(b)切向变形

图 7-6　非量测相机镜头畸变

镜头畸变参数出厂鉴定单如图 7-7 所示。非量测相机镜头畸变参数可以由出厂鉴定给出,如图 7-7(b)所示的 UAV 数码相机主要参数。也可以由实测得到,如校正实验场(图 7-8(a))精密检核后获知或用网格标定板(图 7-8(b))结合相应处理软件得到。

像片大小/px	7 360×4 912
焦距/mm	36.145409
像主点 x_0	3 737.75492
像主点 y_0	2 479.42254
焦距 f	7 406.84611
径向畸变系数 k_1(1e−5)	−3.878000
径向畸变系数 k_2(1e−7)	1.386211
径向畸变系数 k_3(1e−49)	−1.071576
偏心畸变系数 p_1(1e−5)	−1.838670
偏心畸变系数 p_2(1e−6)	−3.353925

(a)光学相机　　　　　　　　　　(b)UAV 数码相机主要参数

图 7-7　镜头畸变参数出厂鉴定单

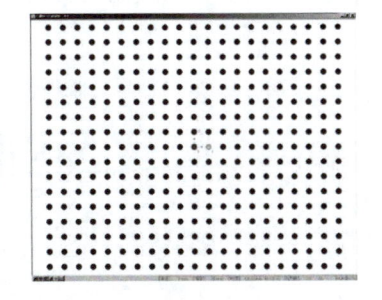

(a)校正实验场　　　　　　　　　　(b)网格标定板

图 7-8　非测量相机镜头畸变检测

3. UAV 姿态 POS 采集器

POS 和倾斜摄影系统的集成如图 7-9 所示,将 POS 系统和机载相机(图中的是一组机载倾斜摄影测量相机)集成在一起,通过 GPS 载波相位差分定位获取机载传感器的位置参数,用 IMU 测定航摄仪的姿态参数。经 IMU、DGPS 数据的联合后处理,可直接获得影像解析所需的每张像片的 6 个外方位元素作为后面介绍的影像辅助空三解算的重要数据。

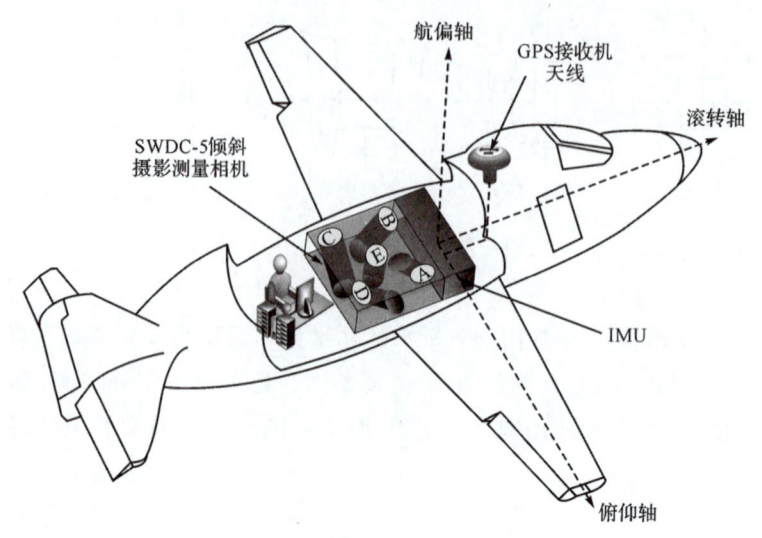

图 7-9　POS 和倾斜摄影系统的集成

UAV 直接对地定位系统由惯性测量装置、数据采集传感器、机载 GPS 接收机和地面基准站 GPS 接收机四部分构成,其中前三者必须稳固安装在飞机上。为保证在 UAV 低空摄影过程中三者之间的相对位置关系不变,需要在挂载设备上加载云台感应器。

无人机云台如图 7-10 所示,无人机云台是指无人机用于安装、固定传感器等任务载荷的支撑设备。无人机云台自身结构的稳定性是云台的重要性能指标,它直接影响着云台的稳像效果,合理稳定的云台结构对于提高无人机作业性能和影像质量起着很大的作用。由于受无人机的振动和气流的扰动等因素的影响,需要采用一些结构或者材料隔离振动。

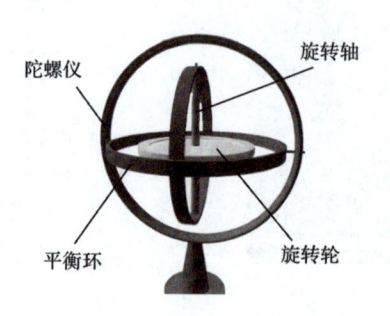

图 7-10　无人机云台

4. UAV 地面控制系统

UAV 地面控制系统是整个无人机系统的重要组成部分,是地面操作人员直接与无人机交互的渠道。UAV 地面控制系统界面如图 7-11 所示,系统包括了任务规划、任务回放、实时监测、数字地图、通信数据链,集控制、通信、数据处理于一体,是整个无人机系统的指挥控制中心。

第7章 基于UAV影像的测绘技术

图 7-11　UAV 地面控制系统界面

7.3　UAV影像测绘外业工作

1. 航测外业流程

无人机航测外业主要流程有：飞行准备阶段、飞行作业阶段、航测数据导出、布设控制点。其中，飞行准备阶段包括飞行前期准备、资料准备、起降点选取和航线规划等。无人机航测外业主要流程如图 7-12 所示。

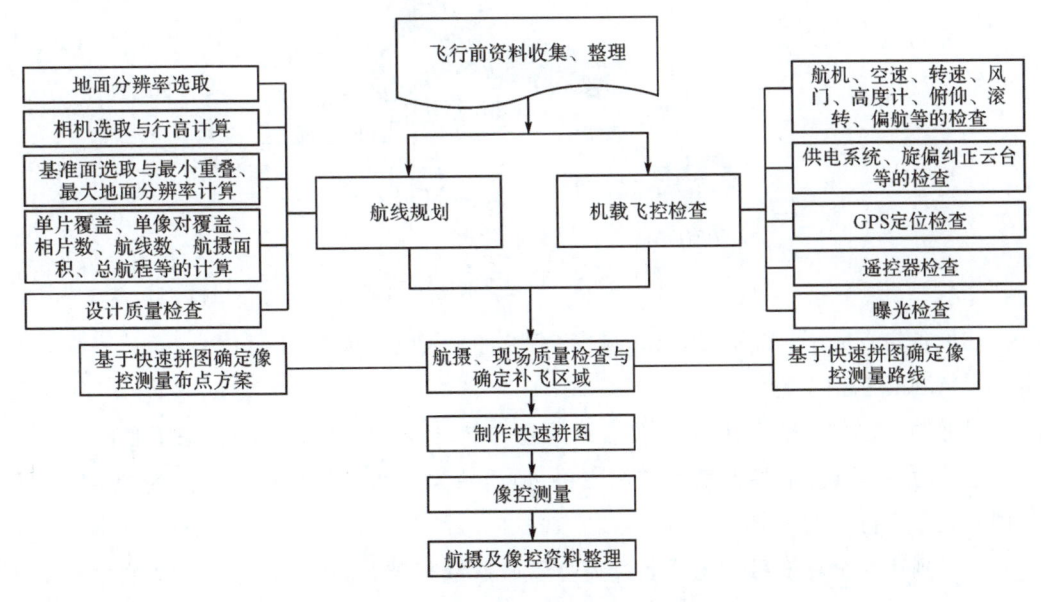

图 7-12　无人机航测外业主要流程

在 UAV 外业飞行前,需要在飞行控制器中的导航影像图上提前做好航线规划。在确定航摄区域范围线后,要结合前期选取的起降点对整个航摄区域进行划分,保证各个飞行区块之间无缝衔接,避免出现漏飞、重飞等情况,确保像片重叠度要达到航向的 75%,旁向的 60% 以上。到达现场后,可以根据起降点的分布、现场地物、风速、风向、飞行时间等因素,对划分好的区块进行合并然后重新调整区块划分。分割好区块后,如果现场风速较小,可以适当根据需要在手簿中调整风向,缩短无人机飞行时间。

2. UAV 航拍现场实施及质量检查

(1) UAV 飞前调试检查

① 飞行准备

A. 选择航拍测绘设备、航线规划、飞行方案、确定航高及飞行速度、影像重叠度。

B. 可由挂载相机指标确定不同区域的飞行航高和飞行航线,检测相机参数(可通过软件自行预测出),检测电池续航状态。

C. 标定好焦距和拍摄姿态,以便获取到稳定、连续的原始数码影像。

② 工作日志

记录当天风速、天气、起降坐标等信息,保存数据供日后参考和分析。

③ 通信

建立无线电台和地面站无线电链路,用于地面站和无人机之间的通信。

另外,UAV 起飞前,对无人机其他设备包括测量设备的工作是否正常进行检查也是重要的一环,UAV 起飞前设备检查如图 7-13 所示。

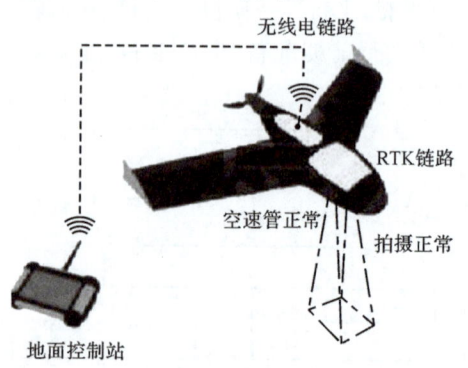

图 7-13 UAV 起飞前设备检查

在设备检查完毕,并确认起飞区域安全后,将无人机解锁起飞。

(2) UAV 航拍实施

根据制订的分区航摄计划,寻找合适的起飞点,对每块区域进行拍摄采集照片。起飞时飞手通过遥控器实时控制飞机,地面站人员通过飞机传输回来的参数在飞控软件上观察飞机状态。

飞机到达安全高度后由飞手通过遥控器收起起落架,将飞行模式切换为自动任务飞行模式。同时,飞手需通过目视无人机,时刻关注飞机的动态。地面站飞控人员留意飞控软件中的电池状况、飞行速度、飞行高度、飞行姿态、航线完成情况等信息,以保证飞行安全。无人机完成飞行任务后,降落时应确保降落地点安全,避免路人靠近。完成降落后检查相机中的影像数据、飞控系统中的数据是否完整,UAV降落后现场检查如图7-14所示。数据获取完成后,需对获取的影像进行质量检查,对不合格的区域进行补飞,直到获取的影像质量满足要求。

(3)UAV航拍注意事项

①航拍前的空域申请,应收集禁飞空域的航拍电子围栏(图7-15)信息,注意无人机飞行区域地形、航拍限高、限距和无人机航拍操控人员资质等。

图7-14　UAV降落后现场检查

②飞行时实测现场风力、风向,确认地面控制及基站的运行是否正常。

③根据测绘比例和相机参数,设置相应飞行参数。

3. UAV地面像控点布设及测量

把像片制成地形图是以地面控制点为基础的,因此,必须保证在测区范围的地面布置有足够数量的地面控制点也称像控点(图7-16)。这些像控点,可在已有的大地控制点的基础上进行加密实测。像控点的实施工作包括野外像控点选择和测量以及室内的像控点刺点、加密两步骤。

图7-15　航拍电子围栏　　　　图7-16　像控点

像控点是摄影测量控制加密和测图的基础,野外像控点目标选择的好坏和指示点位的准确程度,将直接影响成果的精度。常见适合无人机航测的6种布设方案如图7-17所示,遵循的原则如下:

(1)像控点布设位置选择

①像控点一般根据测区范围统一布点,应均匀、立体地布设在测区范围内。

②布设在同一位置的像控点应联测成平高点。

③像控点点位的分布应避免形成近似直线。

④点位应尽量选在旁向重叠中线附近,离开方位线大于3 cm时,应分别布点。

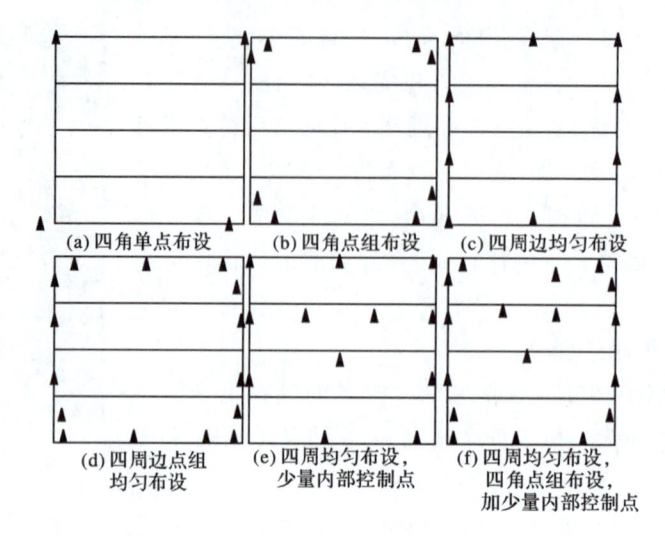

图 7-17　适合无人机航测的 6 种布设方案

(a) 四角单点布设　(b) 四角点组布设　(c) 四周边均匀布设
(d) 四周边点组均匀布设　(e) 四周均匀布设，少量内部控制点　(f) 四周均匀布设，四角点组布设，加少量内部控制点

(2) 像控点布设形状选择

① 人工像控点标志

为了在影像上可以辨认和量测地面标志点的大小，像控点标志大小需按照影像比例尺来确定。计算标志点直径的经验公式为 $d \approx 25 \text{ cm} \times M/10\ 000$（$M$ 为影像比例尺分母）。常见人工像控点标志如图 7-18 所示。

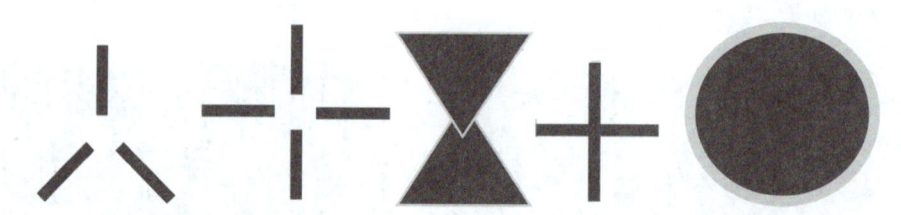

图 7-18　常见人工像控点标志

② 选择地面自然地物特征作像控点

利用自然地物点作为像控点时，有时必须将平面和高程控制点分开，以保证量测精度。例如，平坦地区的道路交叉路口或斑马线，其平面位置不一定很精确，但高程无变化，用作高程控制点是十分稳妥的。而房角不宜作为高程控制点，但作为平面控制点却是合适的。自然地物像控点标志选择如图 7-19 所示。

实践中，控制点位置可以根据需要选择自然地面显著特征点或人工布点（简单的如撒石灰、刷十字油漆标志）的方式布设像控制点；像控点布设位置尽可能选择平面空旷区域，避免选择周围高低不平、遮蔽严重的位置。

图 7-19　自然地物像控点标志选择

(2)像控点采集

像控点测量可采用基于 CORS 的 RTK 进行施测,现场采集如图 7-20(a)所示,信号较弱的地区采用 GPS 静态测量模式。像控测量平面高程精度均不能超过 ±0.02 m。具体测量时,需要在所选像控点上安置 GPS 移动站,气泡居中后用三角支撑杆固定,点号、测点类型、天线高等设置无误后,按照图根点精度要求施测。

为确保像控点精度,同一像控点一般观测三次,每次观测要间隔 60 s。将三次观测成果平均后即获得该像控点的三维坐标成果。

影像刺点采集如图 7-20(b)所示,采集的像控点应在 UAV 拍摄的影像上能清晰分辨,以便于内业像控点刺点作业。如果 UAV 有机载 RTK,根据需要,也可以减少或免除像控点。

(a)现场采集 　　　　　　　　(b)影像刺点采集

图 7-20　像控点坐标采集

7.4　UAV影像内业数据处理

1. 内业数据处理工作内容及流程

(1)建立项目工作文件(需要注意坐标格式以及坐标系的选择)。

(2)将 GPS/POS 文件及像控点导入,完成原始影像导入和排序。

(3)挑选包含相应控制点的对应照片,刺准像控点。对一些无法确定的位置或点,可以选择跳过。通过筛选解算,获得有效和满足精度的像控点。

(4)利用影像匹配技术,快速完成自由空中三角测量(空三解算)加密建模。根据选定的像控点影像坐标及其地面坐标,通过光束法平差计算,求解出影像的外方位元素和加密点的物方空间坐标。

(5)通过空三测量提供的平差结果,获得测区点云数据以及正射影像 DOM、DSM 数字模型等。并通过自动滤波修正等,获得 DEM 模型。UAV 采集的内业成果如图 7-21 所示。

(6)利用空三测量生成的点云数据和 DEM 等数据,直接进行影像立体数字测图,获得带高程的数字线划地形图。

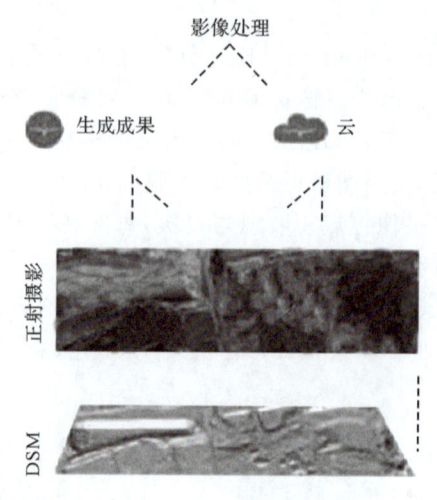

图 7-21　UAV 采集的内业成果

2. 导入的外业成果文件

(1) 影像及 POS 文件

UAV 采集的影像文件主要是 JPG 格式,而 POS 文件格式包括 TXT、CSV 等。

目前大部分集成了 GNSS 接收机的无人机系统拍摄影像时会自动在影像中写入 EXIF 格式的 WGS-84 坐标系经纬高信息,导入这种影像时,软件会自动读取其经纬高信息,并根据第一张影像的经纬高信息,定位对应的坐标投影系,影像及 POS 文件导入如图 7-22 所示。如果有机载惯导系统,还能导入每张影像的 3 个姿态参数。

图 7-22　影像及 POS 文件导入

(2) 像控点坐标

像控点坐标系一般默认为 WGS-84 大地坐标系。如像控点是自定义坐标系,采用北京 54 坐标及使用海拔高等,则应预先设置对应坐标系或导入 PRJ 文件,并关闭 POS 约束。像控点导入如图 7-23 所示。

图 7-23　像控点导入

像控点影像刺点如图 7-24 所示，外业像控点数据导入之后，需要将每个像控点逐一在对应像片所出现的同名像控点位置标定（刺点，图 7-24 十字标识）后，才可以进行空三解算。像控刺点可以人工刺点也可以智能自动刺点。

图 7-24　像控点影像刺点

3. UAV 数据后处理主要软硬件

由于影像数据为海量数据，UAV 数据后处理硬件配置要求非常高，甚至需要工作站解算，影像立体测图硬件如图 7-25(a)所示。

UAV 数据后处理软件主要实现功能：

(1)相机高精度标定（畸变修正）。

(2)自动空中三角测量（特征匹配、平差）。

(3)DOM 或全景图快速拼接及 DSM 点云数据生成。

(4)DLG 立体测量成图软件（图 7-25(b)）。

相关 UAV 影像解算软件模块及主要产品见本章第 7 节。

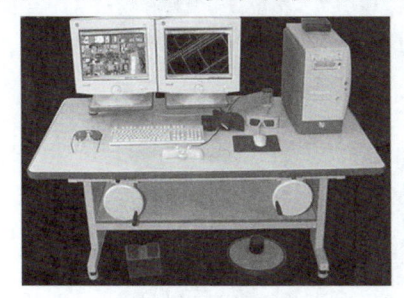

(a)影像立体测图硬件　　　　　　(b)DLG 立体测量成图软件

图 7-25　UAV 数据后处理软硬件

4. 影像的空三解算技术

空中三角测量（Aerial Triangulation）指的是用摄影测量解析法确定区域内所有影像的外方位元素，包括摄影站点的 3 个空间坐标和光线束旋转矩阵中 3 个独立的定向参数，从而得出各加密点的坐标。因而解析空中三角测量也称摄影测量加密网或者空三加密网。UAV 空三加密网解算如图 7-26 所示，根据像片上的像点坐标同地面点坐标的解析关系或每两条同名光线共面的解析关系，构成了摄影测量网的空中三角测量。

图 7-26　UAV 空三加密网解算

（1）影像空三加密的目的

影像空三加密的目的是通过空中三角测量网平差解算，获取遥感各影像空中摄影瞬间的姿态参数，建立各种解算模型，并结合多片影像前方交会方式，采集一定密度的地面物方待定点空间坐标，获取满足各种生产需要的数字地形模型。

UAV 摄影测量中利用像片内在的几何特性，可在室内加密控制点（平面、高程或平面＋高程），利用导入的连续拍摄的具有一定重叠的航摄像片，依据少量野外控制点，以摄影测量方法建立同实地相应的航线模型或区域网模型（光学的或数字的），从而获取待定加密点的平面坐标和高程，为 DEM 及 DOM 产品输出奠定基础。基于 UAV 的空三地面点解算过程如图 7-27 所示。

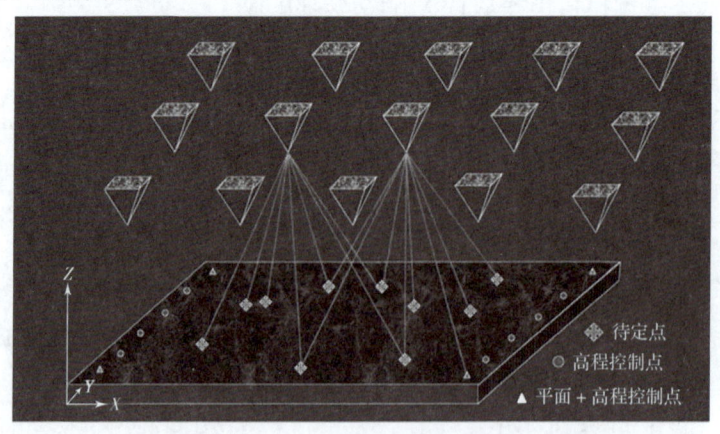

图 7-27　基于 UAV 的空三地面点解算过程

(2)影像数据测量平差的基本概念

影像空三解算中,测量平差是过程中重要的一环。测量平差的目的在于消除各影像观测值间的矛盾,以求得最可靠的参数解算结果和评定测量结果的精度。实际上任何测量,只要有多余观测,就有平差的问题,尤其是海量的影像观测数据。

由于测量仪器(如航测仪器)的精度不完善和人为因素及外界条件等的影响,测量误差总是不可避免的。为了提高成果的质量,处理好这些测量中存在的误差问题,观测值的个数往往要多于确定未知量所必须观测的个数,也就是要进行多余观测。有了多余观测,势必在观测结果之间产生矛盾,测量平差的目的就在于消除这些矛盾而求得观测量的最可靠(最优)结果并能评定测量成果的精度。

测量平差的基础就是"最小二乘法"原理。本质上相当于对测量数据中的随机误差进行有效减弱(采集数据量越大,减弱效果越好,直到几乎消除),并对测量各类观测数据中不等权的非确定性系统误差(大小水平不一致的非确定性系统误差)进行了合理的分配。

空三平差处理结果就包括了被测量对象的测量结果和表征此测量结果不确定性的标准差(中误差)。某空三解算成果质量评估如图 7-28 所示。

Quality Overview(空三质量概述)	
Dataset(参与空三的照片数量):	1164 of 1164 photos calibrated (100%)
Keypoints(照片特征点的中位数):	Median of 37998 keypoints per image
Tie points(连接点数量):	214246 points, with a median of 840 points per photo
Reprojection error (RMS)(投影误差):	0.68 pixels
Positioning / scaling(使用像控点的地理坐标):	Georeferenced using control points

图 7-28　某空三解算成果质量评估

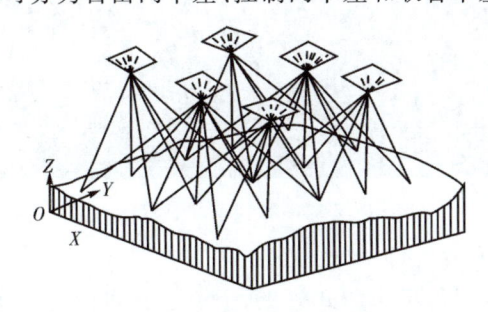

(3)光束法空中三角测量

光束法空中三角测量如图 7-29 所示。光束法空中三角测量是以一张像片组成的一束光线作为平差的基本单元,是以前述中心投影的共线方程(式(6-8))作为平差的基础方程,通过各光线束在空间的旋转和平移,模型之间的公共点的光线实现最佳交会,整个区域最佳地纳入已知的控制点坐标系统中去。以相邻像片公共交会点坐标相等,控制点的内业坐标与已知的外业坐标相等为约束条件,列出控制点和加密点的误差方程式,进行全区域的统一平差计算,求解出每张像片的外方位元素和加密点的地面坐标。

光束法平差模型又可分为自由网平差、控制网平差和联合平差。

图 7-29　光束法空中三角测量

(4) 基于 UAV 影像的光束法区域网平差

针对无人机智慧测绘，UAV 飞控系统集成了 GPS 定位、IMU 定姿等高科技技术手段，能够获得摄影曝光时刻的外方位元素。为了充分利用 POS 数据，基于光束法区域网平差所采用的数学模型，是根据有无外业控制点数据及控制点数据所占的权重进行自动选择的。UAV 空三全自动处理后界面如图 7-30 所示。

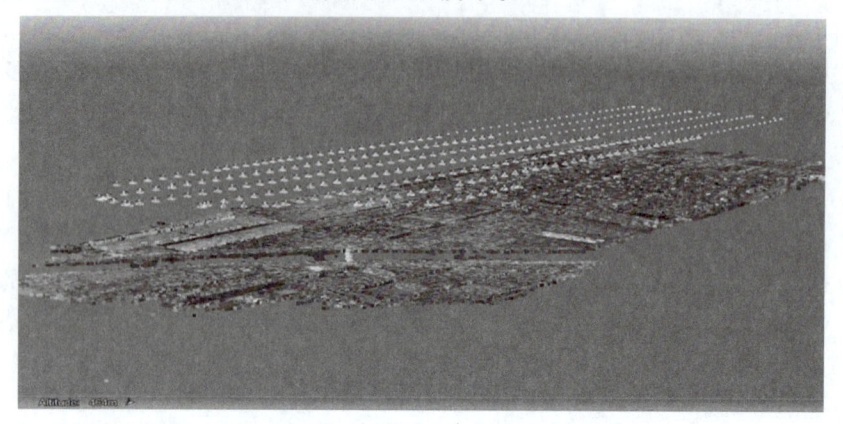

图 7-30　UAV 空三全自动处理后界面

(5) 空三全自动处理技术之后交解算

对于目前全自动处理的空三平差软件，一般是利用影像自动匹配出的航向和旁向同名像点，将全区域中各航带网纳入比例尺统一的坐标系统中，拼成一个松散的区域网。确认每张像片的外方位元素和地面点坐标的大致位置，然后再根据外业控制点，逐点建立误差方程式和改化法方程式，求解出每张像片的外方位元素和加密点的地面坐标，这个过程称为后交解算过程。

(6) 空三全自动处理技术之前交解算

求得每张像片的外方位元素后，可利用双像空间前方交会或多像空间前方交会法解求全部影像加密点的地面三维坐标，称为前支解算影像前交解算如图 7-31 所示。

多像空间前方交会是根据共线方程，由待定点在不同像片上的所有像点列出对应误差方程式进行解算的。

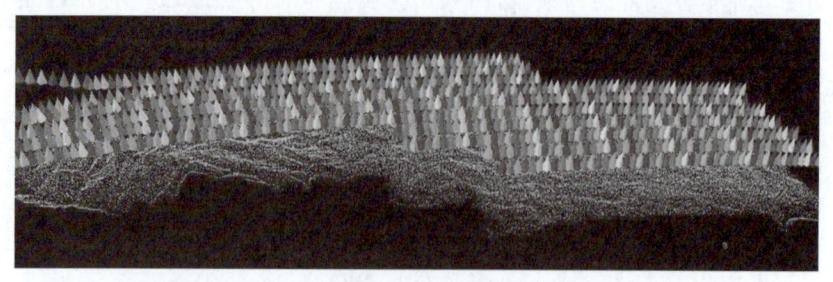

图 7-31　影像前交解算

(7) 空三自动解算技术发展

近年来影像匹配技术取得了跨越式进展，空三连接点匹配自动化程度大大提升。主要工作量体现在外业像控点获取方式的变化。随着无人机 GPS 空三发展，对外业像控点的依赖大幅度减小。如基于多源影像,联合无序影像快速检索、SFM、空三逐步精化、高精度 GNSS 辅助大规模区域网平差、逐像素密集点云匹配等关键技术,突破了多视大倾角影像匹配与全自动空三技术难点。目前空三自动智能解算的新技术出现,从理论上已突破了影像解算数量限制的约束。

5. 基于空三解算结果获取数字正射影像及数字表面模型

(1) 数字正射影像图

数字正射影像图是利用空三解算获得的数字高程模型消除地形中心投影的误差,对数字化影像逐像元进行辐射纠正、微分纠正和镶嵌等正射化过程。它同时具有地图的几何精度和影像特征,具有信息现势性和完整性,可从中提取自然和人文信息,还可用于地形图的更新。如图 7-32 所示为数字正射影像成果和局部放大细节。

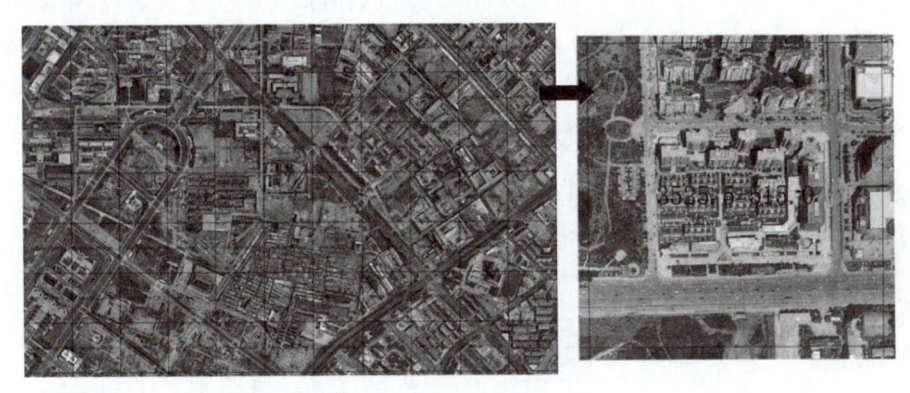

图 7-32 数字正射影像成果和局部放大细节

(2) 中心投影与正射投影区别

中心投影如图 7-33(a)所示,中心投影是指把光由一点向外散射形成的投影,是空间任意直线均通过一固定投影中心,投射到一平面上而形成的透视关系,其特点是每一物点所反射的光线都要通过镜头聚焦在感光面上,中心投影具有透视规律。

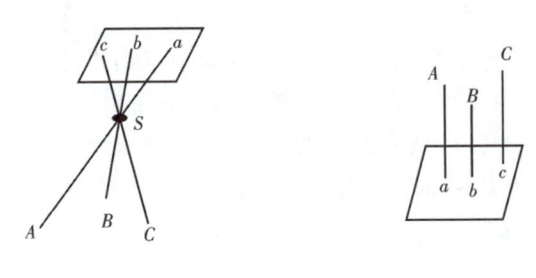

(a) 中心投影　　　　　　　(b) 正射投影

图 7-33　中心投影和正射投影特点

正射投影如图 7-33(b)所示,其显示的正射投影为投影平面切于地球面上一点,视点在无限远处,投影光线是互相平行的直线,与投影平面相垂直。

因此,两种投影产生的影像效果是不同的,正射影像与中心投影影像区别如图 7-34 所示。

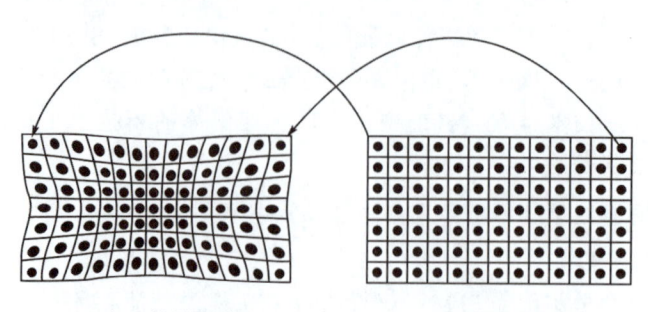

(a)中心投影影像　　　　　(b)正射影像

图 7-34　正射影像与中心投影影像区别

(3)数字真正射影像图

数字真正射影像图(True Digital Ortho Map,TDOM),又叫全正射影像,是基于数字表面模型利用数字微分纠正技术,改正原始影像的几何变形。DOM 与 TDOM 的对比如图 7-35 所示,左右两张影像反映的是普通 DOM 影像和改正后的 TDOM 影像效果。

(a)DOM　　　　　　　　　(b)TDOM

图 7-35　DOM 与 TDOM 的对比

(4)基于数字摄影测量软件的 DOM 自动制作

利用数字摄影测量系统软件,可完成从影像数据存储、空三解算、定向、影像匹配与编辑、正射影像的生成、正射影像的拼接、等高线的生成、数字地面模型的生成与拼接、数字地图的编辑等工作。

其中通过多基线立体匹配算法可以快速获取大量同名点,生成物体表面精确相对位置关系的自由网点云,其精度可达像素级。然后通过对控制点坐标多光线前方交会及区域自由网平差,自动生成物方区域所有三维坐标点,完成自由网的绝对定向,从而建立高精度的 DEM(或 DSM)模型,进而完成影像纠正,获取 DOM 影像。

6. 基于 UAV 的影像测绘作业特点

目前 UAV 低空摄影测量(图 7-36)可以提供满足 1∶1 000～1∶2 000 地形图甚至 1∶500 大比例尺地形图精度要求的成果,相对传统地形图作业模式,有如下特点:

(1)满足小区域高频率的测绘任务。可以不需机场、升降灵活,一般情况下,不必申请空域。

(2)自动化精度高。采用 UAV 无人机低空飞行地形图测绘,只要做好外业飞行之前的规划,包括飞行高度的选择、相机的选择、分辨率的设置以及地面像控点的合理布设,其中像控点的布设包括布设标志的选择、位置的选择、大小的选择、数量的选择,就可以大大提高内业的自动处理效率。

（3）按需更新区域数据，快速获取更新数据，同时，能够获取高重叠度的影像，有利于提高后续数据处理的可靠性和精度。

（4）相对传统测绘作业，平台构建、维护以及作业的成本极低。

图 7-36　UAV 低空摄影测量

7.5　基于UAV倾斜摄影与BIM建模

1. 倾斜摄影测量定义

UAV 倾斜摄影区别于传统的竖（垂）直 UAV 航空摄影方式，倾斜摄影中多镜头组合如图 7-37 所示，它采用了五个镜头同时获取下、前、后、左、右五个方向的影像数据，配合惯导系统能获取高精度的位置和姿态信息（POS 文件）。通过特定的数据处理软件进行数据处理，将所有的影像纳入统一的坐标系统中。

图 7-37　倾斜摄影中多镜头组合

倾斜摄影分类影像如图 7-38 所示，倾斜影像相机主光轴为 $PP\text{-}PP'$，α 为前视镜头与相机主光轴夹角。在有一定的倾斜角 β 时拍摄的影像即为倾斜影像。而按主光轴倾斜角 β 不同分为：

（1）垂直影像：$\beta<5°$。

(2) 轻度倾斜影像 5°＜β＜30°。

(3) 高度倾斜影像 β＞30°。

(4) 水平视角影像 β+α＞90°。

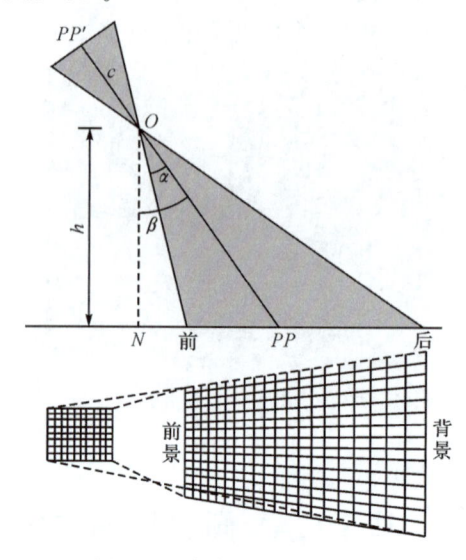

图 7-38　倾斜摄影分类影像

2. 倾斜摄影测量特点

机载的五个镜头能同步获取垂直和前视、后视、左视、右视五个方向的影像，每个镜头采用中画幅的量测型相机(4 000/6 000/8 000 万 pixel)，同时集成了 IMU/GPS 惯导系统，满足了采集数据后期建模的要求。

UAV 下视影像与倾斜影像的区别如图 7-39 所示。下视影像(图 7-39(a))可很好地观测到地面和屋顶特征，整幅影像具有固定的比例尺；而倾斜影像(图 7-39(b))则可观测到建筑物侧面纹理，但是存在更多遮挡，不同地方的比例尺也不一致。

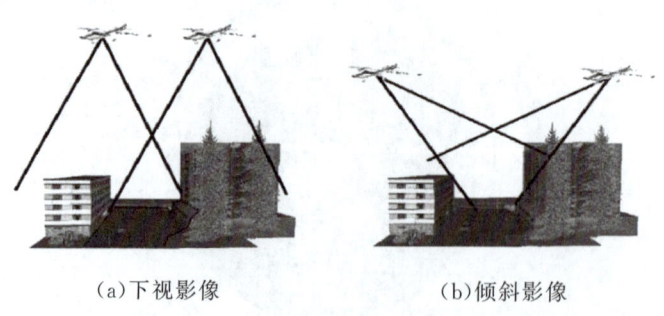

(a) 下视影像　　　　　　(b) 倾斜影像

图 7-39　UAV 下视影像与倾斜影像的区别

多镜头摄影相机的发展很好地克服了精度问题，同时实现了对地物顶部和侧立面的建模和纹理采集，使得倾斜航空摄影在大范围三维建模方面表现出了卓越的能力。倾斜摄影可以一次性获取几十平方公里的城市建筑物及地形模型，建模速度快，纹理真实性强，具有非常强的视觉冲击力。同时，倾斜航空摄影能在建模之余，获得正射影像和数字高程模型。另外，基于多视角、全立体覆盖优势，倾斜航空摄影可实现全新理念的多视立体测图与建筑信息模型(Building Information Modeling,BIM)建模。

倾斜摄影模型建模过程如图 7-40 所示,包括了航拍采集的影像。通过专用的处理软件,经过点云生成、TIN 建网、构建白模、构建三维模型等内业工作步骤,可生成最终的倾斜摄影模型。

拍摄影像 → 点云生成 → TIN 建网 → 构建白模 → 构建三维模型

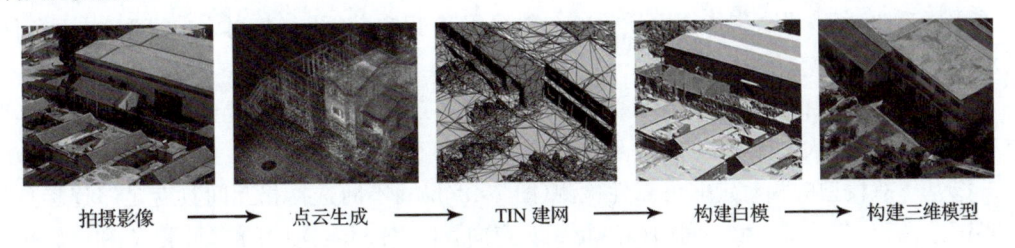

图 7-40 倾斜摄影模型建模过程

3. 倾斜影像自动空三解算

(1)解算流程

倾斜影像自动空三解算流程如图 7-41 所示,空三解算的关键步骤包括:①倾斜影像同名连接点匹配;②匹配粗差检测,构建自由网;③区域网平差。

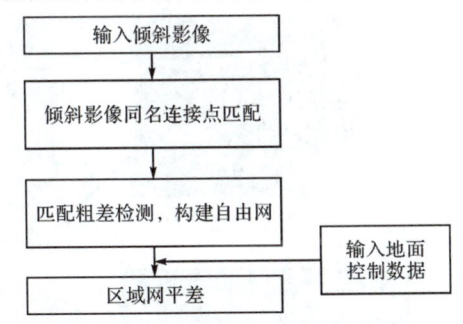

图 7-41 倾斜影像自动空三解算流程

(2)倾斜影像空三解算自由网构建

倾斜影像空三解算中,粗差的剔除和自由网的合理构建是影像空三解算成功和解算效率的重要保证,如图 7-42(a)所示为粗差剔除工作流程。

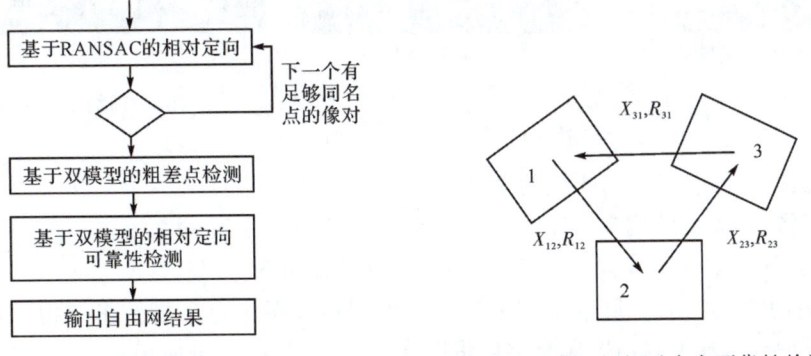

(a)粗差剔除工作流程　　(b)基于双模型的相对定向可靠性检测

图 7-42 空三解算中粗差剔除

影像粗差剔除过程说明如下:

①RANSAC:随机样本一致算法(Random Sample Consensus,RANSAC)是一种经典的数据过滤、参数拟合算法。它假设数据(内点,Inliers)分布符合一定的数学模型,通过迭代计算,去除外点(Outliers)、噪声点,同时获取概率上最佳的模型参数。利用 RANSAC 随机采样一致性,可以提高影像拼图质量。一般采用基于 5 点法进行相对定向模型(共面条件)的粗差检测。

②基于双模型的粗差点检测:对于双模型间的三度重叠点,采用空间前方交会计算像点残差,剔除残差大的粗差点。

③基于双模型的相对定向可靠性检测(图 7-42(b)):不断选择相互间具有足够连接点的三张影像,依次在 1、2、3 影像间两两进行相对定向,计算相对定向中的线元素 X 和旋转矩阵 R。如果相对定向正确,三个线元素向量应该共面,而三个旋转矩阵依次相乘应为单位阵。

(3)倾斜影像纠正

倾斜摄影也可以获得正射影像,但是倾角过大时,倾斜影像纠正需要更高的像片重叠度,投影差也会更大,精度会下降,采集成本也会增加。如图 7-43 所示为倾斜影像纠正前后效果。

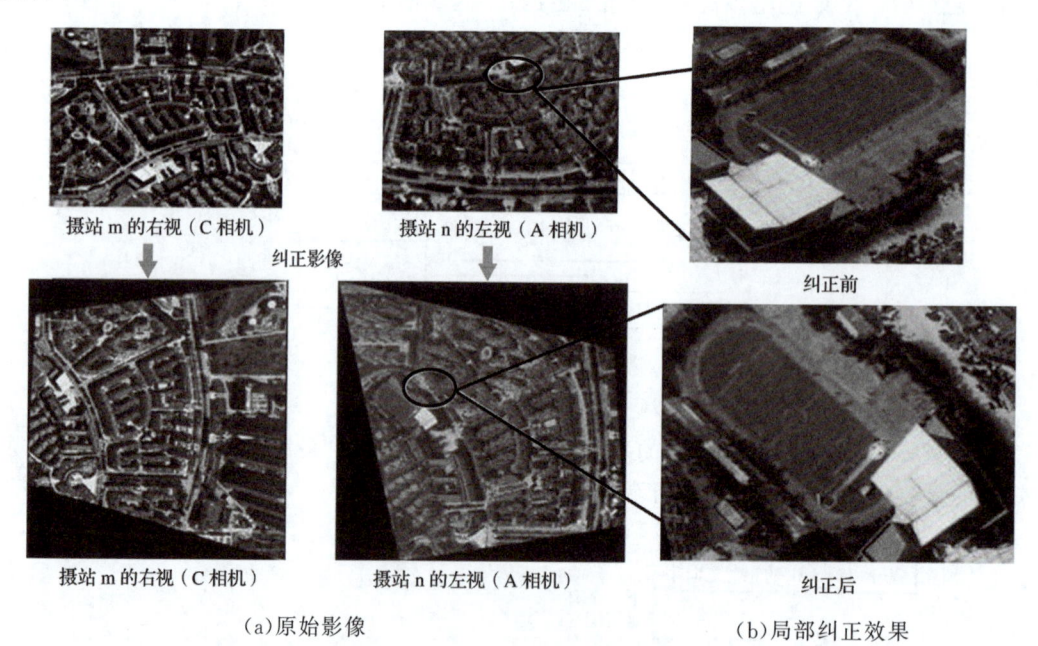

摄站 m 的右视(C 相机) 摄站 n 的左视(A 相机)
纠正影像
纠正前

摄站 m 的右视(C 相机) 摄站 n 的左视(A 相机)
纠正后

(a)原始影像 (b)局部纠正效果

图 7-43 倾斜影像纠正前后效果

(4)倾斜影像同名点自动匹配的 SIFT 算子

倾斜影像一般可采用基于尺度不变特征变换(Scale-invariant feature transform,SIFT)特征点匹配实现影像同名点连接,主要计算过程如下:

①构建尺度空间:构建尺度空间采用高斯卷积核和图像金字塔技术。构建尺度空间如图 7-44(a)所示,首先利用图像金字塔将图像先分组,每组中再使用不同尺度的高斯核,形成一系列的层。这种方式比单纯地使用更多尺度的高斯核效果更好,可以检测到更多的特征点。

②检测尺度空间极值点:检测尺度空间极值点是在高斯差分(Difference of Gaussian, DOG)尺度空间本层以及上下两层的 26 个邻域中找到最大或最小值,并去除低对比度的关键点和不稳定的边缘响应点。

③计算关键点的主方向:计算关键点的主方向如图 7-44(b)所示,以检测到的关键点为中心,选取周围 16×16 的区域,将区域再组织为 4 个 4×4 的块(Patch)。对每一个块,使用 8-bins 的直方图对梯度进行统计,梯度方向决定落入哪个 bin,而梯度的模则决定值的大小。为了保证尺度一致性,梯度大小需要进行归一化。为了保证旋转不变性,会根据 16×16 的区域内的所有梯度计算出一个主方向,所有梯度按照主方向进行旋转。

④生成 128 维的关键点描述子集:4×4×8 的 128 维向量。

⑤SIFT 匹配:计算待匹配的两特征点间的欧式距离作为匹配测度。

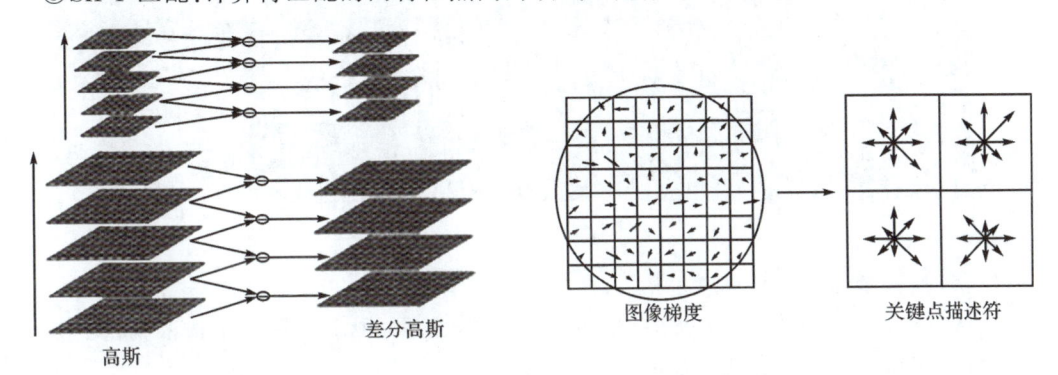

(a)构建尺度空间　　　　　　　　　　(b)计算关键点的主方向

图 7-44　倾斜影像连接点所用自动匹配算子

(5)空三倾斜影像匹配

如图 7-45 所示为基于五镜头的倾斜影像的匹配效果,实现了倾斜影像组五个图像(A 相机~E 相机)同名点的正确匹配。

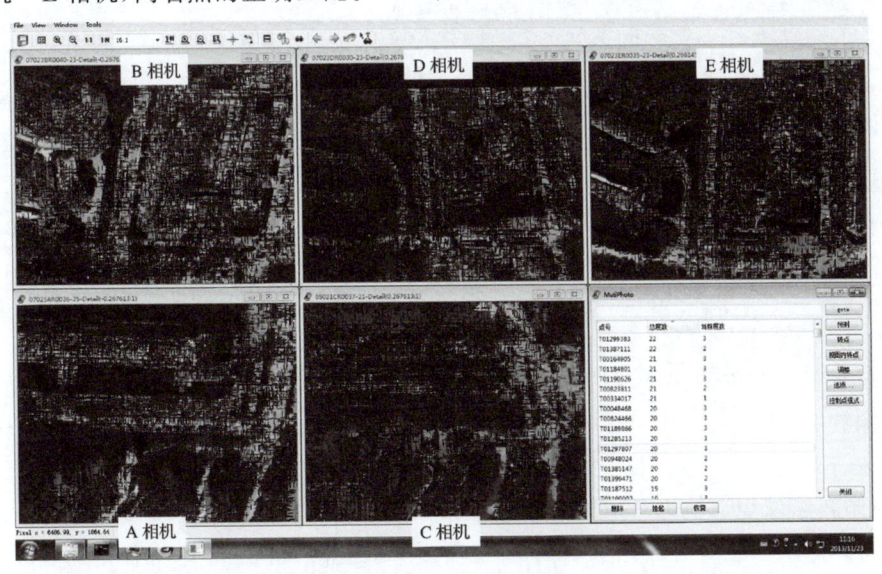

图 7-45　基于五镜头的倾斜影像的匹配效果(图中"＋"为匹配出的同名点)

影像同名点识别过程如图 7-46 所示。

图 7-46　影像同名点识别

(6)倾斜影像空三解算成果精度评估指标

影像精度评估如图 7-47 所示,在导入的影像(73 张,图 7-47(a))中选取获得的某同名连接点,获得的像点解算残差如图 7-47(b)所示。

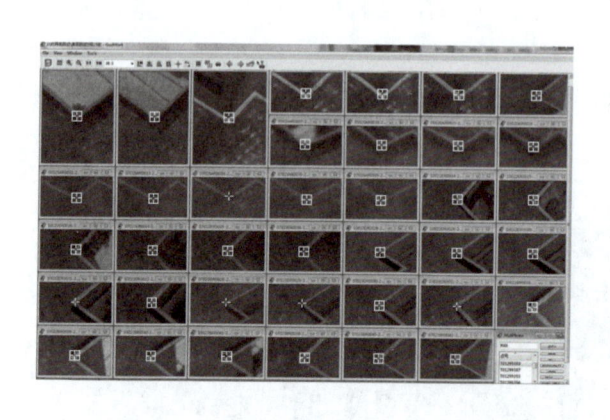

点号	像片号	Vx	Vy	V(xy)	重叠度
T01299383	07023BR0041	3.3	1.6	3.7	22
T01299383	07023BR0040	1.7		1.7	22
T01299383	07023BR0039	1.2	-3.7	4.0	22
T01299383	10022BR0041	-6.6	0.4	6.6	22
T01299383	10022BR0040	-4.5	-2.3	5.1	22
T01299383	10022BR0039	-0.4	3.4	3.4	22
T01299383	10022BR0038	0.1	0.3	0.4	22
T01299383	07023DR0031	-0.7	-0.8	1.1	22
T01299383	07023DR0030	1.6	0.7	1.8	22
T01299383	07023DR0029	0.9	0.5	1.0	22
T01299383	07023DR0028	2.3	-1.6	2.8	22
T01299383	10022DR0032	-5.0	-0.4	5.0	22
T01299383	10022DR0031	-1.1	2.0	2.3	22
T01299383	10022DR0030	-2.2	-2.8	3.5	22
T01299383	10022DR0029	0.2	0.4	0.4	22
T01299383	10022DR0028	5.0	-1.1	5.1	22
T01299383	07023ER0036	-4.0	-0.6	4.0	22
T01299383	07023ER0035	2.1	1.1	2.4	22
T01299383	07023ER0034	-3.5	-0.4	3.5	22
T01299383	10022ER0036	-0.3	0.4	0.5	22
T01299383	10022ER0035	3.0	-1.4	3.3	22
T01299383	10022ER0034	-0.4	-0.5	0.7	22

(a)导入的影像　　　　　　　　　　(b)像点解算残差

图 7-47　影像精度评估

空三平差后获取的精度评估主要指标有：

影像数 73 张、连接点总数 983 684 个、单位权中误差 0.55 px、平均残差 0.23 px、最大残差 1.33 px。

(7)倾斜影像空三解算获取建筑立面点云效果

倾斜影像获取建筑立面点云如图 7-48 所示,通过空三平差解算所获得的建筑物点云效果如图 7-48(b)所示。

(a)空三示意图   (b)建筑物点云效果

图 7-48　倾斜影像获取建筑立面点云

(8)倾斜摄影测量数据与第三方辅助数据融合

倾斜摄影测量数据可以与第三方多种格式数据(道路、地形、BIM 模型)融合用于设计和仿真等工作。倾斜摄影测量数据与第三方辅助数据融合如图 7-49 所示。

倾斜摄影+道路融合　　倾斜摄影+地形融合　　倾斜摄影+BIM 模型融合

图 7-49　倾斜摄影测量数据与第三方辅助数据融合

倾斜摄影测量数据还可以与其他测量设备采集的点云空间数据(如 LiDAR 点云)联合进行空三解算,形成高精度、更可靠的空间点云模型。参与空三计算的 LiDAR 点云如图 7-50 所示。

图 7-50　参与空三计算的 LiDAR 点云

4. 提升倾斜摄影测量精度的措施

对于倾斜摄影模型来讲,为了测量精度的提升,除了做好像控点质量,针对不同测区的特点,优化前端数据采集设备也是一个可取的方法。优化前端数据采集设备的方法包括:(1)采用焦距配比更合理的相机;(2)优化相机光学组件性能、减少航片中的原始像差、提升获取航片的质量;(3)提高相机的拍照同步性能;(4)使用辅助软件处理获取的航片,减少空三运算过程中的累计误差;(5)使用综合性能(定位仪器精度、飞行姿态的稳定性等)更好的无人机等。

5. UAV 倾斜摄影测量与建筑信息模型建设

基于 UAV 的倾斜摄影技术为建筑模型建立提供了现实世界的真实环境,可还原各种基础设施工程规划、施工和运营中的宏观场景。

倾斜摄影数据获取手段的更新,引发了一场针对建模技术包括建筑信息模型的革命。倾斜摄影数据自始至终贯穿于建筑信息模型建设的全过程,并为建设过程的各个阶段提供了更精细化的数据支撑,实现了微观上的信息化、智能化。

7.6 UAV影像测量软件介绍

1. UAV 摄影测量软件模块组成及产品

UAV 摄影测量软件解算核心模块一般包括六部分,如图 7-51 所示。

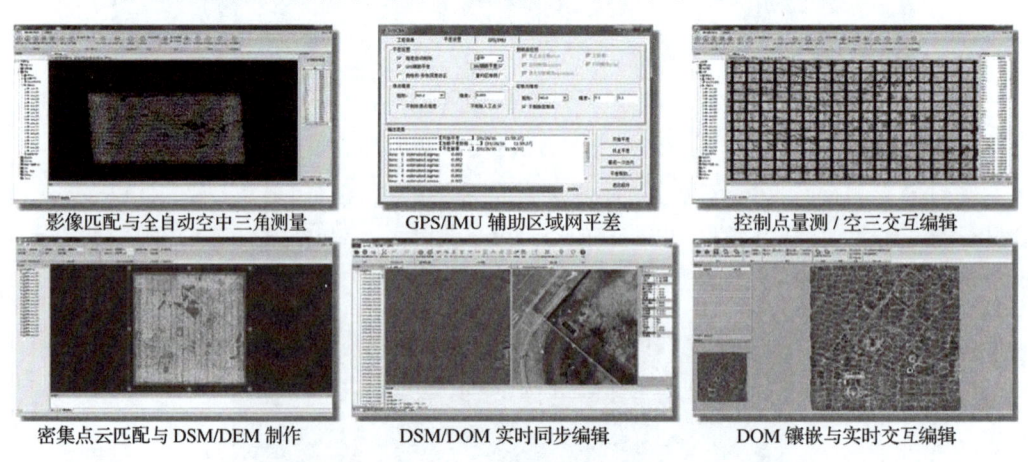

影像匹配与全自动空中三角测量　　GPS/IMU 辅助区域网平差　　控制点量测/空三交互编辑

密集点云匹配与 DSM/DEM 制作　　DSM/DOM 实时同步编辑　　DOM 镶嵌与实时交互编辑

图 7-51　UAV 影像解算软件核心模块

而 UAV 摄影测量建模软件也数量众多,并各有其特点。如面向无人机数据处理的国外主流产品有 Smart3D(Smart3DCapture)、PIX4D(PIX4D mapper)、PhotoScan(Agisoft)、Photomesh(Skyline)等,而国内主流产品有吉威(DPS)、航天远景(SmartMatrix)、PixelGrid 等。

2. Smart3D(Context Capture 简称 CC)特点

基于高性能摄影测量、计算机视觉与计算几何算法的 Smart3DCapture,在实用性、稳定性、计算性能、互操作性方面表现突出。Smart3DCapture 可以通过简单的照片生成具有高分辨率的实景三维模型(图 7-52)。Smart3DCapture 近乎没有任何照片拍摄要求的限制,并且数据处理的过程也具有高伸缩性和高效率,整个处理过程不需要人工干预,通常可以在数分钟至数小时的时间内完成数据处理。

图 7-52　实景三维模型

3. PIX4Dmapper 特点

专业化、简单化：PIX4D mapper 让摄影测量进入全新的时代，整个过程完全自动化，并且精度高，真正使无人机变为新一代专业测量工具。只需要简单的操作，不需专业知识，飞控手就能够处理和查看结果，并把结果发送给最终用户。

空三、精度报告：PIX4D mapper 通过软件自动空三计算原始影像外方位元素。利用 PIX4UAV 技术和区域网平差技术，自动校准影像。软件自动生成精度报告，可以快速和正确地评估结果的质量。软件提供了详细的、定量化的自动空三、区域网平差和地面控制点的精度。

全自动、一键化：PIX4D mapper 无须 IMU，只需影像的 GPS 位置信息，即可全自动一键操作，不需要人为交互处理无人机数据。原生 64 位软件，能大大提高处理速度。软件自动生成正射影像并自动镶嵌及匀色，将所有数据拼接为一个大影像。影像成果可用 GIS 和 RS 软件进行显示。PIX4Dmapper 空三质量报告如图 7-53 所示。

图 7-53　PIX4Dmapper 空三质量报告

云数据、多相机：PIX4D mapper 利用自己独特的模型，可以同时处理多达 10 000 张影像，可以处理多个不同相机拍摄的影像，还可将多个数据合并成一个工程进行处理。

4. PhotoScan（Agisoft）特点

PhotoScan 无须设置初始值，无须相机检校，它根据最新的多视图三维重建技术，可对任意照片进行处理，无须控制点，而通过控制点则可以生成真实坐标的三维模型。照片的拍摄位置是任意的，无论是航摄照片还是高分辨率数码相机拍摄的影像都可以使用。整个工作流程无论是影像定向还是三维模型重建过程都是完全自动化的。

PhotoScan 可生成高分辨率真正射影像（使用控制点时可达 5 cm 精度）及带精细色彩纹理的 DEM 模型，如图 7-54 所示为 PhotoScan 点云生成过程。完全自动化的工作流程，使非专业人员也可以在一台电脑上处理成百上千张航空影像，生成专业级别的摄影测量数据。

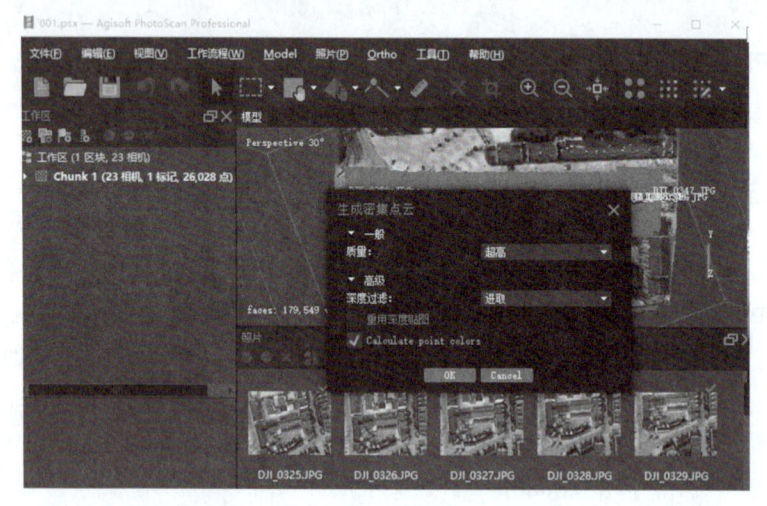

图 7-54　PhotoScan 点云生成过程

5. 吉威（DPS）特点

DPS 是北京吉威时代软件技术有限公司开发的，DPS 数字摄影测量处理平台如图 7-55 所示，其特点一是支持包括框幅式影像、线阵航空数码影像、面阵航空数码影像、卫星影像等多种数据源的立体模型恢复；特点二是立体采编，包括立体采编模块，主要完成立体采集、二/三维编辑、二/三维质检、三维接边等工作；特点三是面向地形的数字产品制作，包括 DEM/DSM 自动提取、DEM 编辑、DEM 镶嵌、DEM 质检、等高线提取专业工具。

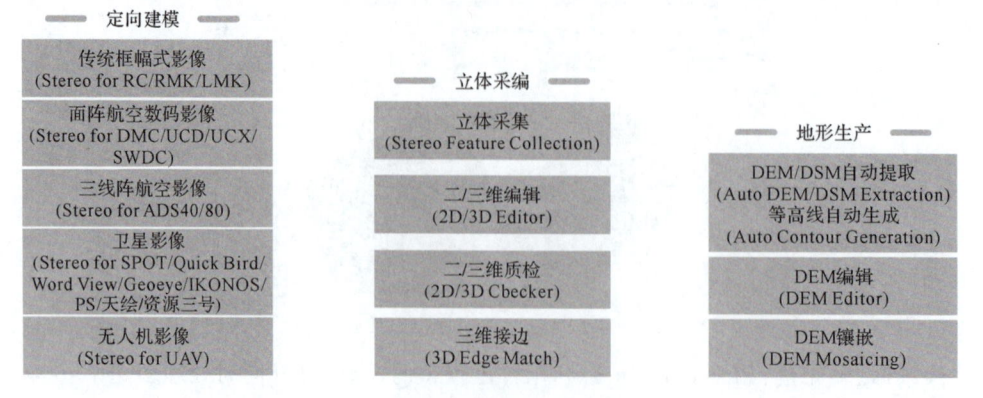

图 7-55　DPS 数字摄影测量处理平台

6. 航天远景

武汉航天远景科技股份有限公司系列产品被广泛应用于各领域，其中 SmartMatrix 是航天远景专为三维场景地理要素识别、提取和分类打造的一款基于 UAV 影像的三维智能测图系统软件。SmartMatrix 智能测图流程如图 7-56 所示。

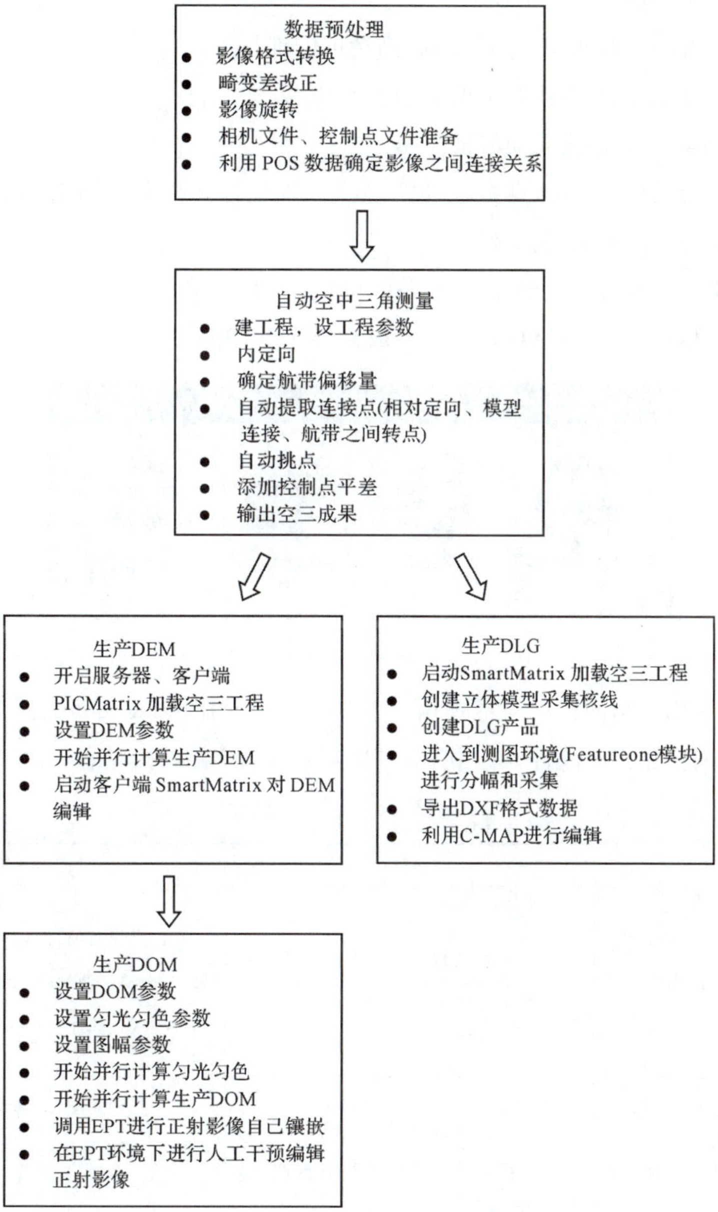

```
┌─────────────────────────────┐
│         数据预处理            │
│  ● 影像格式转换               │
│  ● 畸变差改正                 │
│  ● 影像旋转                   │
│  ● 相机文件、控制点文件准备    │
│  ● 利用 POS 数据确定影像之间连接关系│
└─────────────────────────────┘
              ⇩
┌─────────────────────────────┐
│       自动空中三角测量        │
│  ● 建工程，设工程参数          │
│  ● 内定向                     │
│  ● 确定航带偏移量              │
│  ● 自动提取连接点(相对定向、模型│
│    连接、航带之间转点)         │
│  ● 自动挑点                   │
│  ● 添加控制点平差              │
│  ● 输出空三成果                │
└─────────────────────────────┘
         ⇙           ⇘
┌──────────────────┐  ┌──────────────────────────┐
│    生产 DEM       │  │         生产 DLG          │
│ ● 开启服务器、客户端│  │ ● 启动 SmartMatrix 加载空三工程│
│ ● PICMatrix 加载空三工程│ ● 创建立体模型采集核线   │
│ ● 设置 DEM 参数    │  │ ● 创建 DLG 产品            │
│ ● 开始并行计算生产 DEM│ ● 进入到测图环境(Featureone 模块)│
│ ● 启动客户端 SmartMatrix 对 DEM│  进行分幅和采集│
│   编辑            │  │ ● 导出 DXF 格式数据        │
│                  │  │ ● 利用 C-MAP 进行编辑      │
└──────────────────┘  └──────────────────────────┘
         ⇩
┌──────────────────────────────┐
│          生产 DOM              │
│ ● 设置 DOM 参数                │
│ ● 设置匀光匀色参数              │
│ ● 设置图幅参数                  │
│ ● 开始并行计算匀光匀色           │
│ ● 开始并行计算生产 DOM          │
│ ● 调用 EPT 进行正射影像自己镶嵌 │
│ ● 在 EPT 环境下进行人工干预编辑 │
│   正射影像                     │
└──────────────────────────────┘
```

图 7-56 SmartMatrix 智能测图流程

7. PixelGrid

航天宏图是国内卫星运营与应用服务提供商,具备卫星应用全产业链服务能力。其开发的影像处理软件 PixelGrid(图 7-57)具有如下特点:

(1)自动高效的航空影像区域网平差。

(2)航空影像快速空三加密技术。

(3)基于已有 DEM 和 DOM 的自动、高精度配准技术。

(4)基于多基线、多重匹配特征的自动匹配技术。

(5)DEM/DOM 网络化联动编辑。

(6)基于 POS 数据进行航空影像(包括无人机航空遥感影像)的快速拼接处理,可在获取影像后 10 分钟内得到测区拼接影像。

(7)基于集群计算机系统的并行分布式计算。

(8)灵活的集成接口,支持区域网平差成果导入、导出。

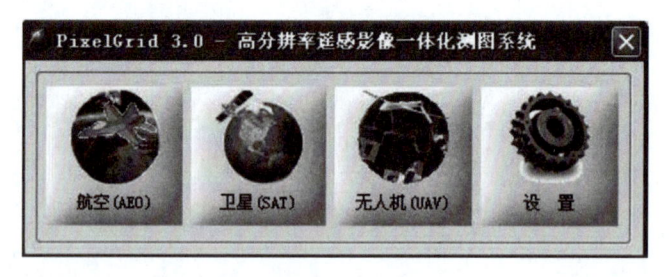

图 7-57 PixelGrid

近年航天宏图推出的遥感与地理信息一体化软件 PIE(Pixel Information Expert)包括系列智能空间数据采集软件。其中 PIE-UAV 6.3 的产品特点见表 7-3。

表 7-3　　　　　　　　　　　PIE-UAV 6.3 的产品特点

处理对象	产品特色	主要功能
无人机数据 DOM 流程化生产	对无人机数据进行快速拼接,可选择自动处理和分步处理	1.影像匹配;2.影像对齐;3.相机优化;4.DSM/DEM;5.镶嵌线;6.正射校正;7.影像匀色;8.影像镶嵌;9.生成报告
带外业控制点无人机数据处理	对无人机数据进行快速拼接,根据外业控制点进行影像控制点调整,提高影像精度	1.影像匹配;3.影像对齐;3.控制点编辑;4.相机优化;5.DSM/DEM;6.镶嵌线;7.正射校正;8.影像匀色;9.影像镶嵌;10.生成报告

7.7 UAV影像行业应用

1. 3D影像模型建设工程应用

基于UAV采集的数据所获取的三维实景模型具有高精度、高分辨率、高清晰度的特点。成果可应用于测绘测量、地理信息系统、教学展示、城市规划、建筑建设、游戏制作、智慧城市、智慧景区、古文物数字化存档保护等多领域，尤其是建设工程领域。基于三维模型的空间分析（SuperMap平台）如图7-58所示。

通视分析　　动态可视域分析　　天际线分析

地形等值线图　　地形坡度、坡向图　　阴影率分析

图7-58　基于三维模型的空间分析（SuperMap平台）

利用三维模型，可以从传统的基于CAD的二维设计模式转化为基于3D影像的空间设计模式，3D影像的道路设计如图7-59所示。

另外，基于UAV的机载视频设备，还可以对研究对象进行特征提取，基于UAV视频数据的道路特征提取如图7-60所示。

图7-59　3D影像的道路设计 　　　　图7-60　基于UAV视频数据的道路特征提取

2. 倾斜摄影测量与数字孪生城市

倾斜摄影在数字孪生城市的应用场景很多，核心优势是快速建模与贴近真实影像，如智慧工地（监控进度，通过倾斜摄影快速建模，对比实际建造与设计方案的进展与差异等）、测绘应用（拆迁赔偿估计）。倾斜摄影测量建模如图7-61所示。

图 7-61　倾斜摄影测量建模

目前倾斜摄影虽然在模型语义化分割、模型精度等方面还不太完美，但是在贴近真实世界、过程自动化、降低实施成本、提升整体技术链成熟度等方面，已经是最理想的低成本、大规模的数字孪生城市三维重建的优选。

3. UAV 影像在其他行业应用

（1）UAV 影像应用于林业管理

利用无人机多光谱影像，实施大范围林业病虫害监测，如对松材线虫疫情灾害的监测。枯死树及受灾树在无人机遥感影像的光谱如图 7-62 所示。

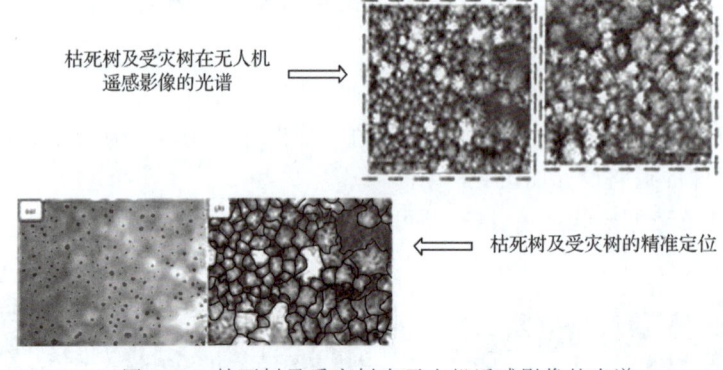

图 7-62　枯死树及受灾树在无人机遥感影像的光谱

（2）UAV 影像核电站环评

UAV 影像核电站环评是利用无人机，加载热成像传感器，获取核电站排水口外大范围区域的热成像影像图，对海水温度分布、水温散布趋势进行数据采集、分析、评估。图 7-63 所示为基于 UAV 获取的某核电站附近水域的热成像影像图。

（3）UAV 用于大气环境监测

激光雷达遥测环境污染物质是利用测定激光与监测对象作用后发生散射、发射、吸收等现象来实现的。因此，将激光雷达装置置于无人机上，靠近由烟囱口冒出的烟气，对发射后经米氏散射折返并聚焦到光电倍增管窗口的激光作强度检测，就可对烟气中的烟尘量做出实时性遥测。

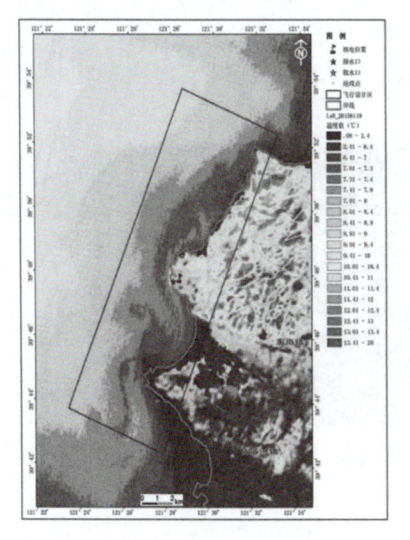

图 7-63　UAV 获取的某核电站附近水域的热成像影像图

基于无人机机载气溶胶激光雷达,运用激光散射理论,对大气污染进行现场数据采集的 UAV 大气环境要素采集如图 7-64 所示。

(a)机载气溶胶检测激光雷达　　　　　(b)UAV 污染数据采集

图 7-64　UAV 大气环境要素采集

(4)基于 UAV 的动态影像违法取证

UAV 动态影像违法取证如图 7-65 所示。利用无人机影像,获取诸如秸秆焚烧取证、车辆违法取证等的调查资料。

(a)车辆违法取证　　　　　(b)秸秆焚烧取证

图 7-65　UAV 动态影像违法取证

(5)UAV影像古建筑建模

无人机影像环绕古建筑进行无死角实景拍摄,得到的影像数据是建筑物三维建模和改造的重要依据,UAV古建筑测绘建模如图7-66所示。

(a)古建筑影像建模　　　　　　　　(b)UAV古建筑测绘

图7-66　UAV古建筑测绘建模

(6)无人机影像灾害现场评估

发生了自然灾害,需要最快速度获取现场第一手资料以评估受灾程度和制订救援方案。基于无人机影像的灾害现场评估就是手段之一。UAV灾害现场评估如图7-67所示。

(a)地震现场　　　　　　　　(b)震后UAV影像图

图7-67　UAV灾害现场评估

(7)UAV农业精细管理

智能农业应用中的无人飞行器和其他机器人提供了按植物监测农田的可能性,从而减小必须使用的除草剂和杀虫剂的量。UAV用于农业精细管理的情景如图7-68所示。

(a)UAV农田管理　　　　　　　　(b)UAV农作物喷药

图7-68　UAV用于农业精细管理的情景

"双碳",即碳达峰与碳中和的简称,在努力实现"双碳"目标的过程中,基于UAV的遥

第7章 基于UAV影像的测绘技术

感技术实现了农业精细管理中双碳指标的评估和监控,遥感技术与双碳指标监控如图 7-69 所示。

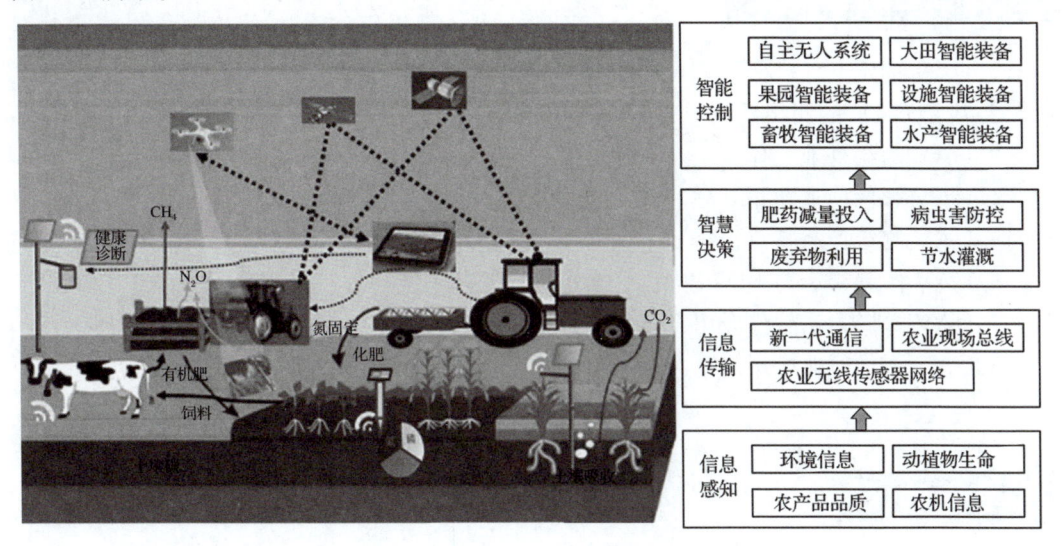

图 7-69 遥感技术与双碳指标监控

(8)UAV 及智能应急感知

面向应急测绘感知,结合人工智能领域,需要融合实时 UAV 摄影测量、计算机视觉、深度学习等技术,改进离线作业模式为基于高清视频和高分辨率影像的实时(准实时)在线高精度处理与智能感知方法,实现复杂场景的高效几何重建与动态监测。

如图 7-70 所示为基于 UAV 的动态监测与智能感知,而图 7-71 所示为基于 UAV 的战场引导智能感知。

图 7-70 基于 UAV 的动态监测与智能感知

图 7-71 基于 UAV 的战场引导智能感知

本章知识点概述

1. UAV 的定义。
2. 基于 UAV 的测绘系统构成。
3. UAV 测绘外业工作。
4. UAV 影像内业数据处理。
5. UAV 测绘产品特点。
6. UAV 倾斜摄影与 BIM 建模。
7. UAV 摄影测量软件介绍。
8. UAV 影像行业应用。

思考题

1. 什么是 UAV？从技术角度 UAV 可以分哪几类？
2. 无人机测绘系统包括哪几个系统？
3. 分析 UAV 机载测量采集设备及用途。
4. UAV 航拍时需要注意哪些事项？
5. 简述基于 UAV 的像控点选取原则和布设方案。
6. 什么是航测空中三角测量加密？空中三角测量加密目的是什么？
7. 简述测量数据平差概念。测量数据平差在影像解算中的作用是什么？
8. 基于 UAV 的影像测绘有哪些优势？
9. 什么是倾斜摄影测量？其与 BIM 建模有何联系？
10. 如何提升倾斜摄影测量精度？
11. 简述 UAV 影像在行业应用中的一个实例。

第 8 章

DEM 模型建立与地形可视化

8.1 DEM 特性及分类

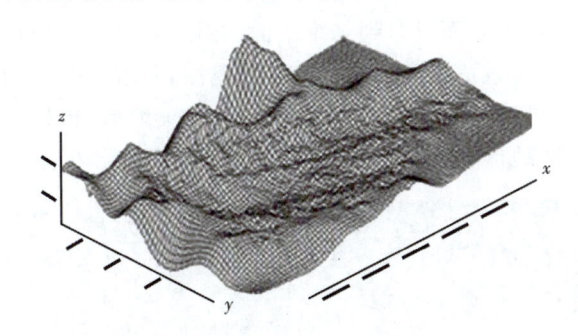

1. 数字高程模型(DEM)

数字高程模型(Digital Elevation Model,DEM),通过有限的地形高程数据实现对地面地形的数字化模拟(地形表面形态的数字化表达),如图 8-1 所示。DEM 是用一组有序数值阵列的形式表示地面高程的一种实体地面模型,即利用一系列地面点位的三维坐标 (x,y,z) 或 (x,y,h) 描述地面形态的三维数字模型。

图 8-1 数字高程模型 DEM

基于 DEM 可以派生出等高线、坡度图等信息,还可与其他专题信息数据叠加,用于与地形相关的分析应用,同时它还是生产数字正射影像图的基础数据。

DEM 描述地形兼有抽象性和逼真性的特点。它可以利用多种形式表达,如数字高程阵列标记、遥感影像融合、等高线与晕渲地形、可视化场景等方式。DEM 场景表达关系如图 8-2 所示。

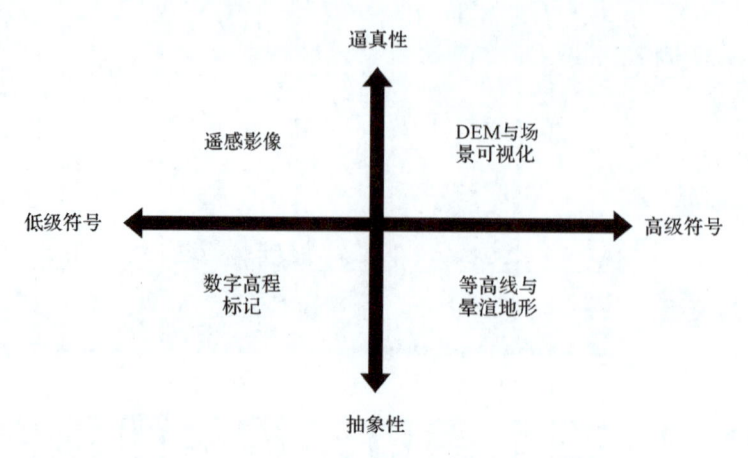

```
                    逼真性
                     ↑
         遥感影像    |    DEM与场
                    |    景可视化
                    |
低级符号 ←——————————+——————————→ 高级符号
                    |
         数字高程    |    等高线与
         标记        |    晕渲地形
                    |
                     ↓
                    抽象性
```

图 8-2　DEM 场景表达关系

DEM 包括了由规则格网、等高线、三角网等所有描述地面高程的数字模型。

DEM 模型可用于绘制等高线、坡度图、坡向图、立体透视图、立体景观图，并辅助于制作正射影像（DOM）、立体地形模型与地图修测。

广义地说，作为地理空间中地理对象表面海拔高度的数字化表达概念，DEM 模型所描述的对象已不再限定于地表面实体，而是具有更大的包容性，如海底 DEM、下伏岩层 DEM、大气等压面 DEM 等。

2. DEM 与地形可视化关系

（1）地形可视化表达的维数划分

地形可视化从维度上来讲，可分为三类，即一维可视化、二维可视化和三维可视化。

一维可视化一般是指地形断面（纵断面、横断面），即通过图示的方式反映地形在给定方向上的起伏状况。

二维可视化将三维地形表面投影到二维平面，并用约定的符号进行表达，根据所采用的方式，二维可视化又有写景法、等高线法、分层设色法、明暗等高线、半色调符号表达等。

三维可视化视图通过计算机模拟的手段来恢复真实地形，包括线框透视、地貌晕渲、地形逼真显示、多分辨率地形模型等，地形与 DEM 三维可视化表达如图 8-3 所示。

图 8-3　地形与 DEM 三维可视化表达

(2) 地形可视化重要指标

坡度和坡向是地形特征的重要指标。DEM 可视化指标如图 8-4 所示，DEM 数据隐含了坡度和坡向信息，能够反映一定分辨率的局部地形特征，通过其可提取各种类型的地表形态信息。另外，山脊线（山谷线）、等值线、晕渲层等也是反映地形的重要指标。

图 8-4　DEM 可视化指标

传统的地学图形分析中，三维地形立体图通常是用一组经投影变换的剖面线或网线构造的，其图形简单，内容单一，缺乏实体感，实用价值受到限制。而三维地形模型的动态显示是区域地形等多种要素三维景观的综合体现，具有信息丰富、层次分明、真实感强的特点。

三维地形模型的动态显示通过获取地形等高线及地表属性多边形等信息，采用适当的内插拟合方法，生成真实描述实际地表特征的数字高程模型 DEM，并用栅格化技术建立相应的描述区域地表类型的属性栅格，经透视投影变换和属性叠加后，采用恰当的消隐处理和光照模型进行显示，再现区域的三维地形形态，取得真实、鲜明、直观的图像效果。

3. DEM 与地形渲染

晕渲图是 DEM 地表形态表达的一种形式，基于 DEM 的地形渲染如图 8-5 所示，它通过设置光源的高度角和方位角，以更形象或者更符合人类视觉的方式，展示一个地区的地形。晕渲图使用阴影与颜色渐变来展现全球地表的起伏变化，同时叠加了植被、水系、行政要素以及主要道路等，方便相关用户直接使用此图作为底图来展示特定的专题要素。

图 8-5　基于 DEM 的地形渲染

地貌晕渲主要利用色调的明暗变化和人的视觉心理来得到地貌立体感,利用交互环境,对制图范围内局部区域使用的光源进行调整,以改善其晕渲效果。采用统计功能来确定计算出光源的方向,重新计算出灰度值。结合分层设色的概念和地貌类型特点,设计符合要求的色彩表,绘制彩色立体晕渲图。为了在计算机中自动生成晕渲,首先要进行地形建模。地形模型由描述地形起伏变化的 DEM 构建,同时晕渲还受光源位置的影响。

地貌晕渲采用的光源通常有 3 种:直照光源、斜照光源和综合照光源。直照光源有助于表现地表的细部特征,斜照光源利于表示地表的起伏,而综合光照融合了直照和斜照的特点,表现地表的特征就优于单纯光源。

数字高程模型是三维的,是裸眼能够看到的三维地表起伏变化。然而在二维视角下,借助地形晕渲图,也能够更加快速、准确地分辨出平原、丘陵、山地、盆地等地形地貌。

4. 制作 DEM 模型的数据格式

利用三维数据制作 DEM 时,可以采用线状格网的形式,也可以是面状的形式。线状格网可以是以各个数据点为顶点的三维三角形网格形式,也可以是将数据内插后形成的三维规则网格形式,然后将格网利用面填充和平滑后便形成面状数字高程模型。采用光照后,其立体感会更强。

(1)规则格网型 DEM

规则网格,通常是正方形,也可以是矩形、三角形等规则网格。规则网格将区域空间切分为规则的格网单元,每个格网单元对应一个数值,这个数值就是高程,规则格网采集图如图 8-6(a)所示。数学上可以表示为一个矩阵,在计算机实现中则是一个二维数组。规则格网的高程矩阵,可以很容易地用计算机进行处理,特别是栅格数据结构的地理信息系统。它还可以很容易地计算等高线、坡度坡向、山坡阴影和自动提取流域地形,获取三维地貌透视图,使得它成为 DEM 模型最广泛使用的格式,基于规则格网生成三维地貌如图 8-6(b)所示。目前许多国家提供的 DEM 数据都是以规则格网的数据矩阵形式提供的。最常见的规则格网的存在形式就是数字图像。

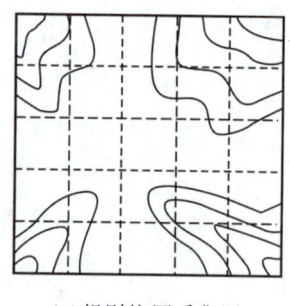

(a)规则格网采集图　　　　(b)基于规则格网生成三维地貌

图 8-6　格网 DEM 模型制作

尽管规则格网 DEM 在计算和应用方面有许多优点,但也存在许多难以克服的缺陷:①在地形平坦的地方,存在大量的数据冗余;②在不改变格网大小的情况下,难以表达复杂地形的突变现象;③在某些计算,如通视问题中过分强调网格的轴方向。

(2)随机型 DEM

随机型 DEM 是基于不规则三角网(Triangulate Irregular Network,TIN)(图 8-7(a),后面介绍)表示数字高程三维模型的方法。不规则三角网生成三维地貌如图 8-7(b)所示。相比规则格网方法,本方法优点是减少了规则格网方法带来的数据冗余,同时数据点分布易于地形的匹配。缺点是不利于数据点自动采集,数据管理复杂。

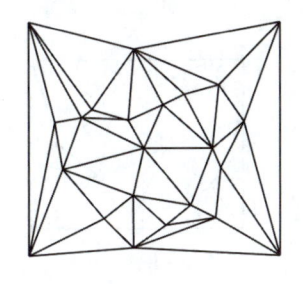

(a)不规则三角网　　　　　　　　(b)不规则三角网生成三维地貌

图 8-7　随机型 DEM 制作

随机 DEM 的数据存储方式比格网 DEM 复杂。常见的有 ArcGIS 中的 TIN 数据模型。

根据区域有限的点集,将区域划分为相连的三角面网络,使区域中任意点落在三角面的顶点、边上或三角形内。在计算(如坡度)效率方面优于纯粹基于等高线的方法。如果点不在顶点上,该点的高程值通常通过线性插值的方法得到(在边上用边的两个顶点的高程,在三角形内则用三个顶点的高程)。所以 TIN 是一个三维空间的分段线性模型,在整个区域内连续但不可微。

(3)等高线型 DEM

等高线型 DEM 是用等高线(Contour)模型表示高程,高程值的集合是已知的,每一条等高线对应一个已知的高程值,这样一系列等高线集合和它们的高程值一起就构成了一种地面高程模型。

最常见的等高线模型的存在形式是矢量数据,高程值存放在矢量属性表中。它可以利用地形图矢量化采集等高线高程(图 8-8(a)),并生成 DEM 及三维地形(图 8-8(b))。

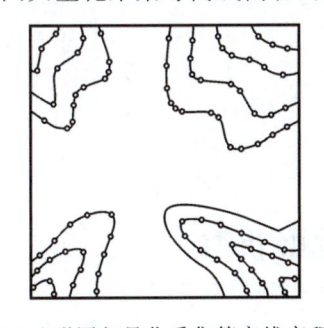

(a)地形图矢量化采集等高线高程　　　　　　　　(b)三维地形

图 8-8　等高线型 DEM 构造

这种形式的 DEM 的优点是数据存储量小,但由于不方便进行空间位置的邻近点寻找,DEM 应用起来不方便。

(4) 三种 DEM 模型特性比较

DEM 三种表达模型如图 8-9 所示。在这三种 DEM 表达模型中,使用最多也最简单的就是基于栅格图像 DRG 建立的规则格网 DEM(图 8-9(a))。等高线 DEM(图 8-9(b))往往在地形图或者线画图中表现。而基于 TIN 的三角网 EDM(图 8-9(c))数据存储较复杂,但最为常用。

值得注意的是,这三种模型很容易互相转换。

(a) 规则格网 DEM　　　(b) 等高线 DEM　　　(c) 三角网 DEM

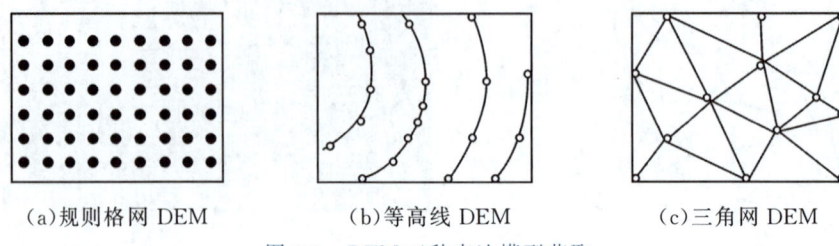

图 8-9　DEM 三种表达模型获取

5. DEM 建设的主要任务

DEM 是用于描述一个区域的地貌形态的空间分布情况。DEM 任务如图 8-10 所示,DEM 模型建设工作包括了 DEM 数据如何采集建立、DEM 数据如何处理、DEM 数据如何存储、显示,如何应用 DEM 数据等。

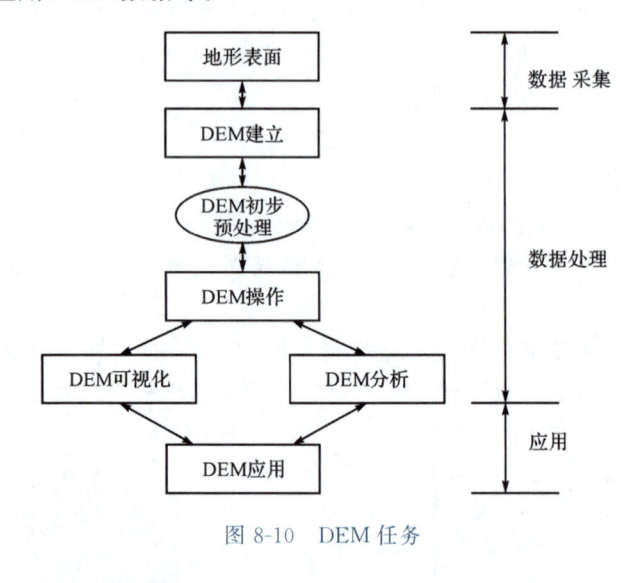

图 8-10　DEM 任务

8.2　DEM 数据获取

DEM 数据获取方法非常多,包括地形图数字化(如扫描、手扶跟踪方式)、野外接触式采集(GPS、全站仪等)、非接触式采集(如激光扫描、干涉雷达、多平台摄影测量等)。各种方法对应了不同的采集精度和生产成本,DEM 数据获取方法比较如图 8-11 所示。

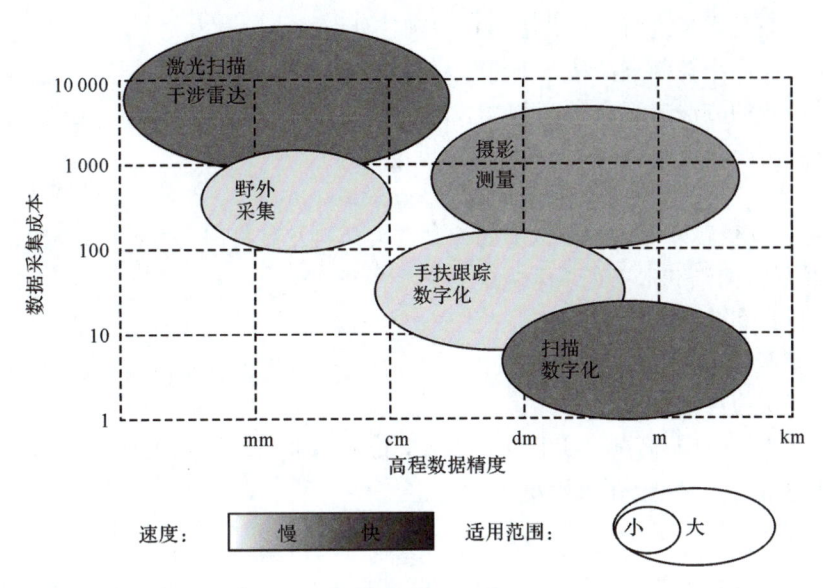

图 8-11　DEM 数据获取方法比较

1. 接触式测点 DEM 数据采集

接触性测点采集方式是指利用全站仪或 GPS-RTK 的点测量功能,直接从野外获取实地带坐标的 DEM 点高程。

接触式高程点测量模式也是智能测量的重要组成部分,其成果是智能建设(包括水利、码头、桥隧、交通等)设计、施工、管理等不可或缺的数据。

目前,以全站仪(配合棱镜等)、GPS(网络 RTK)等设备为代表的点式测量仪器均能进行高程数据采集。

(1)数字水准仪 DEM 采集

数字水准仪改变了传统光学仪器的读数方式,从主机本身来说,它把观测、记录、检查和平差计算合为一体;从所使用的水准尺来说,它采用了印制有摩尔条纹码尺的铟钢或玻璃钢尺,不仅使用方便,精度也很高,同时还兼有测距功能。若配合水平读数盘,也可以获取特征点同一测站下的点位置相对坐标。

数字水准仪是 DEM 数据采集的一种补充手段,可以用于特殊科研实验所需的微地形建模分析,如水工模型冲刷模拟实验中,不同的仿真地形中的高精度 DEM 获取。

(2)全站仪 DEM 采集

基于不同模式的全站仪的 DEM 高程测量(如配合棱镜或免棱镜工作模式),是一种高精度、受地貌限制少、灵活方便的高程采集方法。通过测量 DEM 离散特征点的位置和高程,获取地形特征。通过适当的变换,进而建立符合规范格式的 DEM 模型。

(3)GPS 实施 DEM 采集

利用 GPS 高程数据采集得到的 DEM 数据,主要包括两个途径：

①基于基站的 RTK 离散点高程采集。

②基于车载式 RTK 的连续点高程采集。

海拔高(以似大地水准面为基准)与大地高(椭球面基准)之间有重力异常 ξ 差异,GPS

采集的大地高程需要进行 ξ 改化后方能得到该处海拔高。

在测区有高程控制点的情况下,可以使用二次曲面多项式(式(8-1))进行高程拟合或者七参数拟合的方法进行大地高与海拔高的转换。如果没有控制点,则需要去当地相关 CORS 管理中心获取转化参数。

$$\xi = a_0 + a_1 x + a_2 y + a_3 x^2 + a_4 xy + a_5 y^2 + v_i \tag{8-1}$$

式(8-1)至少需要采集 6 个以上的控制点大地高及海拔高,方可求解参数 a_i。

(4)接触式测点获取 DEM 优缺点

①工作量和劳动强度大。

②效率低、费用高。

③作业实施灵活方便。

④适合于小范围、高精度工程建设需要,如道路勘测设计、场地平整、矿山、水利等。

2. 非接触式测量 DEM 数据采集

非接触性线扫描方式是利用数字化仪从已有地形图上扫描获取带坐标高程的点;或采用激光线扫描测量如 LiDAR、InSAR 技术获取地面点高程。此外数字摄影测量系统也具有获取和制作数字地面模型 DEM 的功能。

(1)从已有地形图上获取高程

基于数字化仪扫描已有地形图,并通过等高线矢量化,获得 DEM 高程数据。在等高线的矢量化过程中,可根据实际需要对采样密度进行控制。

(2)LiDAR 激光测高制作 DEM

机载 LiDAR 系统在第五章已介绍,一般获取的原始点云数据是离散的孤立点,其主要的数据值为回波信号点的三维空间坐标及一些附带的属性信息(如强度、反射波次数等),点与点之间不存在任何拓扑关系。机载激光点云滤波技术是指从离散的点云数据中区分出地面点和非地面点的过程,其基本原理是基于邻近激光脚点间的高程突变(一般不是由地形的突然起伏变化所造成的),进行滤波计算时需要设置一定的阈值,判断激光脚点是否位于地形表面。利用机载激光点云数据制作 DEM 时滤波与分类具体流程可概括为按照回波次数分类——地面点分类和水系分类。

利用 LiDAR 激光测高系统,嫦娥一号采集了月球表面 900 多万个点的激光探测数据后,获得了世界首张月球的南北两极三维地形图及月球 DEM 模型(图 8-12)。DEM 模型完整地显示了月球的永久阴暗区和陨石坑的深度,以及它们分布的位置。

图 8-12 月球 DEM 模型

第8章　DEM模型建立与地形可视化

(3) 基于 InSAR 技术获取 DEM

从第五章介绍可知，InSAR 技术可以全天候、全天时、大面积、高精度、快速准确地获取覆盖全世界的数字高程图，特别是在某些困难地区如外星球上用传统测量方法无法涉及的地方，采集优势更为明显。

基于火星轨道激光高度计(MOLA)测量得到的火星 DEM 测绘如图 8-13 所示，从模型可以看到火星崎岖的地形。而火星地形图就是使用了来自 MOLA 的数据。

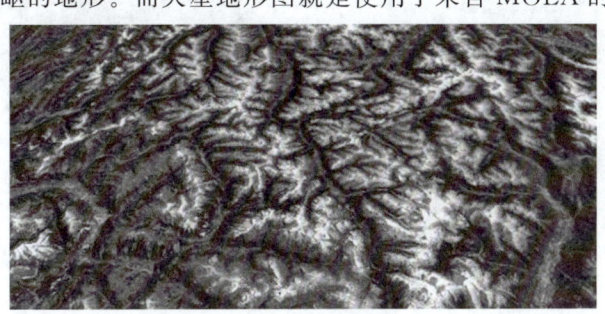

图 8-13　火星 DEM 测绘

InSAR 干涉雷达技术可以大范围获取 DEM，且不受天气影响。目前获取大比例尺的 DEM 较困难，尤其是在地形起伏较大的区域，如山区、极地、火山等。但 InSAR 对地表微小形变的监测精度却很高。目前利用多视角和多极化的数据来提高 DEM 的精度和完整性技术也在快速发展。

(4) 地面三维激光扫描 DEM 数据采集

利用激光测距的原理，通过记录被测物体表面大量的密集点的三维坐标、反射率和纹理等信息，可快速复建出被测目标的三维模型包括 DEM 数据。激光扫描作业如图 8-14(a)所示。

将外业各个测站的点云进行拼接，拼接方法可采用标靶或控制点匹配等方法，将点云转换到绝对坐标系下，采用 Fence 围栅等功能将需要进行场地土石方计算的区域裁切出来。扫描建立的土方 DEM 如图 8-14(b)所示。

(a) 激光扫描作业　　　　　　　　(b) 扫描建立的土方 DEM

图 8-14　三维激光扫描建立土方 DEM

三维激光扫描仪为 DEM 建模提供了更加全面详细的数据，相对于传统全站仪点采集数据，其获取的空间分辨率更加高，分析计算所得工程量也更加可靠。

(5) 多波束水下 DEM 数据采集

水下地形外业测量时，要将 GNSS 定位系统与多波束测深仪器组合(图 8-15(a))，用前者定位,用后者同时进行水深测量。水下地形图测绘的自动化程度很高,基于数字成图方法,配备有相应的控制和数据采集与处理软件,组成超声波水下地形自动扫描测量系统。基于 GNSS＋多波束测深仪获取的水下 DEM 如图 8-15(b)所示。

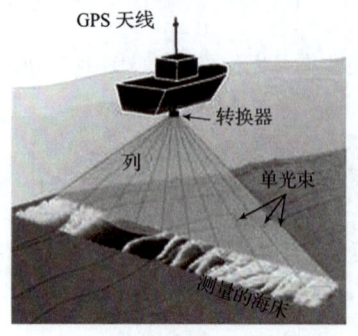

(a)GNSS＋多波束测深仪器　　　　(b)获取的水下 DEM

图 8-15　基于 GNSS＋多波束测深仪获取水下 DEM

(6)基于影像测量获取 DEM

利用从地面、航空或航天所采集的影像,建立起立体摄影测量模型进而获得 DEM。

无论是地面地形摄影还是航空摄影测量,均是比较成熟的方法。精度高,可获取大比例尺的 DEM,但成本高,制作周期较长。

借助单反数码相机获得的影像,可以利用多基线数字近景摄影测量技术,获取建筑立面高程及陡崖等特殊地貌 DEM。

无人机倾斜摄影技术的普及和发展,不仅让我们能够快速获取城市三维模型,还能提供高精度 DSM 和 DOM 数据。进而,通过 DSM 转换成 DEM 数据已经不成问题,毕竟去除 DSM 数据里面的建筑、植被等人工地物,就可以得到 DEM。

而卫星影像是一种获取大范围 DEM 数据的有效方法,但 DEM 精度较低。近些年新技术伴随着卫星传感器的发展,DEM 精度获取越来越高。如目前商业卫星最高分辨率 0.41 m 的 GeoEye-1,在使用高质量控制资料时,垂直精度的中误差可达到 0.5 m,可满足 1∶5 000 的地图比例尺生产。表 8-1 列出了单轨立体成像的卫星传感器。

表 8-1　　　　　　　　　　单轨立体成像的卫星传感器

卫星传感器名称	国家	分辨率/m	重复周期/d
Worldview	美国	0.51	4
GeoEye-1	美国	0.41～0.52	3
CartoSAT-1	印度	2	5
ALOS	日本	2.5	2
RapidEye	意大利	5	每天
EROS-B	以色列	0.7	5
天绘(1～4 号)	中国	2	58
资源三号	中国	2.13	5

侧轨立体成像的卫星,包括 IKONOS、KOMPSAT-2、OrbView-3、QuickBird、SPOT 5 等均可以通过专业平台实施 DEM 数据采集。

以 ENVI 平台为例,介绍基于立体成像卫星影像的立体像对 DEM 数据采集提取流程。

卫星影像的立体像对 DEM 数据采集流程如图 8-16 所示,首先选择立体影像,如 BANDA. TIF 左影像(left image),BANDF. TIF 为右影像。然后确定地面控制点,可以不定义、交互式定义和读取地面控制点文件。第三是定义连接控制点方式,可以自动寻找、交互式手工定义和外部读取连接控制点信息。最后是设置 DEM 提取参数,如地形精细程度等,输出 DEM 成果。

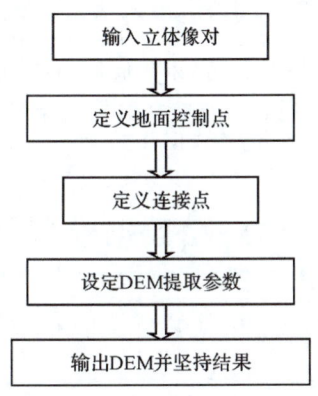

图 8-16　卫星影像的立体像对 DEM 数据采集流程

另外,一些网站如 BIGEMPA 地图下载器也提供卫片已生成的 DEM 数据资源。

如 BIGEMAP 地图下载器集成了全世界主流地图资源、路网、水系、高程 DEM。选择下载的级别时,尽量下载 16 级的,因为 16 级为最高级别。如果 16 级不能勾选,就选择下载小一点的范围。高程为矢量数据,大小超过 20 MB。下载之后的数据为 tiff 格式,实际就为 DEM 高程数据,但一般不能自动处理生成等高线。

3. DEM 采样数据的分布特点

DEM 数据的分布是指采样数据位置和分布形状。位置可由地理坐标中的经纬度或直角坐标系统中的(x,y)坐标值决定。采点的分布形式较多,具体的采点分布因所采用的设备、应用要求而异。从表 8-2 采样数据的分布可以看出,采样点图案可分为规则和不规则两种。规则二维数据由规则格网采样或渐进采样生成,其图案有矩形格网、正方形格网或由前面两种数据形成的分层结构等,其中正方形格网数据最为常用。分层结构数据由渐进采样法生成,可分解为普通的方格网数据。而在实际中像等边三角形或六边形等,虽然也是规则的图案,但由于各方面的缺点,这些特殊的规则图案的应用都不如剖面数据或规则格网数据在实际中使用得广泛。至于不规则的数据,可以将其分为两类,一类是没有特征的随机分布数据,另一类是具有特征的链状数据。前者按照一定的概率随机分布,没有任何特定的形式。而特征链状数据也没有规则的图案,属于不规则数据,但它是沿某一有特征的线分布的数据。例如,沿河流、断裂线、山脊线等特征线采集的数据都属于这一类。

表 8-2　　　　　　　　　　　采样数据的分布

规则分布	二维规则格网	按矩形格网分布采样数据点
		按正方形格网分布采样数据点
	特殊规则分布	按三角形分布采样数据点
		按六边形分布采样数据点
不规则分布	一维分布	剖面
		沿等高线采样数据点
	链表分布	沿断裂线等特征线分布采样数据点
	随机分布	随机分布采样点

DEM 数据采样的分类没有明显的界线和标准，不同分类之间存在着重叠，并不是各自独立的。实际上混合采样数据通常就是链状数据与矩形格网数据的混合数据。

8.3　DEM数据模型处理技术

1. DEM 数据内插

根据接触或非接触测量采样技术所获取的 DEM 数据的密度通常是有限的。为了增加数据密度及按要求的栅格点增加数据，必须对原三维数据点进行内插，DEM 数据内插如图 8-17 所示。内插算法包括线性内插、双线性内插、移动拟合法、多面函数法、最小二乘配置法、有限元内插法等。

由于地表面起伏较为复杂，因此不可能利用一种算法覆盖整个面积，而应分成较小单元，采用局部内插的方法，且应兼顾地形特征点与地形特征线。内插有规则网络结构（如矩形）和不规则三角网 TIN 两种算法。

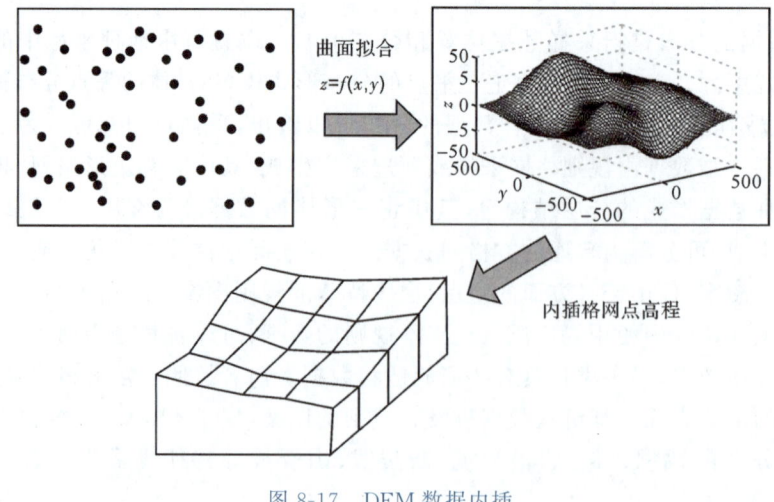

图 8-17　DEM 数据内插

2. 规则网格结构算法

规则网格通常是正方形，也可以是矩形、三角形等规则网格。规则网格将区域空间切分为规则的格网单元，每个格网单元对应一个数值。数学上可以表示为一个矩阵，在计算机实现中则是一个二维数组。每个格网单元或数组的一个元素，对应一个高程值。

规则格网 DEM 的数据在水平方向和垂直方向的间隔相等，格网点的平面坐标隐含在行列号中，故适宜用矩阵形式进行存储，即按行（或列）逐一记录每一个格网单元的高程值。同时，为了实现行列号和平面位置坐标之间的转换，还需要记录格网西南角的坐标值、格网间距等。

规则格网 DEM 的数据文件一般包含对 DEM 数据进行说明的数据头和 DEM 数据体两部分。

①数据头：一般包括定义 DEM 西南角起点坐标、坐标类型、格网间距、行列数、最低高程以及高程放大系数等内容。

②数据体：按行或列分布记录的高程数字阵列。

图 8-18 所示为规则格网 DEM 地形。对于每个格网的数值有两种不同的解释。第一种是格网栅格观点，认为该格网单元的数值是其中所有点的高程值，即格网单元对应的地面面积内高程是均一的高度，这种数字高程模型是一个不连续的函数。第二种是点栅格观点，认为该网格单元的数值是网格中心点的高程或该网格单元的平均高程值，这样就需要用一种插值方法来计算每个点的高程。计算任何不是网格中心的数据点的高程值，可以使用周围 4 个中心点的高程值，采用距离加权平均方法进行计算，当然也可使用样条函数和克里金插值方法。

图 8-18　规则格网 DEM 地形

规则格网的高程矩阵，可以很容易地用计算机进行处理，特别是栅格数据结构的地理信息系统。它还可以很容易地计算等高线、坡度坡向、山坡阴影和自动提取流域地形，使得它成为 DEM 最广泛使用的格式，目前许多国家提供的 DEM 数据都是以规则格网的数据矩阵形式提供的。格网 DEM 的缺点是不能准确表示地形的结构和细部，为避免这些问题，可采用附加地形特征数据，如地形特征点、山脊线、谷底线、断裂线，以描述地形结构。

3. TIN 结构算法

(1) 基于地形特征点构建 TIN

由随机采集特征点建立的不规则三角网（Triangulated Irregular Network，TIN）是数字测图中等高线绘制采用的主要方法，而基于 TIN 下的连续面模型能够有效地描述河流、峡谷、坡势等地形区域特征。甚至基于 TIN 进行等高线勾绘也已用于人脸识别。

TIN 三角网构筑方法很多，其中由狄洛尼（Delaunay）三角网产生的 TIN 使用最广。离散地形特征点如图 8-19(a)所示，Delaunay 三角网在离散点均匀分布的情况下能够避免产生过小锐角的三角形，构建 TIN 网格如图 8-19(b)所示，在地形拟合方面也表现得最为出色，构成的 TIN 网形非常合理。

(a)离散地形特征点　　　　　　　　　(b)构建 TIN 网格

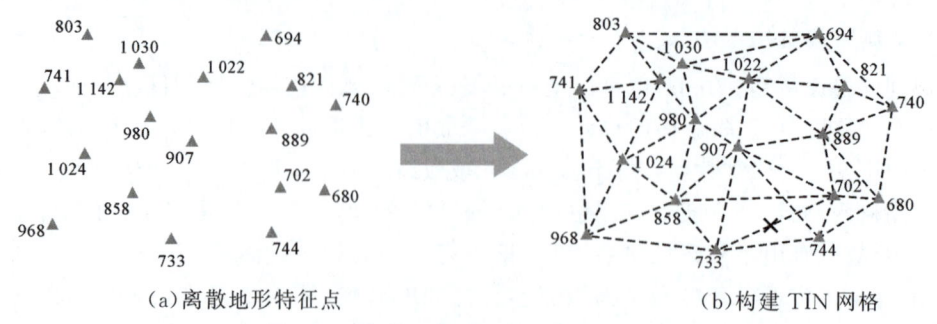

图 8-19　离散地形特征点构建 TIN 过程

(2)基于 TIN 获取等高线

根据实际情况(如添加设计元素),还可以实施有约束狄洛尼三角网,对于不连续的地形表面尤其有用。例如,小河、悬崖和海岸线不同类型的断裂线下的约束,形成约束 TIN 三角网。

TIN 生成后就可以按每条边插值等高线位置,TIN 三角网寻找等值线如图 8-20 所示,并逐条跟踪按设定曲线形式连接成光滑等高线,等高线形成如图 8-21 所示。

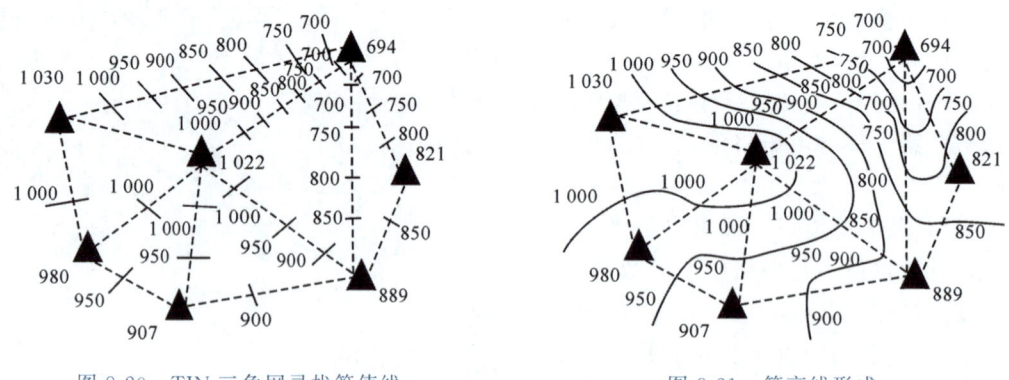

图 8-20　TIN 三角网寻找等值线　　　　　　图 8-21　等高线形成

而由 TIN 生成的等高线也可通过插值转换成格栅式规则格网,并制作 DEM 模型进行三维地形显示,基于等高线制作规则格网 DEM 如图 8-22 所示。

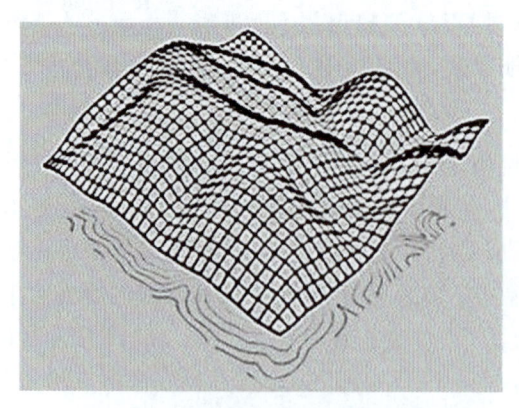

图 8-22　基于等高线制作规则格网 DEM

(3) 基于 TIN 构成三维地形模型

基于 TIN 构成三维地形模型的主要流程是:①带特征的 TIN 地形的生成;②TIN 拉伸模型获取,进行基于视角坐标的投影变换;③地形贴纹理。但注意必须要有法线加载到场景中,否则看不到地形明暗光照效果。3D 处理软件中的法线,基本上是一个方向向量。它指定顶点或面的朝向,以便能够让软件知道如何照亮并显示这个物体。因此一定程度上讲,法线贴图就是向量贴图,具有方向性并且还具有一定方向上的数值大小的信息。而在主要 3D 软件中,法线的格式一般分为 OpenGL 和 DirectX 两种。

基于 TIN 的三维地形仿真如图 8-23 所示。

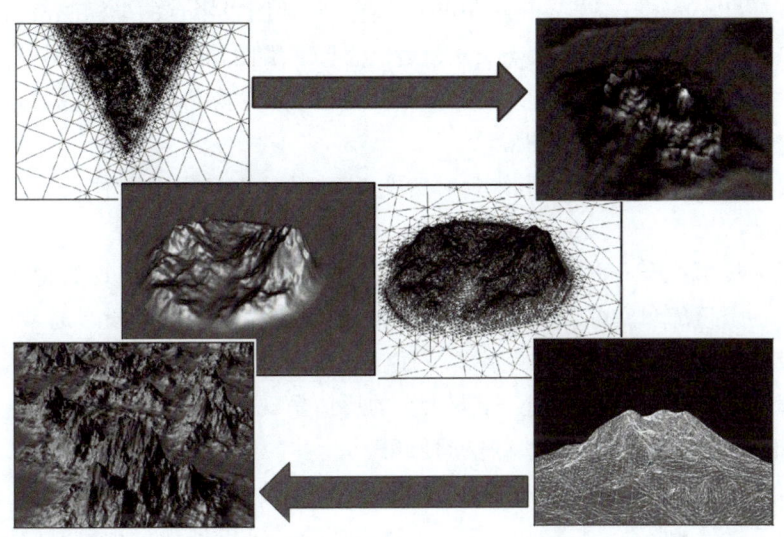

图 8-23 基于 TIN 的三维地形仿真

(4) 规则格网 DEM 和不规则三角网的选择

规则格网 DEM 和不规则三角网的对比见表 8-3。

表 8-3 规则格网 DEM 和不规则三角网的对比

优缺点	规则格网 DEM	不规则三角网
优点	简单的数据存储结构	较少的点可获取较高的精度
	与遥感影像数据的复合性	可辨分辨率
	良好的表面分析功能	良好的拓扑结构
缺点	计算效率较低	表面分析能力较差
	数据冗余	构建比较费时
	格网结构规则	算法设计比较复杂

实际应用时,如何选择算法建立 DEM,还需要考虑如下因素:

①数据的可获取性。

②地形曲面特点以及是否考虑特征点、线。

③目的和任务。

④原始数据的比例尺和分辨率。

3. DEM 模型投影变换与消隐和裁剪

借助计算机技术,可实现基于 DEM 数据库构成的平面等高线在空间的立体体现。首先在 DEM 上生成等高线,其次进行屏幕透视投影变换,最后实施消隐和裁剪等实现。

把三维物体变换为二维图形的过程称为投影变换。其基本原理包括两个方面:投影变换和消隐处理,另外还有模型缩放、旋转等。目的是完成三维到二维的坐标变换处理(特征面变换)。

(1)DEM 模型坐标透视投影变换

投影变换(Projection Transformation)是将一种地图投影点的坐标变换为另一种地图投影点的坐标的过程。建立地面点(DEM 结点)与三维图像点之间的透视关系,由视点、视角、三维图像大小等参数确定,即将 DEM 从其坐标系变换到屏幕坐标系。

DEM 模型处理中选用透视投影。

透视投影:用中心投影法将形体投射到投影面上,从而获得的一种较为接近视觉效果的单面投影图。

由于透视投影符合人们心理习惯,即离视点近的物体大,离视点远的物体小。它的视景体类似于一个顶部和底部都被切除掉的棱锥,也就是棱台。这个投影通常用于动画、视觉仿真以及其他许多具有真实性反映的方面。

透视投影法特点:具有距离感、相同大小的形体呈现出有规律的变化等一系列的透视特性,能逼真地反映地形形体起伏的空间形象。

DEM 的显示通常是采用透视图的方式,这会增强地形立体感。将三维立体数字高程模型变换成二维透视图形,本质上就是一种透视变换。可以把视点理解成摄影中心,利用摄影测量共线方程,由物点三维坐标(X,Y,Z)计算相应的平面像点坐标(x,y)。

(2)消隐和裁剪

消隐和裁剪即消去三维图形不可见部分裁减掉三维图形范围之外的部分,如图 8-24 所示。

消隐:为增强图形的真实感,消除多义性,在显示过程中一般要消除三维实体中被遮挡部分,包括隐藏线和隐藏面的消除。

线消隐采用二分法,通过对线段的逐步二分实现;面消隐算法主要有画家算法(深度优先算法)、Z 缓冲算法、跟踪法、扫描线 Z 缓冲法、区间扫描算法、区域子分割算法等。

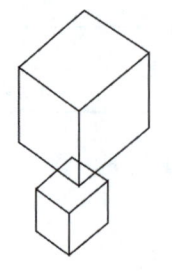

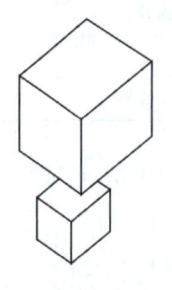

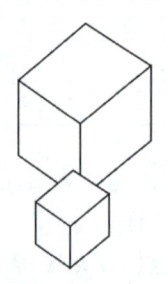

图 8-24 消隐和裁剪

DEM 模型隐藏线的消除一般以采用峰值法。它计算每一线段上各点的 Z 值，并与同一像素位置上的所有线段的 Z 值比较，最终只显示 Z 数值最大的线段。

4. DEM 纹理映射与光照效果

在 DEM 模型基础上，通过增加有关的面的表面特征、边的连接方向等信息，实现对 DEM 表面的以面为基础的定义和描述。

优点：可以进行面面求交、线面消除、明暗色彩等应用。

①DEM 纹理映射与地形三维景观模型

图像的消隐、光照模拟、明暗处理等只能生成颜色单一的光滑景物表面，难以达到真实感图形的要求。真实的景物表面存在着丰富的纹理细节，因此将景物表面纹理细节的模拟称为纹理映射。纹理映射技术是把在一个纹理空间中制作的二维纹理图像映射到三维物体表面，关键是建立空间坐标与纹理空间坐标之间的对应关系。

为了弥补灰度图像只能表示地形起伏情况的不足，需要表现出地表的各要素特征，即可以添加表面细节，这种在三维物体上加绘的细节称为纹理。

根据纹理图像的外观可将其分为颜色纹理和凸凹纹理。颜色纹理主要用来表现表面较为光滑但有纹理图案的物体，如刨光的木材、从较高的高空观察的地景等。凸凹纹理则用来表现外观的凸凹不平，如未磨光的石材、从近处观察的地景或从高空观察的地景（把地球理解为一个表面光滑的球，面的起伏作为纹理）等。

生成颜色纹理的一般方法是在一个平面区域上预先定义纹理图案，然后建立物体表面的点与纹理空间的点之间的对应关系，此即所谓的纹理映射。生成凸凹纹理的方法是在光照模型计算中使用扰动法向量，直接计算出物体的粗糙表面。无论采取哪种方法，一般要求看起来像就可以了，不必采用精确的模拟，以便在不显著增加计算量的前提下，较大幅度地提高图形的真实感。如在 Open-GL（专业的 3D 制作软件之一，全称为 Open Graphics Library）中，要使光照效果正常，需要指定模型的法向量。

②DEM 地形三维场景中的纹理资源

纹理资源的获取方式有：从专业摄影图片中获取；实地摄影获取纹理图像；从航天航空遥感图像中获取纹理；直接以该地区的地形图或其他专题图景扫描得到的数字图像；将该地区的矢量数据与地貌纹理图像附合，生成纹理图像；通过分形产生纹理。

③纹理匹配过程中要注意的问题

纹理图像的大小应与所绘制三维图像的大小相适应（分辨率太高会产生庞大的纹理数据量，太小不适合，经验原则是纹理尺寸不应小于三维图形尺寸的 1/2）。

纹理图像中的景物视角、视距应尽量与所要生成的三维地形图的视角、视距保持一致。

纹理图像应选择亮度均匀的区域，避免阴影和强光部分的影响，这样在光照处理后可获得较理想的阴影和起伏感。可以在一幅纹理图像中按一定格式构成多种纹理（山体植被、平原田野、居民地等），使三维地形图有选择和有控制地进行多种纹理的复合。

④光照效果的处理

光照模型：建立一种能逼真反映地形表面明暗、彩色变化的数学模型，逐个计算每个像素的灰度和颜色，即计算景物表面上任一点投向观察者眼中的光亮度大小和色彩组成。

由于光照在三维物体表面上时各部分的明暗不同，因此，三维地面显示的逼真性在很大程度上取决于明暗效应的模拟。

不同光照模型考虑的共同因素：光源位置、光源强度、视点位置、地面对光的反射和吸收特性。

8.4 DEM质量评估和数据共享管理

1. DEM质量主要指标

地面点三维坐标采集的质量和精度将直接决定 DEM 的质量和精度。这包括数据点的采样间隔，数据内插的精度，采集的点位三维坐标本身的精度等。而评价 DEM 质量的主要指标有 3 个，包括：位置精度、属性精度、时间精度。具体说明如下：

(1) 位置精度

位置精度指空间实体的坐标数据与实体真实位置的接近程度，通常表现为空间三维坐标数据精度。它包括数学基础精度、平面精度、高程精度、接边精度、形状再现精度、像元定位精度。平面精度又分为相对精度和绝对精度。

对于不同时期和用不同方式获取的地面坐标数据，必须归算到国家统一坐标系统当中，或某个统一坐标系统当中。

(2) 属性精度

属性精度指空间实体的属性与其真值相符的程度。通常取决于地理数据的类型，且常常与位置精度有关，包括要素分类与标准的正确性、要素属性值的准确性、名称的正确性等。

(3) 时间精度

时间精度指数据的现势性。可以通过数据更新的时间和频度来表现。

除此之外，DEM 的质量还与选择的地形参数与 DEM 应用对象等因素有关，如地表粗糙度、取样密度、格网分辨率、DEM 格网算法、地形分析类型。

2. DEM 数据组织及分辨率

在大范围 DEM 实时可视化过程中，为了控制场景的复杂性，加快图形描绘速度，还广泛使用了细节层次(Levels of Detail，LOD)模型。LOD 模型是指对同一区域或区域中的局部，使用具有不同细节的描述方法所得到的一组模型。

第8章　DEM模型建立与地形可视化

　　金字塔结构存放 DEM 数据如图 8-25 所示，基于 LOD 模型的金字塔式结构可存放多种空间分辨率的 DEM 数据，一般以 ovr 后缀文件表示 DEM 数据库影像金字塔文件。同一分辨率的栅格数据被组织在一个层面内，而不同分辨率的 DEM 数据具有上下的垂直组织关系：越靠近顶层，数据的分辨率越小，DEM 数据量也越小，只能反映原始地形的概貌；越靠近底层，数据的分辨率越大，DEM 数据量也越大，更能反映原始地形详情。

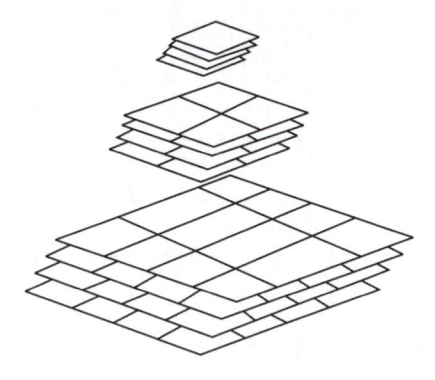

图 8-25　金字塔结构存放 DEM 数据

　　由于受到计算机操作系统处理数据量的限制，存在于 DEM 库中的海量地形数据不可能全部常驻内存。鉴于内外存的数据交换非常耗时，为了尽量减少数据库中的数据存取，需要针对三维地形可视化的特点对空间对象进行缓冲管理。DEM 模型浏览中动态层次细节模型显示存在缓冲管理缺陷，DEM 动态层次细节显示不足如图 8-26 所示。

　　在内存中用一块存储区作为数据缓冲区，由于数据缓冲区的大小有一定限制，在进行数据存取时只能将部分数据读入，操作过程中需要进行数据的"部分装入"和"部分对换"，这种数据交换技术称为缓冲管理，DEM 模型浏览缓冲管理如图 8-27 所示。

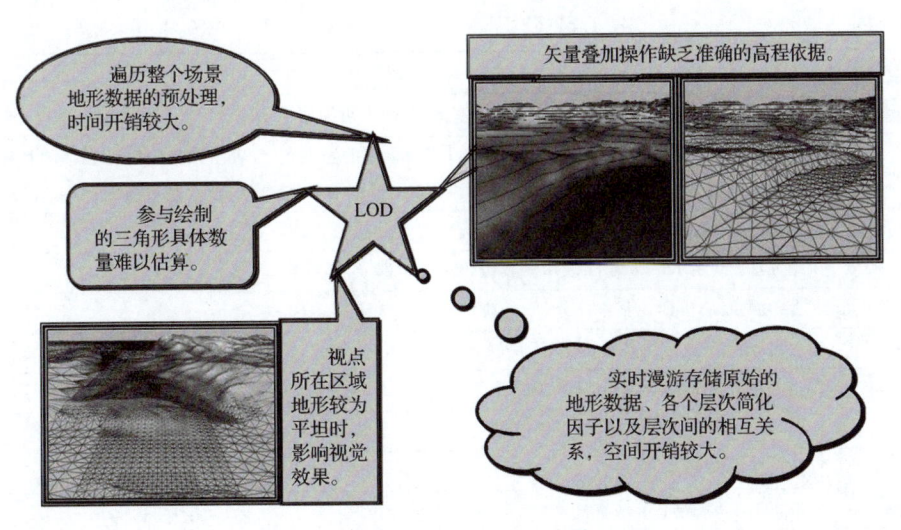

图 8-26　DEM 动态层次细节显示不足

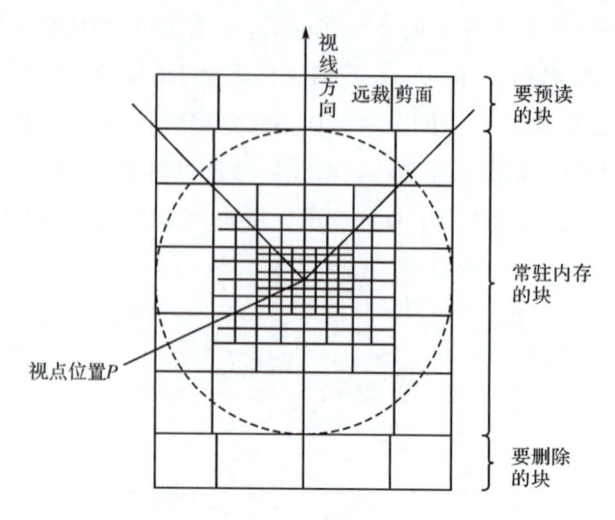

图 8-27　DEM 模型浏览缓冲管理

DEM 分辨率是 DEM 刻画地形精确程度的一个重要指标,同时也是决定其使用范围的一个主要的影响因素。DEM 的分辨率是指 DEM 最小的单元格的长度。因为 DEM 是离散的数据,所以 (x,y) 坐标其实都是一个一个的小方格,每个小方格上标识出其高程,这个小方格的长度就是 DEM 的分辨率。分辨率数值越小,分辨率就越高,刻画的地形程度就越精确,同时数据量也呈几何级数增长,这对计算机数据内存管理是一个挑战。所以 DEM 的制作和选取的时候要依据实际需要,在精确度和数据量之间作出平衡选择。

3. 中国地球空间数据交换格式——格网数据交换格式

CNSDTF-DEM 是中华人民共和国国家标准地球空间数据交换格式,属于格网数据交换共享格式;USGS-DEM 是美国地质调查局一种公开格式的 DEM 数据格式标准。CNSDTF-DEM 文件格式内容见表 8-4。

表 8-4　　　　　　　　　　CNSDTF-DEM 文件格式内容

内容	说明
Version	该空间数据交换格式的版本号,如 1.0。基本部分,不可缺省。
Unit	坐标单位,K 表示公里,M 表示米,D 表示以度为单位的经纬度,S 表示以度、分、秒表示的经纬度(此时坐标格式为 DDDMMSS.SSSS,DDD 为度,MM 为分,SS.SSSS 为秒)。基本部分,不可缺省。
Alpha	方向角。基本部分,不可缺省。
Compress	压缩方法。0 表示不压缩,1 表示游程编码。基本部分,不可缺省。
Xo	左上角原点 X 坐标。基本部分,不可缺省。
Yo	左上角原点 Y 坐标。基本部分,不可缺省。
DX	X 方向的间距。基本部分,不可缺省。
DY	Y 方向的间距。基本部分,不可缺省。
Row	行数。基本部分,不可缺省。
Co	列数。基本部分,不可缺省。
HZoom	高程放大倍率。基本部分,不可缺省。设置高程的放大倍率,使高程数据可以整数存贮,如高程精度精确到厘米,高程的放大倍率为 100。如果不是 DEM 则 HZoom 为 1。

8.5 基于DEM模型的工程应用

由于 DEM 描述的是地面高程信息,它在测绘、水文、气象、地貌、地质、土壤、工程建设、通信、军事等国民经济和国防建设以及人文和自然科学领域有着广泛的应用。如在工程建设上,可用于如土方量计算、基于 DEM 的通视分析(图 8-28)等;在无线通信上,可用于蜂窝电话的基站分析等。

基于 DEM 可以派生出多种地形特征信息,可与其他专题信息数据叠加,用于与地形相关的分析应用,同时它还是生产数字正射影像图的基础辅助数据。

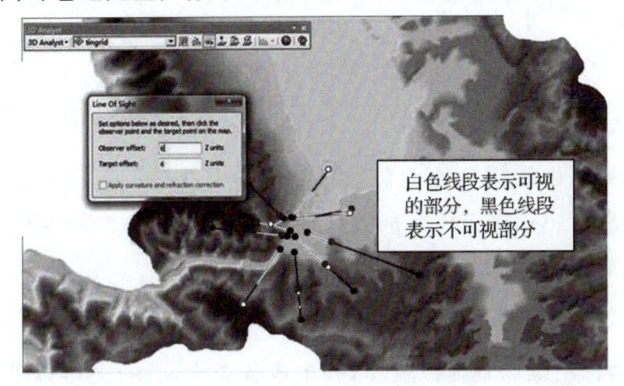

图 8-28　基于 DEM 的通视分析

下述为 DEM 在建设工程的勘测、设计、建设、管理等领域的应用实例。

1. 利用 DEM 进行坡度、坡向分析

在城市土地利用分析中,基于 DEM 模型,可以获取研究区域坡形特征,提取地形特征线,进行地形破碎、地形分级、水系、光照、风向等分析。利用 DEM 模型,获取规划区域土地坡度、坡向等值线以及相关的叠加图,以利设计人员进行土地的合理规划。DEM 进行坡度坡向分析如图 8-29 所示。

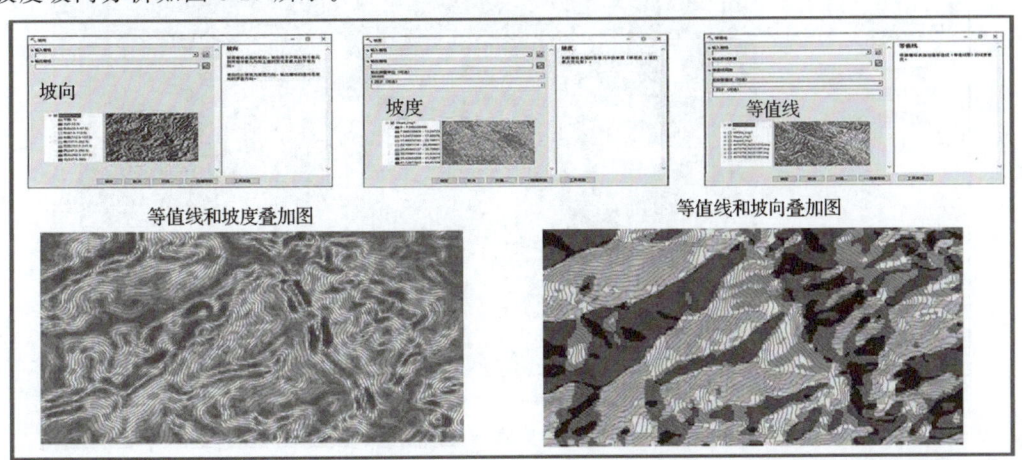

图 8-29　DEM 进行坡度坡向分析

2. DEM 用于水库大坝选址

影响大坝选址的因素有很多,对景观大坝选址的地形因素分析中,基于 DEM 和无源淹没视角进行选址分析,结合 DOM 以及 DLG 等测量数据能优化出建坝地址。DEM 用于多视角水库优化选址如图 8-30 所示。

(a) 正视视角　　　　　　(b) 透视视角　　　　　　(c) 全流域视角

图 8-30　DEM 用于多视角水库优化选址

3. DEM 工程建设管理应用

北京冬奥会国家高山滑雪场地地势及环境十分复杂,施工管理精度要求高。利用无人机联合航测技术获取工程施工所需的高精度 DEM 模型,为冬奥会国家高山滑雪中心智慧工地安全生产及施工管理平台提供了数据保障。

4. 以 DEM 数据为数字基座的智慧城市管理

DEM 可用于制作三维场景虚拟现实,并生成各类剖面图,还可以计算土石方量、制作正射影像图、立体景观图、立体透视图等。基于 DEM 模型渲染的拉萨市立体景观图如图 8-31 所示。

图 8-31　基于 DEM 模型渲染的拉萨市立体景观图

5. 我国 DEM 建设现状

DEM 是我国经济社会发展不可或缺的基础信息，是国土空间规划、自然资源调查分析的重要支撑。目前，全国 DEM 分辨率已由 25 m 提升至 10 m 部分提升至 5 m。现势性由 2010 年提升至 2019 年，对地形表达的精确度、分辨率和现势性有了显著提高。

新一代数字高程模型全部成果已接入到国土空间基础信息平台，作为自然资源三维立体一张图的时空基底，为数字中国建设提供了统一的空间定位框架和分析基础，为数字经济提供了战略性数据资源和重要生产要素。如图 8-32 所示为中国 DEM 数据库的四种不同比例尺及分辨率。

图 8-32　中国 DEM 数据库的四种不同比例尺及分辨率

新一代数字高程模型还是实景三维中国建设的核心内容。它是以规则格网点的高程值表达地面起伏的数据集，通过航空航天遥感测量、机载激光雷达测量等测绘技术获取，可用于工程规划建设、坡向坡度分析、土方量计算、淹没分析等。

8.6　表达地形的其他数字模型

1. 数字地面模型

数字地面模型（Digital Terrain Model，DTM），是利用一个任意坐标系中大量选择的已知 (x,y,z) 的坐标点对连续地面的一种模拟表示。或者说，DTM 就是地形表面形态属性信息的数字表达，是带有空间位置特征和地形属性特征的数字描述。(x,y) 表示该点的平面坐标，z 值可以表示高程、坡度、温度、日照等信息，DTM 衍生产品如图 8-33 所示。当 z 表示高程时，就是数字高程模型，即 DEM。

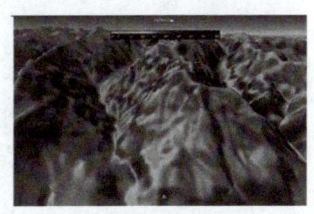

（a）温度图　　　　（b）日照图　　　　（c）坡度图

图 8-33　DTM 衍生产品

数字地面模型表达类型包括4类，具体如下。

(1) 综合性数字地面模型

综合性数字地面模型与综合性地理信息系统相对应，一般是在全国范围按国家统一规范和标准存储的，包括地形、资源环境和社会经济等各项内容和二维地理空间定位的数字数据有序集合的总体。

(2) 区域性数字地面模型

区域性数字地面模型包括的信息内容和数据结构形式与综合性数字地面模型类似，但覆盖范围已局限于某个行政区或自然区，比例尺相应放大，框架线条变细，与区域性地理信息系统相对应。

(3) 专题性数字地面模型

与专题性地理信息系统相对应，专题性数字地面模型是以某研究专题（如温度、日照、坡度等）为主要内容的数字地面模型，除了存储该专题的专业数据外，一般还存储数字地貌模型的部分地貌因子，特别是数字高程这一基本的单纯地貌因子。

(4) 单项数字地面模型

单项数字地面模型即地面信息类型数目为1（m=1）的数字地面模型，例如数字高程模型、地价数字地面模型、重力数字地面模型等。

2. 数字表面模型

数字表面模型（Digital Surface Model，DSM）是指包含了地表建筑物、桥梁和树木等高度的地面高程模型，DSM样图如图8-34所示。DSM是在DEM的基础上，进一步涵盖了除地面以外的其他地表信息的高程。在一些对建筑物高度有需求的领域（如飞行航线的净空区域确定），DSM得到了很大程度的重视。

3. 三种表达地形模型的区别

(1) DEM与地形模型DTM区别

一般认为，DTM是描述包括高程在内的各种地貌因子，如坡度、坡向、坡度变化率等因子在内的线性和非线性组合的空间分布，如图8-35所示为DTM模型。而DEM是零阶单纯的单项数字地貌模型，数字地面模型DEM呈现的是没有任何物体（如植物和建筑物）的裸露地面。

图8-34　DSM样图　　　　图8-35　DTM模型

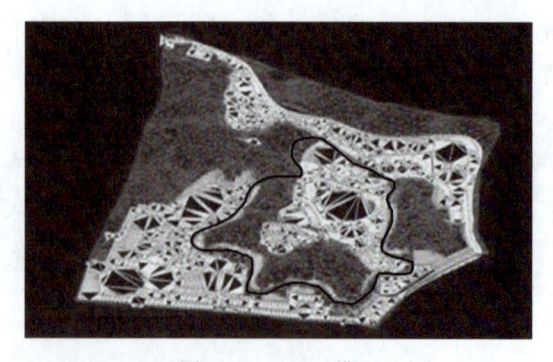

(2) DEM 与数字表面模型区别

数字表面模型(Digital Surface Model,DSM)是指包含了地表建筑物、桥梁和树木等高度的地面高程模型。其中 DSM 是在 DEM 的基础上,进一步涵盖了除地面以外的其他地表信息的高程,DEM 样图如图 8-36(a)所示,DSM 样图如图 8-36(b)所示,两者区别主要在于 DSM 的挤压特征,即树冠。

(a) DEM 样图　　　　　　　　　　(b) DSM 样图

图 8-36　DEM 与 DSM 区别

(3) DSM 与 DTM 产品区别

DSM 表达了真实地球表面的起伏情况,让 DEM 的世界多了建筑物和森林等地物的身影。DSM 表现的信息量更大。除了自然地理空间信息,还可从 DSM 中直接提取社会、经济信息。DSM 与 DTM 区别如图 8-37 所示,基于 DSM 和 DTM 之间的差异比较,可以获取非常有用的信息,例如建筑物高度、植被冠层高度等。

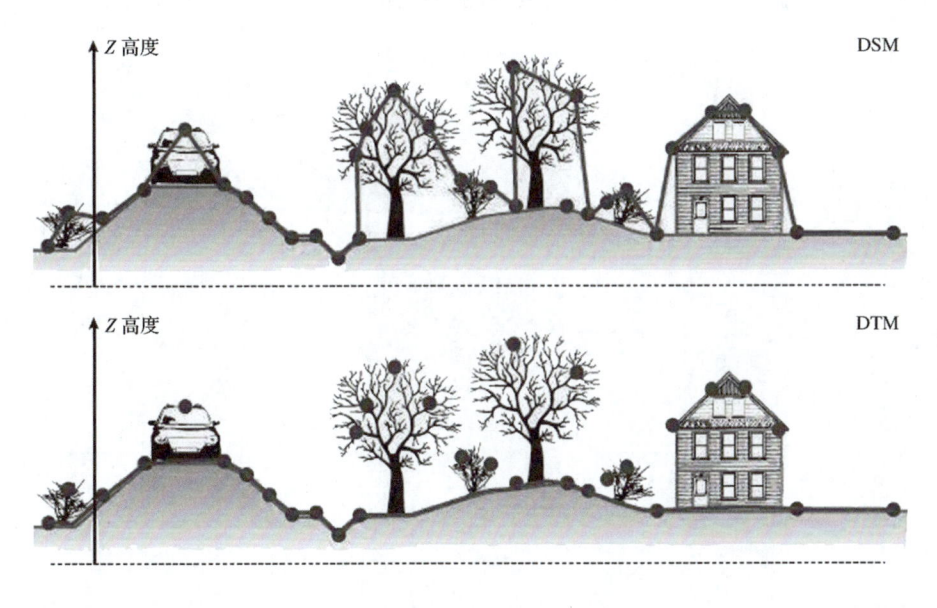

图 8-37　DSM 与 DTM 区别

本章知识点概述

1. 数字高程模型。
2. DEM 外业数据采集。
3. DEM 模型处理技术。
4. DEM 质量评估和数据共享。
5. DEM 工程应用。
6. 我国 DEM 建设现状。

思考题

1. 什么是数字高程模型？它是如何表达地形的？
2. DEM 数据采集有那几种方式？各有什么优缺点？
3. 如何利用全站仪进行 DEM 采集？全站仪进行 DEM 采集适合用于什么情况？
4. 简述 TIN 与格网结构的优缺点。
5. 编写 DEM 生成等高线流程图。
6. 数字高程模型采样应考虑哪些因素？
7. 评估 DEM 的质量指标有哪些？
8. 列举基于 DEM 数据可以获得的数字测绘产品。

第 9 章

从二维 DLG 到实景三维的智能测绘

9.1 数字地图与DLG产品特性

1. 数字地图与 DLG

地图按其内容分为普通地图和专题地图。

普通地图又称自然地图,是比较全面地描绘一个地区自然地理和社会经济一般特征的地图。其表示内容有:水系、居民地、道路网、地貌、土壤、植被、境界线以及经济现象、文化标志等,形式多样。

面对主题或服务的目的不同,专题地图种类繁多,如人口图、经济图、政治图、文化图、历史图等。

数字地形图(Digital Line Graphic,DLG)属于普通地图的一种,又称数字线划图或数字矢量图,是以数字形式存储和再现地形的产品。基于严格的数学投影基础,DLG 产品具有一定的比例尺和平面坐标系统,并能更详细地描绘地表(地物及地貌)各类事物属性。

基于网络的大数据时代,数字地图呈现的形式是多样的。而根据不同的用图目的,从 2 维数字地图到 2.5 维数字地图再到 3 维数字地图,地图已渗入到日常生活当中。

2. 数字地形图比例及包含实体

(1)地形图比例尺及用途

地形图的比例尺就是地形图上某一线段的长度与地面上相应线段的水平距离之比。通常用分数形式表示,即 $1/M$,M 称为比例尺分母,即

$$1/M = 1/(D/d) \tag{9-1}$$

D 为实地的水平距离,d 为图上的长度。

通常把 1∶500、1∶1 000、1∶2 000 和 1∶5 000 比例尺地形图称为大比例尺地形图。1∶1 万、1∶2.5 万、1∶5 万、1∶10 万的图称为中比例尺地形图。1∶20 万、1∶50 万、

1∶100万的图称作为小比例尺地形图。

比例尺一般有三种表示方法：数值比例尺、图示比例尺和文字比例尺。

一般来讲，大比例尺地形图，内容详细、几何精度高，可用于图上测量。小比例尺地形图，内容概括性强，不宜进行图上测量。不同比例尺地形图应用见表9-1。

表9-1　　　　　　　　　　不同比例尺地形图应用

比例尺	用途
1∶10 000	城市总体规划、厂址选择、区域位置、方案比较。
1∶5 000	
1∶2 000	城市详细规划及工程项目初步设计。
1∶1 000	城市详细规划、工程施工设计、竣工图。
1∶500	

（2）地形图实体要素及分类

地形是地物及地貌的统称，由其制作的地形图广泛用于建设工程的各个阶段。

其中地物是指地表面天然或人工形成的各种固定建筑物，如河流、森林、房屋、道路和农田等。地貌是指地面上高低起伏的形态，如高山、丘陵、平原、洼地等。

一般地形图表达的实体可以归纳为八大实体，地形图中表达的实体如图9-1所示。

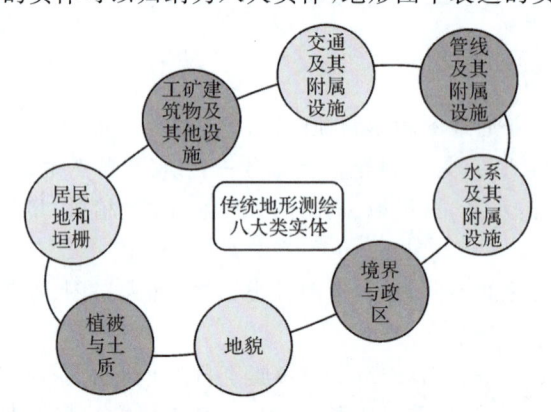

图9-1　地形图中表达的实体

一幅完整地形图，要能表达出上述实体的位置、属性、特征等，并需要通过四大要素实现，地形图四大要素见表9-2。

表9-2　　　　　　　　　　地形图四大要素

地形图要素	说明
数学要素	如测图比例尺、坐标格网等
地形要素	各种地物、地貌
注记要素	包括各种文字说明注记，如单位、居民地、水域、山和道路等的名称注记，还有一些必要的说明注记及各种数字说明注记
整饰要素	包括图名、图号、图幅接合表、图框、测绘机关名称、测绘日期及测图方法、采用的坐标系统、高程系统、测图比例尺、测量员及检查员等

由于地物的种类繁多，为了在地形图生产和使用地形图中不至于造成混乱，各种地物、地貌表示方法在图上必须有一个统一的标准。另外需要制定数字地形图要素分类代码标准，也是为了计算机制图的规范、方便。

三位数字型编码是计算机能够识别并能有效迅速处理的地形编码形式，又称内码。其基本编码思路是将整个地形信息要素进行分类、分层设计。将所有地形要素分为10大类，每个信息类中又按地形元素分为若干个信息元，第一位为信息类代码(10类)，第二、三位为信息元代码。

对于图9-1中的地形实体里包括的地物、地貌，基于各种比例数字地形图的图式符号以及代码制定标准，确定其在地形图中的表达的方式，这个标准称为"地形图图式"。国家测绘部门对地物、地貌在地形图上的表示方法制定了统一标准，如《1∶500 1∶1000 1∶2000数字地形图测绘规范》(DB33/T 552－2014)制定了关于地物地貌编码信息的标准代码，其中地形图包含的九大实体要素(图9-1中的实体要素再加上测量控制点要素)，对应的代码见表9-3。

表9-3　　　　　　　　　　　数字地形图要素代码

地形图要素	要素代码	图层代码
测量控制点	1	KZD
居民地与垣栅	2	JMD
工矿建筑	3	DLDW
交通及附属	4	DLSS
管线及附属	5	GXYZ
水系及附属	6	SXSS
境界	7	JJ
地貌与土质	8	DMTZ
植被	9	ZBTZ

在这些要素代码基础上，进一步具体细化为二级代码，以完整表达对地物、地貌对象的描述。如《数字地形图测量规范》所制定的关于地物地貌编码信息的标准代码中的居民地的三位编码，其中第一位信息类代码即为2。

3. 地形图中实体的表达

(1)地物的符号分类

①点状符号

点状地图符号代表空间某点状的地物，其符号大小与地形图比例尺无关，且其点位可表达事物的具体位置，如控制点、变压器、路灯、电话亭、矿井等。

②线状符号

线状地图符号代表位于某曲线或直线上的地物。此时其符号长度依比例尺而变化，即长度可代表实际长度，而宽度则按规定的制图宽度尺寸绘制，如河流、铁路、渠道、道路等。而有些线状符号如等高线，则描述的是面的某种特性。

③面状符号

面状地图符号表示空间面状地物,面状符号大小随比例尺发生变化,即面状符号能够代表某类事物的位置、形状和大小,如农田、森林、矿产分布、土地利用分类范围、动植物分布范围等。面状符号本质上是由线状符号表达。

(2)地物符号示例

地物符号一般由相关测绘部门制定国家标准,如《1∶500 1∶1000 1∶2000 数字地形图测绘规范》(DB33/T 552—2014)。数字地形图地物符号如图9-2所示。

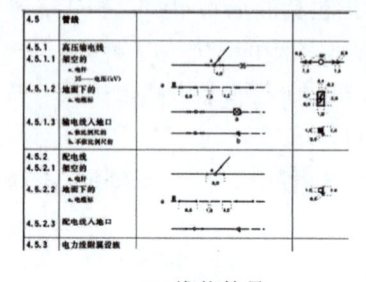

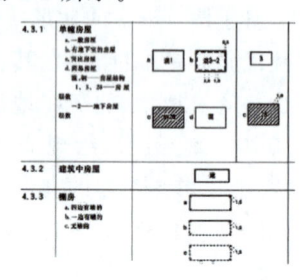

(a)点状符号　　(b)线状符号　　(c)面状符号

图9-2　数字地形图地物符号

当然一些特殊行业也可根据自身的用图需要,制定相应的地物符号。特殊地物符号如图9-3所示。

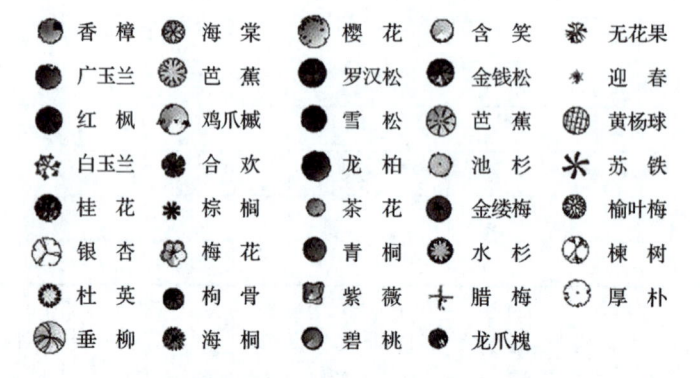

图9-3　特殊地物符号

(3)地貌的符号表达

地貌是地形图里描述地理现象的最主要内容之一。地貌的变化对人文环境有着极大的制约作用。对地形图中描绘的地貌解读,可以使人们更好地了解某一区域的政治、经济、社会现象的空间分布状况。同时地图中对于地貌的详细描述,可以用于规划、设计、勘察等行业。

二维地形图上对地貌的描述可以采用许多方法,包括等高线法、分层设色法、写景法、晕渹法、晕渲法等。

其中等高线是描述地貌起伏最常用的方法之一,也是与其他几种方法相比精度较高的一种,尤其是在大、中比例尺地形图中更为常用。

由于地形图中等高线描述地貌精度较高,且可进行精确量测,因而应用较广,可用于各种工程建设的规划设计,如公路、铁路、输电线等的线路选取和设计,水库、水坝及矿山的设计,水库的范围估计,区域不同季节水域范围的估计等。

等高线表达地貌特征如图 9-4 所示,其中包括一些典型地貌形态,如山顶、台地、鞍部、山谷、山脊等。而山谷线、山脊线又统称为地性线。

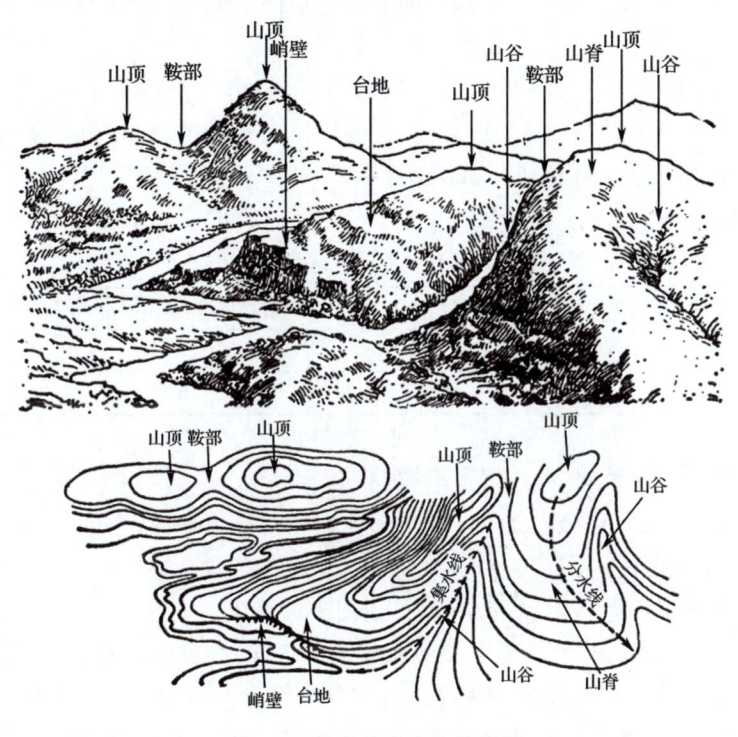

图 9-4 等高线表达地貌特征

同样,在水下地形图中,相同深度的各点连接成封闭曲线,按比例缩小后垂直投影到平面上所形成的曲线,称为等深线。在同一条等深线上各点深度相等。等深线可表示海洋或湖泊的深度,也可以描述海底或湖底相对高程基准的地形起伏。

地形图等高线具有如下特征:

①同一条等高线上的点的高程相同,反之不一定成立。

②等高线是闭合曲线。因为等高线是水平面与地面曲面的交线,其交线必然是一闭合曲线。由于地形图的图幅范围有限,因而等高线有可能在图廓线处断开,或与地物、注记等相交时断开。

③不同高程等高线不能相交和重合。因为不同高程水平面不相交,故相应的等高线不相交和重合。地形图绘制时,在陡壁、陡坎、悬崖、绝壁等处,不同高程等高线可能相交重合,但应用地貌符号予以描绘。

④等高线与山脊线和山谷线正交。一般来说,两个山脊夹一个山谷,同样两个山谷夹一个山脊。

⑤等高线平距与地面坡度成反比,即地面坡度越陡,等高线越密,反之越疏。

了解了等高线特性,也就看懂了等高线地形符号。

4. 国家基本比例尺地形图

1∶5 000、1∶1万、1∶2.5万、1∶5万、1∶10万、1∶25万、1∶50万、1∶100万8种比例尺地形图,称为国家基本比例尺地形图。

国家基本比例尺地形图坐标系统采用1980国家(西安)坐标系和1954北京坐标系。高程系统为1985国家高程基准。椭球几何元素分别按IAG-75椭球和克拉索夫斯基椭球元素计算。

目前,也有把1∶500、1∶1 000、1∶2 000、1∶5 000、1∶1万、1∶2.5万、1∶5万、1∶10万、1∶25万、1∶50万、1∶100万这11种比例尺地形图,均称为国家基本比例尺地形图的情况。平面坐标采用CGCS2000坐标系。

表9-4为国家基本比例尺地形图1∶1万~1∶100万的分幅管理划分范围。

表9-4　　　　　　　国家基本比例尺地形图分幅管理划分范围

图幅比例尺	1∶100万	1∶50万	1∶25万	1∶10万	1∶5万	1∶2.5万	1∶1万
经度范围(宽)	6°	3°	1°30′	30′	5′	7′30″	3′45″
纬度范围(高)	4°	2°	1°	20′	10′	5′	2′30″

5. 工程规划、勘察、设计、施工中常用地形图

1∶500、1∶1 000、1∶2 000、1∶5 000称为大比例尺地形图,它们是工程规划、勘察、设计、施工中常用地形图。

大比例尺地形图均为高斯-克吕格投影,成图坐标系统一般采用1954北京坐标系。目前国家正在推行CGCS2000坐标系。高程系统均为1985国家高程基准。

为了管理好我国的土地资源,不重复、不遗漏地测绘地形图,同时也为了能更科学地管理和使用地图,需要将各种大比例尺的地形图进行统一的分幅和编号。矩形分幅或正方形分幅地图为常采用的形式。图幅金字塔管理如图9-5(a)所示,自下而上,从1∶2 000、1∶1 000到1∶500比例尺地形图,分层进行不同细节划分,形成了多层金字塔管理模式。通常以整千米或百米坐标为图廓线坐标位置。标准矩形分幅或正方形分幅地形图图幅大小有40 cm×40 cm,40 cm×50 cm,50 cm×50 cm几种形式。根据地图比例尺不同,便可计算出每幅图所代表的实地尺寸和面积、点位对应的图幅(图9-5(b)中的A点)。

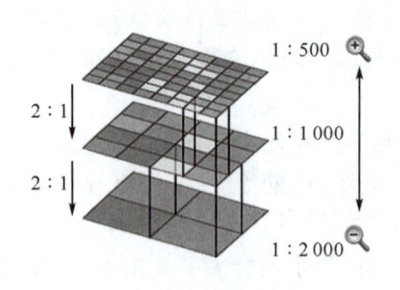

(a)图幅金字塔管理　　(b)正方形分幅

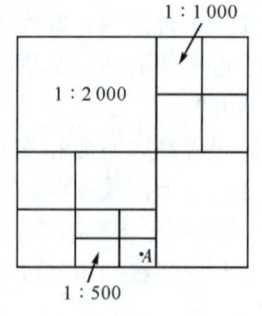

图9-5　大比例尺地形图分幅管理

9.2 数字地形图基础

数字地形图是伴随数字时代从传统模拟手绘地形图发展的产物,具有精度高、绘制方便、容易保存的特点。由于是以计算机数字形式存储和描述实体,因而很容易将其转化成各种其他形式的数字产品。数字地形图便于拓展应用范围,如进行空间统计、空间分析和空间量测等。

一般二维数字地形图产品按其性质可以分为栅格图和矢量图,此外还有表达地面三维信息的如数字高程模型、数字表面模型、数字地面模型以及基于影像的正射数字影像图等。

1. 数字线划图数据采集

数字线划图是地形图上基础要素信息的矢量格式数据集,基于地貌和地物要素的组合,保存着要素的空间关系和相关的属性信息,能较全面地描述地表目标。

(1)已有纸质地图获取

常用已有纸质地图获取方法为扫描数字化法。借助图像数字化仪器,沿 X 方向扫描,沿 Y 方向走纸,图纸在扫描仪上走一遍,即完成图纸的扫描栅格化。借助人机交互方式或矢量软件将栅格数据转换成矢量数据,并最终得到数字化地形图。作业流程如图 9-6 所示。

图 9-6 作业流程

(2)现场地面特征点采集

现场地面特征点采集是利用 GPS-RTK、全站仪、经纬仪等各种地面测量设备,现场采集特征点的空间位置及属性数据,然后进行内业数据处理及制图。根据测绘设备及工序不同,又分为草图法、电子平板两种模式。

草图法:作业模式为测记法,外业用全站仪、GPS-RTK 采点,并现场手工草绘出地形示意图,再到室内结合观测数据完成地形图绘制,草图法基本作业过程如图 9-7 所示。

电子平板:为现测现绘。即现场即时采点并传输到计算机中,实时绘制地形图。野外电子平板数字测图如图 9-8 所示。

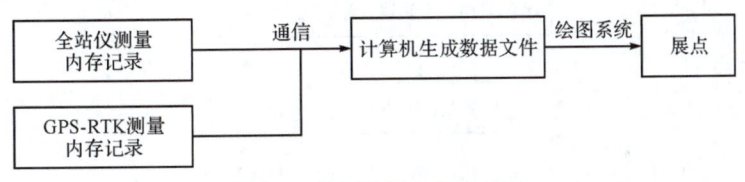

图 9-7 草图法基本作业过程

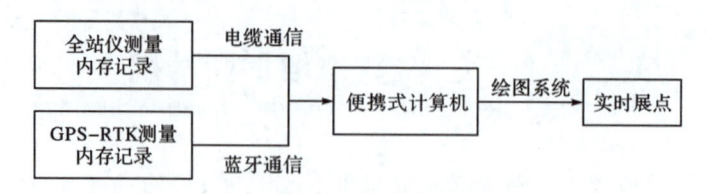

图 9-8　野外电子平板数字测图

(3)航测法成图

航测法是利用机载(星载)平台获取数字影像以及激光点云的辅助数据,通过数字影像测图软件,获取如 DOM、DEM 等数字模型成果。再根据建立的数字模型,通过 3D 立体地形绘图软件,获得标准的 DLG。空地一体化获取 DLG 如图 9-9 所示。

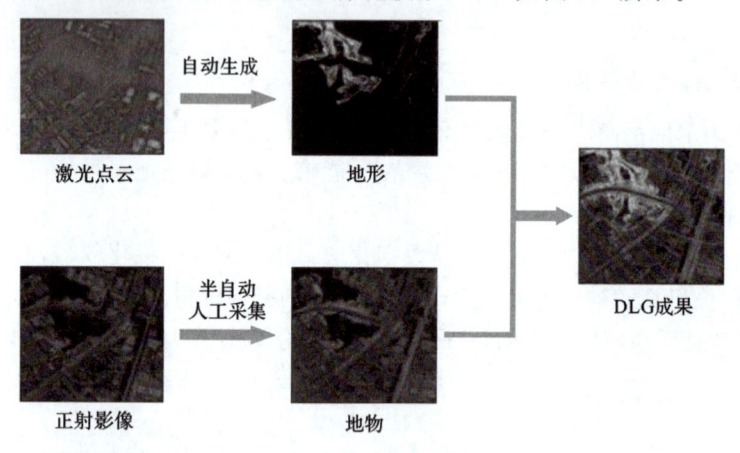

图 9-9　空地一体化获取 DLG

2. 二维线划图内业制作

(1)基于地面采集特征点的数据绘制

①技术流程

由于数据处理方便,基于采集的地面特征点进行线划图制作的成图方式大部分为草图法,其内业处理流程如图 9-10 所示。

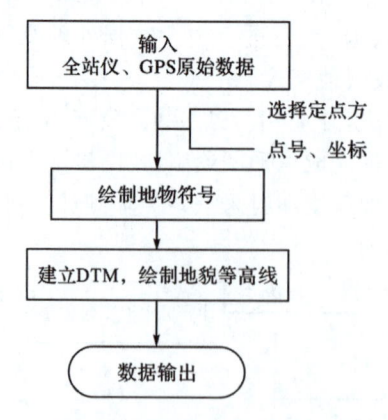

图 9-10　草图法内业处理流程

② 地物符号绘制

按照选用的数字成图软件,根据绘制地物菜单提示,选择公共设施菜单下显示的"符号库",完成各种地物符号绘制。地物符号库如图 9-11(a)所示。

③ 地貌符号绘制

按照选用的数字成图软件,根据其地貌菜单提示,选择公共设施菜单下显示的"符号库",完成各种地貌符号绘制。地貌符号库如图 9-11(b)所示。

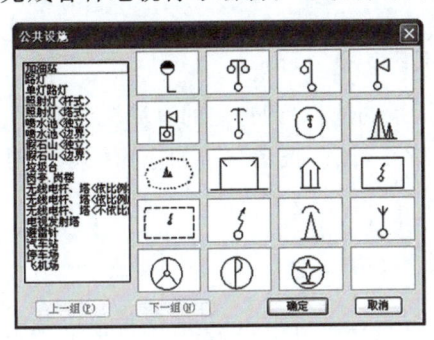

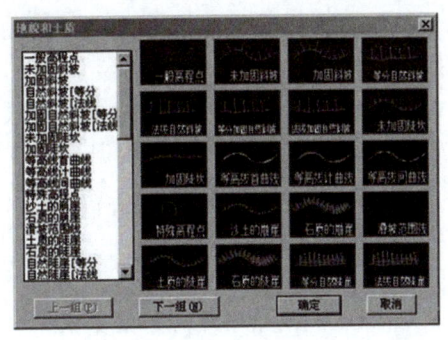

(a)地物符号库　　　　　　　　(b)地貌符号库

图 9-11　地物地貌符号绘制

④ 基于 CASS 数字地形图成图简介

测量中常用的 CASS 地形、地籍成图软件是基于 AutoCAD 平台的 GIS 前端数据处理系统,广泛应用于地形成图、地籍成图、工程测量应用、空间数据建库等领域,全面面向 GIS,彻底打通数字化成图系统与 GIS 接口,使用骨架线实时编辑、简码用户化、GIS 无缝接口等先进技术。基于 CASS 软件获取 DLG 如图 9-12 所示。

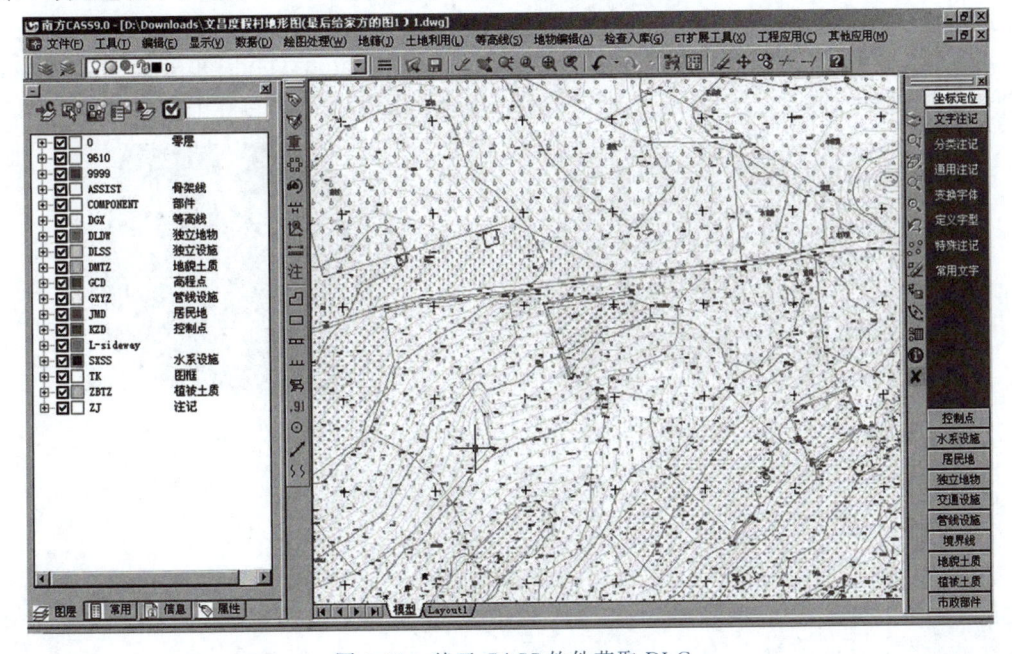

图 9-12　基于 CASS 软件获取 DLG

伴随AutoCAD产品的升级,CASS每年也会升级一次。

图形编辑成图参照的国标标准如下(部分):

A. GB/T 20258.1—2019 基础地理信息要素数据字典　第一部分:1∶500　1∶1000　1∶2000　比例尺

B. GB/T 20257.1—2017《国家基本比例尺地图图式　第一部分:1∶500　1∶1000　1∶2000　地形图图式》

(2)基于无人机影像制作DLG

①数据前期准备。

A. 导入像控点坐标文件(注意坐标格式、坐标系的选择)到选定的解算软件中。

B. 将POS及像控点导入。根据套合的相对位置,逐一挑选包含相应像控点的对应照片(每个像控点包含的照片尽可能找全)。

②正射影像图及DTM获取。

以PIX4D为例:

A. 先只进行"高精度解算",会生成一个空三报告,确定像控点是否用得上以及精度如何。对一些质量不好的像控点,进行调整或删除。再次进行高精度解算,直到精度满足要求。("快速检测"在野外用于检测本次飞行的质量是否有大的错误)。

B. 完成高精度处理后,可以获取"空三加密"和"DSM点云"。最后会在设定的工程目录下生成正射影像、DSM、点云数据等。

③基于DOM+DEM立体模型数据制作DLG。

基于无人机影像解算的空三加密成果所生成的点云DEM数据和DOM影像数据,可以利用相关软件直接进行地物对象的采集(裸眼3D制图),并建立TIN绘出等高线,最后通过编辑获得DLG产品。基于立体影像模型制作DLG如图9-13所示。图9-13(a)所示为平行窗口获取数据,是基于3D模型利用CASS11在CAD上同步获取二维DLG;图9-13(b)为三维模型直接获取数据,就是在立体影像模型上直接制作DLG。

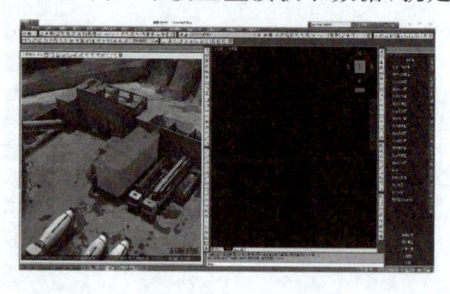

(a)平行窗口获取数据　　　　(b)三维模型直接获取数据

图9-13　基于立体影像模型制作DLG

3. DLG产品应用

数字线划地形图的技术特征为,地形图的地理内容、分幅、投影、精度、坐标系统与同比例尺的普通地形图一致。图形输出为矢量格式,任意缩放下均不变形。DLG产品能够从多方面描述地表现象,目视效果与同比例尺普通地形图一致但色彩更加丰富。

DLG可满足各种空间分析要求,可随机地进行数据选取和显示,如与其他信息叠加,可进行项目的勘察、规划、设计和管理。

DLG 能满足各种空间分析要求。其中部分地形要素可作为数字正射影像地形图中的线划地形要素。

DLG 还是一种更为方便地缩放、漫游、查询、检查、量测、叠加的地图。其数据量小,便于分层,能快速生成专题地图,因此也被称为矢量专题信息(Digital Thematic Information,DTI)。

9.3 实景三维地图特征

1. 实景三维定义(Realistic 3D)

实景三维模型是对一定范围内人类生产、生活和生态空间场景进行真实、立体、时序化反映和表达的数字虚拟空间。实景三维模型建立技术以"全要素、全纹理"的方式来表达空间,提供了不需要解析的语义,是物理城市的全息再现。

当今智能化时代,新技术、新设备不断涌现,测绘产品从二维到三维的转型成为时代的需要。如自然资源部 2021 年 9 月印发的《自然资源三维立体时空数据库主数据库设计方案》中明确说明,"实景三维中国的地形级、城市级、部件级三维数据构成全国统一的三维空间框架,从而为各类自然资源的直观表达提供三维空间基底"。实景三维中国被认为是数字中国的空间基底和统一的空间定位框架与分析基础,在全国范围内作为新型基础测绘的标志性工作得到大力推进。

实景三维场景定义见表 9-5。

表 9-5　　　　　　　　　　　　实景三维场景定义

场景	定义
眼见为实的场景	人类的视觉所能观测和描述的地理场景 真实可见或被可视化的地理场景
实体化了的场景	以地物实体模型表达的地理场景 地理要素中地物实体化(单体化)构成的地理场景
科学真实的场景	利用科学方法与技术,获取、抽象和表达的地理场景 各种地理要素相联系、相互作用所构成的具有特定结构和功能的地理场景

实景三维不仅是数字孪生时代的数字底座,更为新基建提供了完整性好、现势性强、精准度高的时空数据。它可在智能建设的三个方面——信息基础设施、融合基础设施和创新基础设施同时发力,推进数字产业化、产业数字化及数字经济的发展。

2. 构造实景三维模型的测绘基础产品

构造实景三维模型的测绘基础产品是通过在三维地理场景上承载结构化、语义化、支持人机兼容理解和物联实时感知的地理实体进行构建。实景三维模型中测绘基础产品见表 9-6。

表 9-6　　　　　　　　　　　　实景三维模型中测绘基础产品

测绘空间数据体		物联感知数据	地理支撑环境
DOM/DEM	DSM/TDOM	自然资源实时感知数据	统一时空大数据平台
倾斜摄影	三维模型	物联网感知数据	国土空间基础信息平台
BIM 模型	矢量数据	互联网在线抓取数据	实景

构成实景三维模型包括多个子模型块，实景三维模型类型见表 9-7，表中多个子模型块数据来源均与智能测绘技术支持相关。其中地形模型指的是 DTM，地表模型指的是 DSM，地貌模型及地下空间模型指的是 DEM，而水域模型、土地利用覆被模型、管理区域模型与 DSM\DOM 关系密切，人为工程模型则与 TDOM 模型有密切关系。

表 9-7　　　　　　　　　　　　实景三维模型类型

模型类型	模型表达形式
地形模型	地形面（去除植被、建构筑物）的点云、三角网、规则网格模型
	包含植被冠层、建筑冠层等地表点云、三角网、规则网格模型
地表模型	去除植被的地表点云、三角网、规则网格模型
水域模型	水面形态、水下地形表面模型、水体实体三维模型
地貌模型	地貌表面三维模型、地貌实体三维模型
土地利用/覆被模型	土地利用/覆被表面三维模型
管理区域模型	管理区域表面三维模型
人为工程模型	建构筑物模型表面模型、实体白模、精模、室内外一体化
	建筑构件、建筑空间实体模型
	交通工程实体表面、体三维模型
	水利工程实体表面、体三维模型
	电力工程实体表面、体三维模型
	市政工程实体表面、体三维模型
地下空间模型	地质实体表面、体三维模型
	固体地球表面模型、三维体元模型
	矿产表面、体三维模型
	土壤表面、分层表面、体三维模型

3. 实景三维模型数据与地学模型关系

描述地面实景三维模型包括：①模型数据，即由人工构建的三维模型数据；②矢量数据，包括二维的点、线、面数据以及三维的点、线、面数据；③建筑信息模型，如采用 BIM 设计软件制作的三维模型数据；④实景三维数据，包括地理场景数据和地理实体数据。这些均需要描述地形的系列模型包括 DLG、DSM、DOM、TDOM 等支持。

如 DOM 是经过 DEM 校正生产的影像地图，而 TDOM 则是从 DSM、DEM 派生的地形家族也是符合逻辑的"成对帮扶"，整体地类数字模型家族关系如图 9-14 所示。

第9章 从二维DLG到实景三维的智能测绘

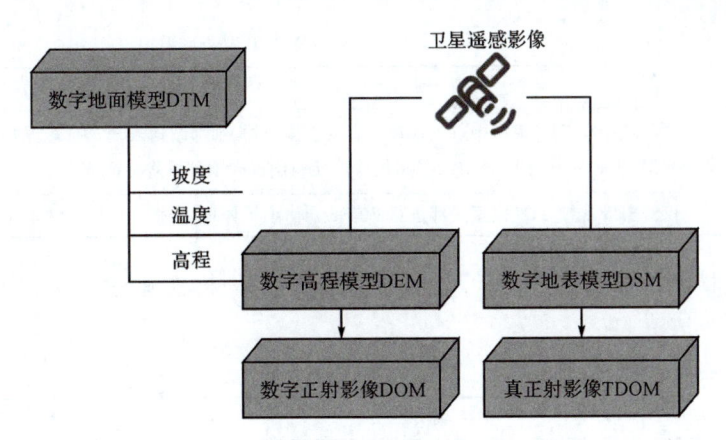

图 9-14 数字模型家族关系

由于DOM同时具有地图几何精度和影像特征,它也是4D基础地理信息产品模式中的重要组成部分,也作为实景三维城市模型的基础数据。

4. 实景三维模型层次描述

(1)实景三维模型实体组成体系

实景三维模型实体的描绘体系及具体内容包括地物实体的描述体系(表9-8),实景三维单体模型表现形式(表9-9)以及实景三维TIN表现形式(表9-10)。

表 9-8　　　　　　　　　　　　地物实体的描述体系

描述体系	具体内容
语义描述	名词解释、分类体系、原理图(示意图)
空间位置	坐标、地标、地名地址
几何形态	点、线、面、体、像素、体素
演化过程	时刻点 t 的状态、时间片段(Δt,dt)或全过程的行为
要素关系	空间、时间、时空以及自然地理、人文地理、信息地理要素关系
作用机制	物理、化学、生物、人文、社会、经济作用机制
传输及转换机制	空间及属性数据存储格式的互换和传输
属性特征	几何、物理、化学、生物、人文、社会、经济等属性

表 9-9　　　　　　　　　　　　实景三维单体模型表现形式

表现形式	具体内容
细节建模表现	对地理要素主体结构、细部结构进行精细几何建模表现,外立面纹理采用能精确反映物体色调、饱和度、明暗度等特征的影像
主体建模表现	仅对地理要素的基本轮廓和外结构进行几何建模表现,植被、栅栏栏杆等模型仅用单面片、十字面片或多面片的方式表示,外立面采用能基本反映地物色调、细节特征结构的影像
符号表现	用三维模型符号库中预先制作的符号来表现地理要素,改模型符号仅用位置、姿态、尺寸及长宽高表示,比例可以改变

表 9-10　　　　　　　　　　　　实景三维 TIN 表现形式

表现形式	具体内容
细节建模表现	对实景三维 TIN 模型中重点地理要素的主体结构、细部结构表现进行悬浮物删除、模型置平、模型补漏、扭曲变形处理等几何编辑,使模型能精确反映地理要素特征结构
主体建模表现	仅对实景三维 TIN 模型局部进行简单的几何编辑处理,使得模型场景整体可视化效果良好

实景三维模型内容的细节表达,包括了模型的细分、层次细分以及纹理细分,实景三维的技术支持见表 9-11。

表 9-11　　　　　　　　　　　　实景三维的技术支持

模型	细节层次	纹理
细分为地形模型、建筑要素模型、交通要素模型、水系要素模型、植被要素模型、场地模型、管线及地下空间设施要素模型以及其他要素模型	针对一个建模对象建立的细节程度不同(集合面数和纹理分辨率不同)的一组模型	反映地理要素(不含地形)表面纹理和色泽特征的贴图影像。从纹理加工的角度可以分为普通日景纹理、带光影的纹理和夜景纹理;从纹理反映模型真实外观的程度可分为修饰真实纹理、不修饰真实纹理、通用纹理和示意纹理

(2)基于层级 LOD 技术的实景三维细节表达

第八章介绍的 LOD 概念意为多细节层次,在实景三维应用中,它是一种实时三维计算机图形技术。其基本原理是:视点离物体近时,能观察到的模型细节丰富;视点远离模型时,观察到的细节逐渐模糊。系统绘图程序根据一定的判断条件,选择相应的细节层进行显示,从而避免了因绘制那些意义相对不大的细节而造成的时间浪费,同时有效地协调了画面连续性与模型分辨率的关系。

实景三维模型中各种实体的几何-外观-语义表达的细节层级主要有 4 级(0～3 级),实景三维模型的典型细节层级如图 9-15 所示。其中,LOD 0 以 2 维数字地图表达为主,实体图斑描述了地理要素平面空间中的位置和格局,真实性则依赖实景影像,而地下和室内的实体则难以在该细节层级有效表达。

LOD 1 以 2.5 维的数字高程模型(DEM)为主,叠加数字正射影像(DOM),构建直观表达连续地形起伏特征的数字地形景观模型,或可量测地面高程的虚拟现实场景(但不能量测地物高度)。

LOD 2 的主要空间框架是一种 2.75 维的数字表面模型(DSM),最典型的是倾斜摄影测量网格模型(Mesh)和带语义标识的点云模型。在 LOD 2 细节层级上,地理实体被视为独立的对象,山、水、林、田、地质体或建筑物以单体化的网格模型、点云模型或矢量表面模型等多模态进行表示,在具备真实感外观的基础上,地理实体被赋予了更详细的语义信息,广泛应用于数字乡村、精细农业、防灾减灾等领域。

LOD3 则聚焦实体的 3D 立体结构,可以利用建筑信息模型(Building Information Modeling,BIM)、体素模型(Voxel)、三维边界表示模型(Boudary Representation,B-Rep)等进行精细化表达,不仅包含了实体的模型表面信息,而且描述了实体的 3D 立体组成结构、属性、部件间的语义关联关系及其动态变化,该细节层级模型由于语义信息丰富因此具有重要的科学性、分析性和智能性,广泛应用于城市大脑、数字孪生和设施智能管理等领域。

第9章 从二维DLG到实景三维的智能测绘

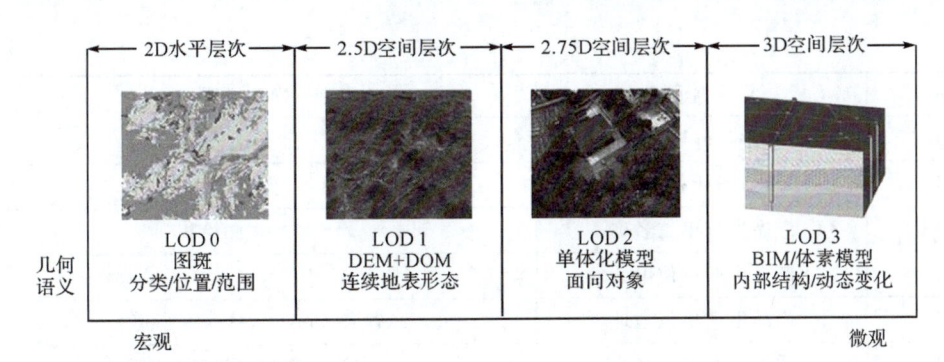

图 9-15　实景三维模型的典型细节层级

粒度不同的各种实体对于不同细节层级和不同模态的实景三维建模，往往需要不同的技术手段实现。其中广域范围连续分布的地形表面模型和大量离散分布人工地物的实景三维建模最具挑战性。

而大范围实景三维的快速获取已有多源数据技术支持，比如基于立体卫星影像、航空摄影测量或倾斜摄影测量、机载激光扫描等。

（3）实景三维模型开发中的元数据

元数据（Metadata），又称中介数据、中继数据，为描述数据的数据（Data about Data），主要是描述数据属性（Property）的信息，用来支持如指示存储位置、历史数据、资源查找、文件记录等功能。各种地形数字模型均有对应标准的元数据格式要求。同样在实景三维模型开发中，必须有元数据进行海量数据的规范化管理。

实景三维地理信息元数据内容应包含数据集的标识信息、空间参考信息、生产信息、质量信息、分发信息。具体如下：

A. 标识信息：数据集的基本信息，以及说明其空间范围、密级等信息。

B. 空间参考信息：数据集的基本空间信息。

C. 生产信息：数据集的数据源、生产者、生产时间等信息。

D. 质量信息：数据集的精度、质量评价等信息。

E. 分发信息：数据集提供者的有关信息。

表 9-12 为实景三维开发元数据文件样本及格式内容（部分）。

表 9-12　实景三维开发元数据文件样本及格式内容

序号	元数据元素	样例说明
1	产品名称	"××（区域）地形级实景三维"
2	产品级别	地形级
3	生产日期	2023 年 3 月 15 日
4	产品摘要	产品的基本介绍
5	格式类型	可相互转换标准格式，如 OSGB、3Dtiles 等
6	产品时点	2020 年 12 月 31 日
7	数据质量	合格
8	坐标系统	CGCS2000
9	高程基准	1985 国家高程基准
10	DOM/TDOM 影像分辨率	0.5 m

续表

序号	元数据元素	样例说明
11	倾斜摄影三维模型分辨率	/
12	DEM/DSM 格网尺寸	2 m
13	产品生产单位名称	×××测绘院
14	产品生产单位电话	××××－××××××××
15	产品生产单位地址	××省××市××区××街道××号
16	质量检查单位名称	×省测绘产品质量监督检验站
17	安全涉密等级	涉密/政务/公众
18	元数据创建日期	2021年1月15日

9.4 实景三维模型基础测绘数据

1. 实景三维数据采集及要求

（1）数据采集设备集成

数据采集设备集成如图 9-16 所示，是统一标定的如摄影测量相机、倾斜、激光扫描仪、高光谱成像仪以及 INS 等硬件的不同层次集成。

（2）多源多模态数据的统一标准

①统一时空框架。

②高精度的多模态数据。

③可融合的多源数据。

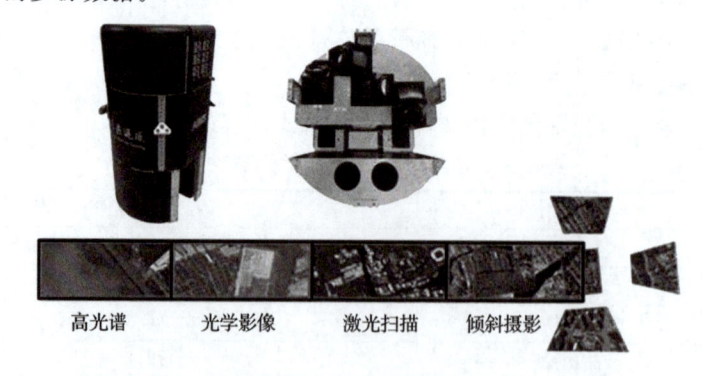

图 9-16　数据采集设备集成

2. 高保真专业三维建模所需测绘资料

三维建模核心测绘产品包括数字地形模型、数字地表模型以及去除植被覆盖的数字地表模型。

由这些数据获取三类点云，结合不规则三角网 TIN 网进行不同场景模型制作。

建模一般流程如下：
①原始数据；②信息提取；③实体建模；④集成输出的建模路径。
下述为建筑、道路、地质等场景建模时的测绘成果使用情况。

(1) 建筑实景三维建模基础资料

建筑实景三维建模需要的分层平面、立面、剖面等测绘资料是建筑单体模型形成的基础，图9-17所示反映了建筑实景三维建模的基础资料及建模过程。

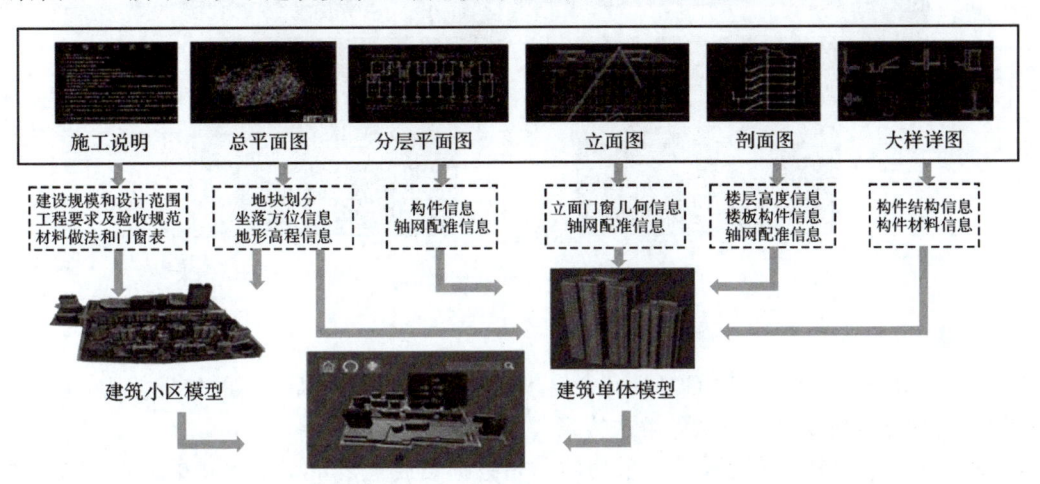

图 9-17　建筑实景三维建模的基础资料及建模过程

(2) 道路场景三维建模基础资料

道路三维建模分为4个模块，包括道路建模、交通设施建模、桥梁建模和辅助建模。其中基于影像点云模型、LiDAR点云数据、基于位置的道路实体自动定位自动识别等，均为智能测绘的基础资料。道路三维场景实时建模如图9-18所示。

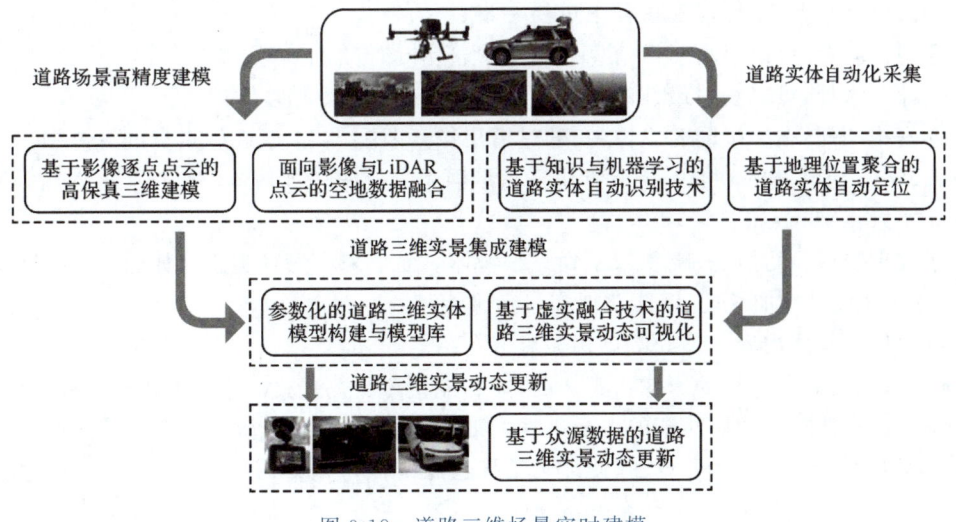

图 9-18　道路三维场景实时建模

(3) 地质三维建模基础资料

可以基于文、图、表各种信息的挖掘，结合地表及地下管线分布测量模型，建立地质三维模型。南京市重点工程(包括南京南站、浦口新城、紫东新城附近)地质三维场景模型如图 9-19 所示。

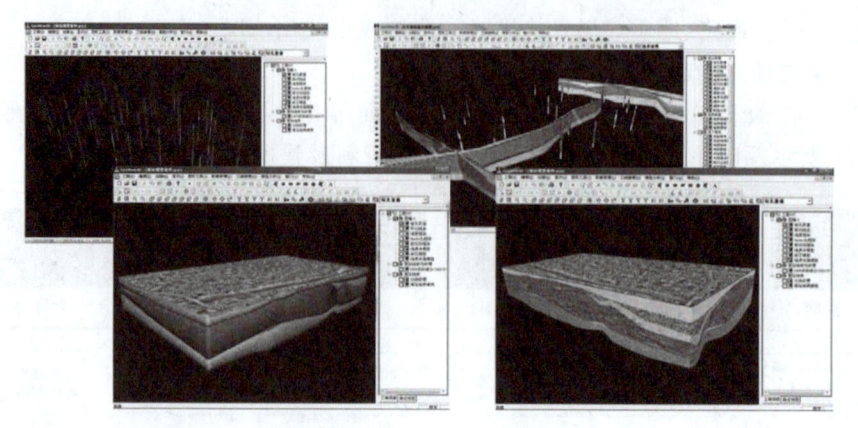

图 9-19 地质三维场景模型

3. 基于 CC 的实景三维建模方法

Smart3D Sat 软件(简称 CC)具有全自动化工作流模式和高效率的处理能力,可以为地形级实景三维建模提供有效的解决方案。

基于 CC 的实景三维建模技术采用的原始数据是通过多角度的倾斜摄影系统获取的测区倾斜影像、POS 数据等资料,运用 CC 强大的基于图像密集匹配技术的快速三维场景运算功能,进行倾斜摄影空中三角测量解算,再进行地面景物的逼真实景真三维重构,最终达到实现全要素的真实影像及纹理的高分辨率实景三维模型。

(1)三维建模中 CC 解算的主要任务

①影像校正:主要是指影像几何校正。

②区域网平差:影像建模过程中重要一步。

③图像融合:可以提高影像信息的利用率、提升影像的空间分辨率。

④像对选择:可以获得最佳的同名影像地面点坐标解算精度。

⑤密集匹配:在多幅同名影像中,通过密集像素匹配,以生成逐像素点的视差图。

⑥Mesh 构建:Mesh 指的是所有用三角形面组合成的三维物体,通过 CC 空三解算,可以建立实景三维 Mesh。

⑦纹理映射:通过把一幅图像贴到三维物体表面上来增强真实感。如通过 CC 纹理映射,给 Mesh 成果贴加纹理,就能获得实景三维模型。

各项任务具体内容见第 6、7 章相关章节介绍。

CC 采用的高鲁棒性的影像密集匹配算法,能生产更高精度、更高分辨率的密集点云。通过融合新算法对多像对匹配的点云进行配准和融合来生产整个测区的高精度点云。采用基于图像引导的点云融合算法,使地物结构边缘更优化完整,并构建三角网和纹理映射生产实景三维模型。

模型的质量整体达到像素工厂软件的水平,局部模型的结构更精细,贴图更逼真。

(2)基于 CC 的倾斜摄影实景三维制作

倾斜摄影实景三维制作流程如图 9-20 所示,在倾斜摄影获取多视角航空影像的基础上,采用POS辅助数字空中三角测量技术,通过连接点自动匹配、人工量测控制点、空三平差解算实现影像的空间精确定位。

采用摄影测量、计算机视觉、自动三维建模及纹理映射技术,实现Mesh模型+TDOM数据生产。

通过辅以补测和智能建模、人工编辑等方式完成单体化精细模型建设。

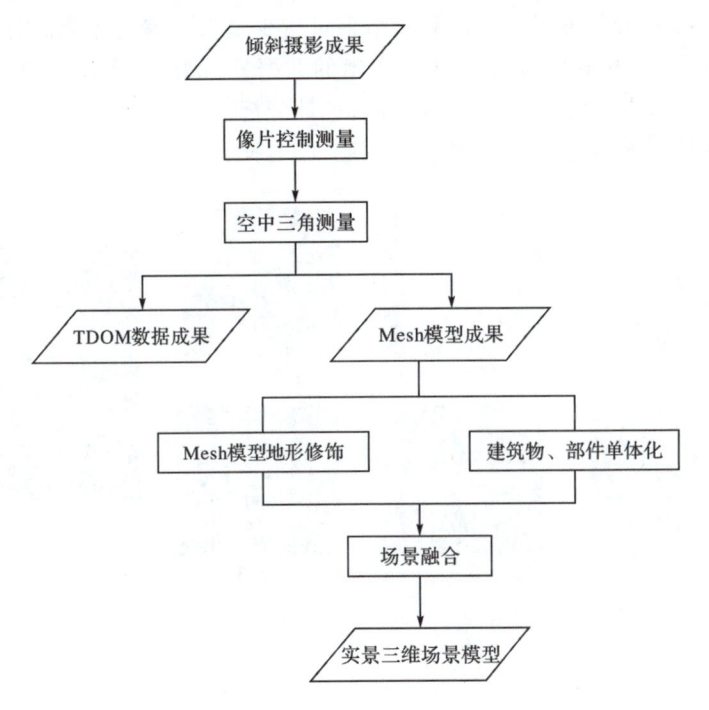

```
倾斜摄影成果
    ↓
像片控制测量
    ↓
空中三角测量
    ↓
TDOM数据成果      Mesh模型成果
                    ↓
         Mesh模型地形修饰    建筑物、部件单体化
                    ↓
                场景融合
                    ↓
              实景三维场景模型
```

图 9-20　倾斜摄影实景三维制作流程

(3)基于CC的Sat卫星影像建模

CC卫星处理平台如图9-21所示,利用CC,可实现多视角卫星影像的实景三维重建,能实现卫星数据处理的流程化。如瞰景Smart3D Sat卫星影像建模系统支持各种数据源(能够构成立体像对的高分辨卫星影像),采用一键式建模,自动化程度高,操作简单,模型质量高,成果丰富(DOM/DSM/LAS/OBJ/OSGB/3Dtile等模型)。

图 9-21　CC卫星处理平台

(4)基于实景三维中 Mesh 建设的单体三维场景

Mesh 是采用一系列大小和形状接近的多边形(通常是三角形)近似表示三维物体的模型。一个三维 Mesh 模型是由一个几何体加上材质所构成的,几何体决定了模型的几何形状,材质决定了模型的外观属性,一个简单的理解就是一个西瓜的瓤决定了它的大小和圆扁,而西瓜皮决定了它外表啥样。

实景三维中 Mesh 模型只有对自动化结果进行少量人工编辑才能满足用户的测绘级需求,根据 Mesh 数据格式的特点,对 CC 产出的数据进行编辑、实体化(单体化)、建立属性、检索、显示属性,导出数据供第三方软件做统计分析。

Mesh 建好后建筑物边角、边线的形态如图 9-22 所示。

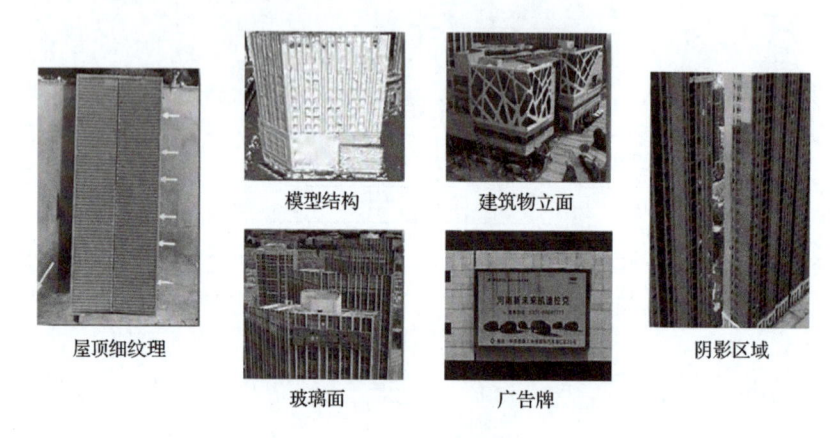

图 9-22 Mesh 建好后建筑物边角、边线的形态

4. 实景三维不同场景融合

三维场景融合如图 9-23 所示,基于实景地形模型,可以与包括建(构)筑物模型、植被、路灯模型、交通信号灯、垃圾桶、监控电子眼、公交站亭、交通标志牌、路名牌等融合。

将单体化的要素模型结构与修整后的地形模型文件进行融合,模型应与地面完整贴合,不应出现悬空、下陷、闪缝等情况。

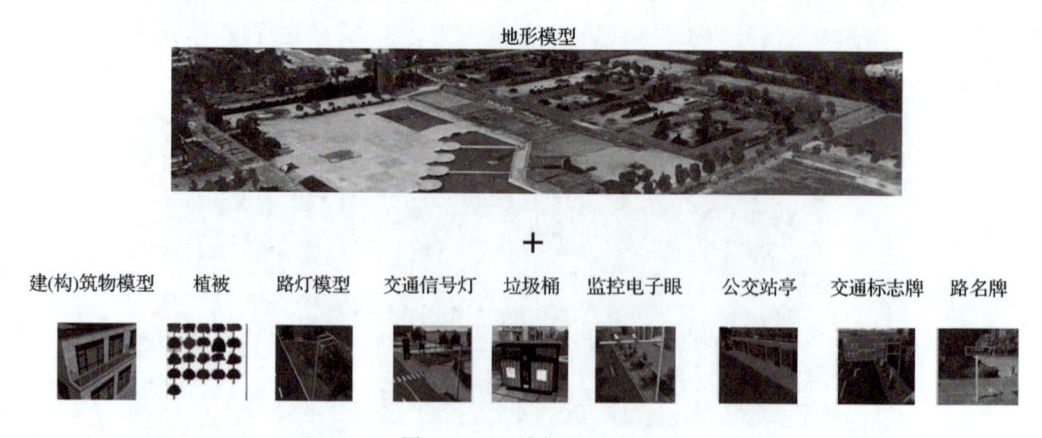

图 9-23 三维场景融合

9.5 实景三维模型的应用

1. 在城市规划及设计应用

随着数字经济的迅速发展，我国城市化进程持续加快，城市建设规模也不断扩大，土地资源也越来珍贵。为促进城市健康有序发展，对城市规划的要求越来越高。基于倾斜摄影测量的实景三维技术已面向城市规划应用。

与传统规划方法相比，基于实景三维进行的城市规划具有真实、直观、可视化等特点，可以直接进行仿真模拟分析，使规划设计方案更加合理科学。规划中的实景三维如图 9-24 所示。

图 9-24　规划中的实景三维

基于实景三维的城市景观开发（图 9-25）中，进行建筑物天际线特征的分析，可以查询、提取城市限高建筑信息等。

图 9-25　基于实景三维的城市景观开发

实景三维模型数据挖掘如图 9-26 所示，如小区里的建筑特性、住宅单位、挡光分析、道路信息等。

图 9-26　实景三维模型数据挖掘

2. 智慧交通与可视化管理

智能测绘技术把地图开发从二维伸展到三维甚至四维，从静态地图转到动态地图，让地图成为展现在人们视野中的地理，是世界从过去、现在到将来的生动再现。

基于实景三维的道路模型如图 9-27 所示，实景三维道路模型的获取，是通过在机动车上装配的 GPS（全球定位系统）、全景相机、三维激光扫描仪、定位定姿惯性导航系统等传感器和设备实现的。车辆快速采集道路及两旁地物的高清影像及激光点云，获取包括道路中心线或边线位置坐标、目标地物的位置坐标、路（车道）宽、桥（隧道）高、交通标志、道路设施等，将其充实到实景三维交通模型建设中。

图 9-27　基于实景三维的道路模型

在智慧交通可视化应用方面，基于多维数据感知，多种地图数据的融合，集成视频监控数据，融合了各类实时传感器数据（基于物联网的红外传感器、激光扫描仪、速度计等传感器和移动终端收集设备）保证了可视化应用的可靠性。智慧交通面向交通管理指挥中心的大屏幕环境，具有优异的大数据显示性能和多机协同管理机制。图 9-28 所示为智慧交通道路全可视化应用服务平台框架。

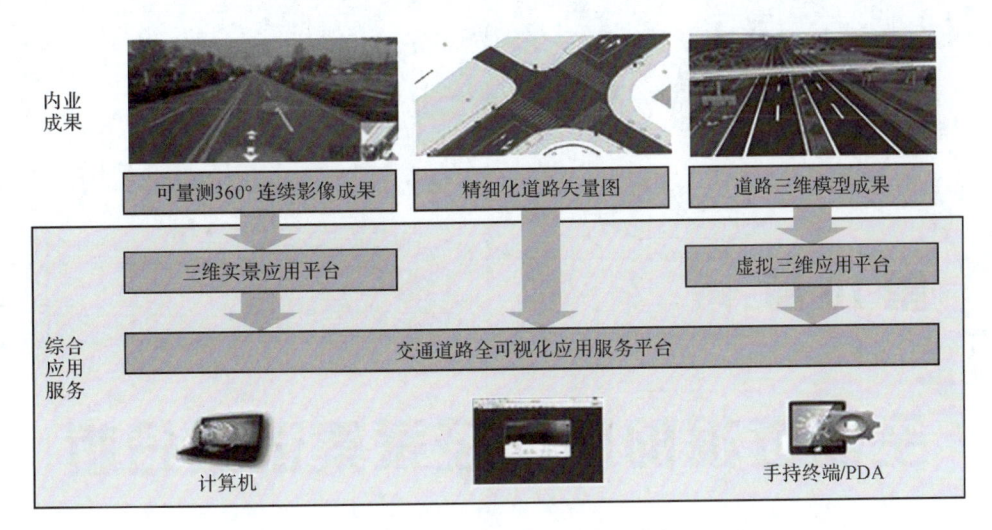

图 9-28 智慧交通道路全可视化应用服务平台框架

本章知识点概述

1. 数字地图产品的特性。
2. 二维数字地图产品。
3. 数字正射影像图（DOM）。
4. 实景三维地图特征。
5. 实景三维模型基础测绘数据。
6. 实景三维模型的应用。

思考题

1. 数字地图包括哪些形式？用途各是什么？
2. 地形图包含的八大要素包括哪些？
3. 地物和地貌表达的内容和特点的区别。
4. 4D 数字产品相互关系是什么？
5. 分析 DEM、DSM、DTM 三者的联系和区别。
6. 何为数字正射影像图（DOM）？其与 DLG 的区别在哪里？
7. 分析普通数字影像与正射影像（DOM）区别。
8. 什么是实景三维地图？其与二维或 2.5 维数字地图区别在哪？
9. 制作实景三维模型，需要哪些关键基础测绘数据？
10. 简述一个实景三维模型利用场景。

第 10 章

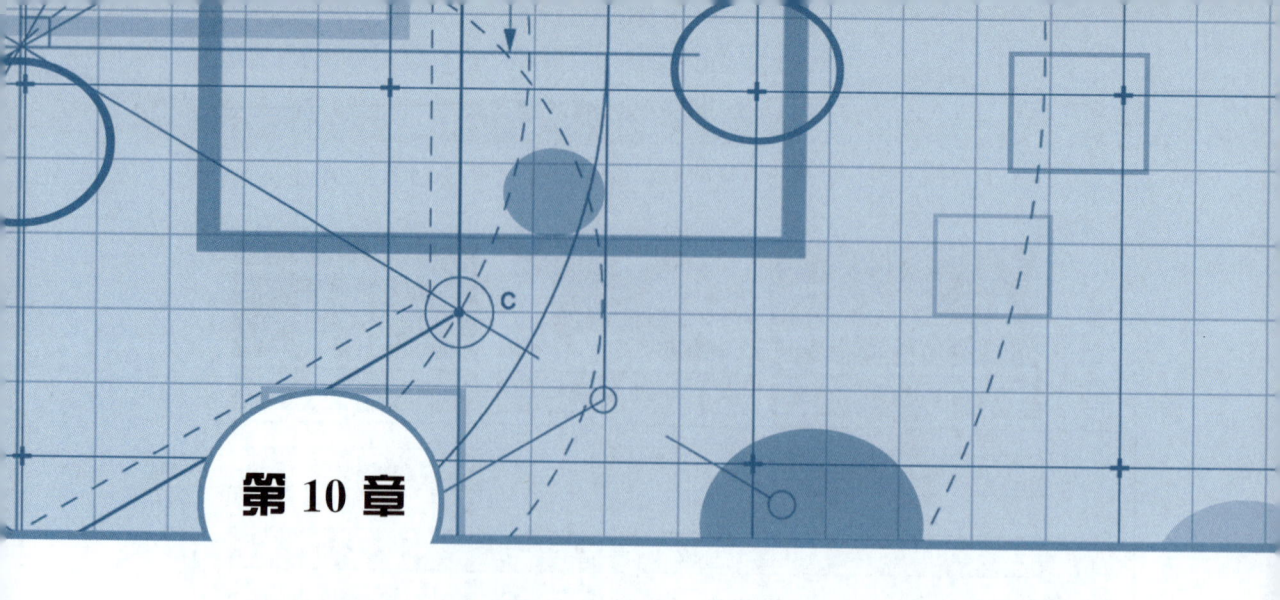

空间数据的质量及采集误差分析

10.1 空间数据采集及质量

空间数据采集是指将现有的地图、地面测量成果、航空像片、遥感图像、文本资料等转成计算机可以处理与接收的数字形式。而这些采集的数据源,是进行空间应用的重要依据,其数据质量的可靠性,对空间数据成果建模应用及预判的准确性影响很大。

空间数据质量是指空间实体数据在表达空间位置、时间信息以及专题特征时所达到的准确性、一致性、完整性程度,以及它们三者之间同一性程度。

实体数据采集分为属性数据采集和图形数据采集。属性数据采集主要是派生数据获取;图形数据采集一般是由特征点、线、面组合实现。数据采集过程中难免会存在错误,所以,对所采集的数据要进行必要的检查和编辑。采集的数据结果的好坏,直接影响数据建模的性能。

1. 空间测量数据构成特点

测绘空间数据源组成包括实测数据源和派生数据源,它们构建了空间数据采集与管理的技术体系,测量空间数据源如图 10-1 所示。

其中实测数据获取手段已实现智能化、多样化,从空天遥感到地面实测,从对陆地探测到对水下探测,从实地调查到既有数据再利用及新型传感器网络获取空间数据等,它们为空间数据库建模提供了强大支持。

第10章 空间数据的质量及采集误差分析

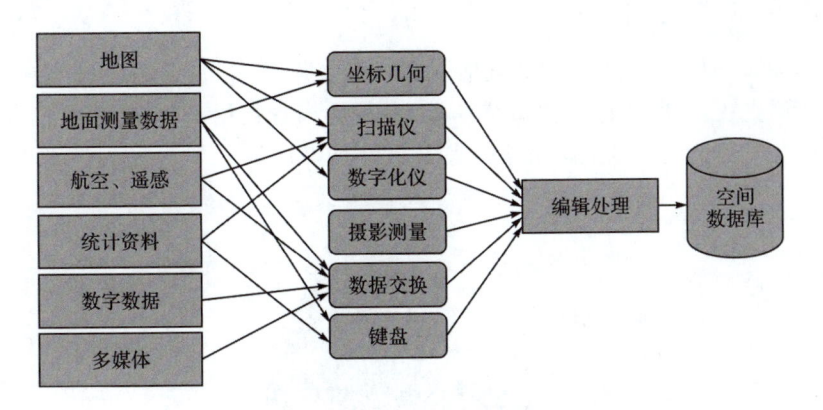

图 10-1 测量空间数据源

(1) 空天遥感数据源特性

空天遥感数据具有高空间分辨率、高光谱分辨率、高时间分辨率和高辐射分辨率等特点,涉及的传感器包括全色、多光谱、高光谱、红外、合成孔径雷达、激光雷达等多种类型,这些日益增多的遥感观测手段产生了大量格式不同、类型不同的数据源。表 10-1 描述的空天遥感数据源特性简称为 5V 特性,从侧面反映了数据的质量特性方面的要求。

表 10-1　　空天遥感数据源特性

特性	体量巨大	种类繁多	动态多变	真实准确	价值高
英文简称	Volume	Variety	Velocity	Veracity	Value
说明	短时间内大范围、多地区观测,如一张陆地卫星图像其覆盖面积可达3万平方千米	可获取地质、地貌、土壤、植被、水文等地物特征,揭示关联性,获取地物内部信息	动态、周期、重复对同一地区进行观测,跟踪发展变化,为研究自然界变化规律提供支持	获取观测地区自然现象最新资料并及时更新,反映地表事物形态、分布及其特征	受限条件少,在人力资源缺乏的地区,航天遥感可方便、及时获取各种地物的宝贵资料

(2) 地面实测数据源特性

地面实测数据源包括观测数据和建模数据。

① 观测数据,即现场获取的实测数据,它们包括野外实地勘测、量算数据、测站的观测记录数据、遥测数据等。

② 建模测定数据,即利用建模方法(尤其是地面激光扫描、近景摄影)测量的数据。

地面实测数据源特性见表 10-2。

表 10-2　　地面实测数据源特性

特性	设备普及	面向工程建设服务	采样灵活	全方位测量	几何精度高
说明	设备要求不高,尤其是各类电子水准仪、全站仪、GPS、测量相机等,物美价廉	提供建设工程全过程的勘测、放样、竣工等服务	可以实时获取服务对象测量数据,方便携带	从陆地到海洋,从室外到室内,服务于社会各行业	特征点采集精度可以根据需要从厘米级到亚毫米级选取

237

(3)派生数据源及特性

①图形数据,即各种地形图和专题地图获取的数据等;

②统计调查数据,即各种类型的统计报表、社会调查数据、网上爬虫数据等生成的包括空间数据及属性信息。网上爬虫数据来源如图10-2所示。

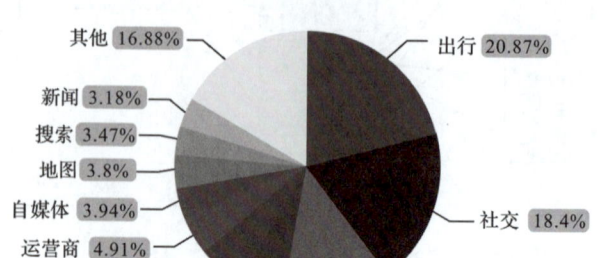

图 10-2　网上爬虫数据来源

网络平台提供了大量不同形式、不同内容、不同格式的可开发、可利用的测绘成果资源。如谷歌、百度地图资源。

10.2　空间实测数据误差

1. 空间数据测量误差来源

实测数据误差来源如图10-3所示,具体说明如下:

(1)测量仪器误差:由于仪器本身的缺陷或没有按规定条件使用仪器而造成的。

(2)测量理论误差(方法误差):这是由于测量所依据的理论公式本身的近似性,或现场条件不能达到理论公式所规定的要求,或者是采集方法本身不完善所带来的误差。

(3)测量操作误差:由于观测者个人感官和运动器官的反应或习惯不同而产生的误差,它因人而异,并与观测者当时的状态有关。

(4)测量环境误差:外界大气环境、各种因素变化对测量过程的影响等导致的数据误差。

图 10-3　实测数据误差来源

2. 特征点采集元素测量误差

(1)高程测量主要误差

在高程数据采集中,无论采用水准测量(图10-4(a))还是三角高程测量(图10-4(b))等方式,造成采集误差的主要因素也是观测误差、测量仪器误差和外界环境这三方面,高程测量误差来源见表 10-3。

表 10-3　　　　　　　　　　　高程测量误差来源

误差来源	分类	水准高程	全站仪三角高程
仪器误差	固定误差	水准尺倾斜误差、轴系误差	度盘误差、轴系误差
	随机误差	水准尺晃动	信号噪声
观测误差	操作误差	气泡居中误差	仪器对中、整平误差
	读数误差	水准尺读数误差	角度读数
	照准误差	望远镜放大倍数、目标的形状、人眼的判别能力、目标影像的亮度及清晰度	同左
外界环境	无	气流抖动、地球曲率及大气折光	同左

(a) 水准测量　　　　　　　　(b) 三角高程测量

图 10-4　高程测量误差来源

(2) 角度测量误差

全站仪角度自动测量如图 10-5 所示，无论采用何种测角方式，角度测量的误差主要来源于仪器误差、观测误差以及外界环境的影响等几个方面。角度测量误差来源见表 10-4。

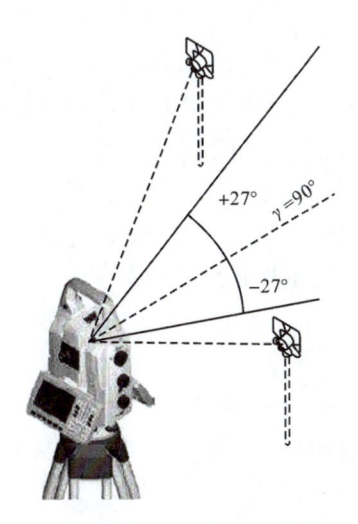

图 10-5　全站仪角度自动测量

表 10-4　　　　　　　　　　　　　角度测量误差来源

来源	分类	光学测角	电子测角
仪器误差	固定误差	度盘误差、轴系误差	度盘误差、轴系误差
	随机误差	—	信号噪声
观测误差	操作误差	对中、整平	对中、整平
	读数误差	估读	零点漂移
	照准误差	望远镜放大倍数、目标的形状、人眼的判别能力、目标影像的亮度及清晰度	同左
外界环境		无	气流抖动	同左

（3）距离测量误差

采用机械式测量，如钢尺测距，在直线定线、量距过程中均可能产生误差。而基于电磁波类的测距误差则与其测量模式产生的误差有关。距离测量误差来源见表 10-5。

表 10-5　　　　　　　　　　　　　距离测量误差来源

测距方式	钢尺测距	电磁波测距	GPS 测距
误差来源	①定线误差 ②尺长误差 ③钢尺的倾斜误差 ④温度变化的影响 ⑤拉力大小的影响 ⑥钢尺垂曲的误差 ⑦丈量误差	①真空中光速 c 的确定误差 ②折射率 n 的确定误差 ③测距仪调制频率 f 的误差 ④相位 j 的测定误差 ⑤仪器加常数 k 的测定误差 ⑥仪器周期误差 A ⑦照准误差	①卫星有关误差 包括星历误差、卫星钟差 ②传播途径误差 包括电离层折射、对流层折射、多路径效应 ③与接收机的误差 包括接收机钟差、接收机的位置误差、接收机天线相位中心偏差

3. 线扫描式测点误差

激光扫描过程中，仪器的架设误差以及目标物体反射面倾斜度、反射面粗糙程度等会影响扫描的精度。此外，扫描误差也与扫描方式有关。

（1）脉冲式激光扫描误差

①仪器本身的系统误差是脉冲式激光测速仪的主要误差，如晶体振荡器的振荡频率稳定度、接收系统的响应时间以及激光脉冲宽度等。

②激光在传输过程中与大气相互作用，产生的随机误差又称偶然误差。

（2）相位式激光扫描误差

①外界环境：环境噪声、扫描对象材质等。

②激光测距距离误差：一般相位式激光扫描作业距离较短，如果距离变大，精度影响也大。

③扫描角的影响：水平扫描角和竖直扫描角测量的影响。目前扫描角测量可达很高的精度，如 Trimble GX 三维激光扫描仪的扫描精度可达到 ±0.3″。

4. 影像面阵采集误差

（1）无人机影像数据几何误差

①像片的地面分辨率和影像质量。在传统无人机航测法成图过程中存在像片控制测量误差、空中三角测量误差、立体像对定向误差、立体采集过程中的位置判定误差等。

②镜头畸变。无人机航摄采用的相机一般为非量测型全画幅相机，镜头畸变大，尤其是边缘部分。尽管可以根据相机畸变参数对像片进行畸变纠正，但纠正过程中会产生纠正误差。

③像片外方位元素误差。一般的无人机没有配置高精度惯导装置，仅采用普通 GPS 进行定位导航，所以在相机曝光时与记录的 GPS 位置不一致。

（2）卫星影像数据几何误差

①拍摄设备和拍摄方式误差

A. 卫星姿态变化引起图像平移、旋转、扭曲和缩放。

B. 拍摄基高比过小。像片重叠度越大基线越短，基高比就越小。正常情况下，卫星影像基高比为 0.15 左右，远小于传统摄影的 0.50。如果在保证具有三度重叠的前提下，尽量减小像片重叠度或使 CCD 阵面的长边与摄影航线相一致，可以大大增加基高比，提高地面点高程量测精度。

C. 卫星位置信息的不准确，引起遥感数据的位置误差。

D. 地形和地物高度变化，引起像点位移和比例尺改变。

②外界因素

地球自转和地球曲率对卫星图像的影响、大气折射对成像质量的影响。

10.3 评估空间数据质量的指标

评估空间数据质量的指标主要包括 9 个方面，如图 10-6 所示。

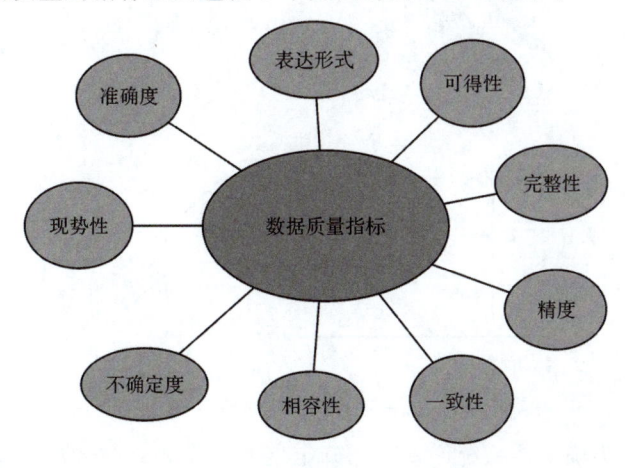

图 10-6 评估空间数据质量的指标

具体解释如下：

1. 空间数据准确度（Accuracy）

空间数据的准确度被定义为测量结果与计算值、估计值与真实值或大家公认的真值的接近程度。

空间数据测量结果包含了信号和噪声，即测量数据＝被测量真值（信号）＋系统误差（噪声）＋随机误差（噪声）。图 10-7 为电磁波测距数据信号包含的误差。

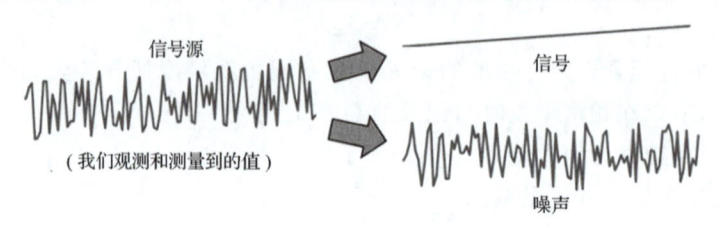

图 10-7　电磁波测距数据信号包含的误差

如果测量数据不存在系统误差也不存在粗差，则说明数据准确度高。

（1）系统误差定义

系统误差定义为在重复性条件下，对同一被测量对象进行无限多次测量所得结果的平均值与被测量的真值之差。系统误差是采集过程中某些固定的原因引起的一类误差，它具有重复性、单向性、可测性。即在相同的条件下，重复测定时误差会重复出现使测定结果系统偏高或系统偏低，误差数值大小也有一定的规律。系统误差是定量分析中误差的主要来源。

系统误差如图 10-8 所示，例如，卡尺测量的结果虽然精密度不错，但由于卡尺系统误差的存在，导致测量数据的平均值显著偏离其真值。

如果能找出产生误差的原因，并设法测定出其大小，那么系统误差可以通过校正的方法予以减小或者消除。

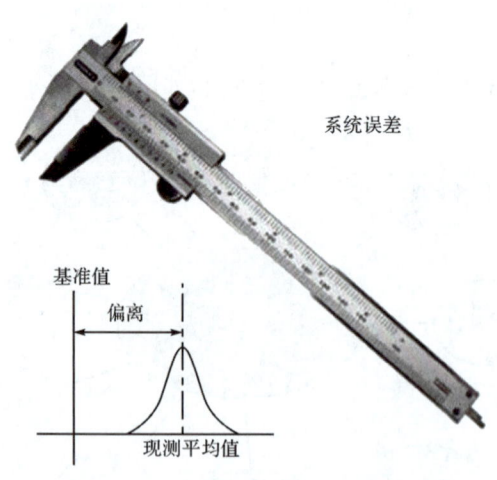

图 10-8　系统误差

系统误差又分为确定性系统误差和非确定性系统误差。前者指误差绝对值和符号已经确定的系统误差，而后者是指误差绝对值和符号未能确定的系统误差。

(2)粗差定义

粗差为由于观测者的疏忽所造成的错误结果或超限的异常误差,数据存在粗差如图 10-9 所示。例如瞄错观测目标、读数错误和记录错误等。粗差的存在将大大影响结果的可靠性,甚至导致出现完全错误的结果。

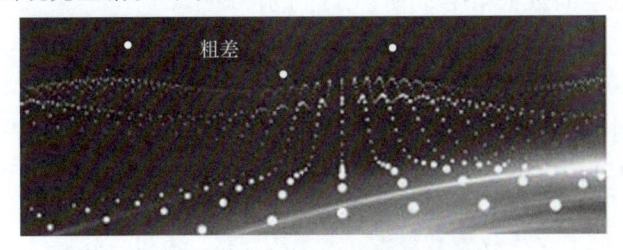

图 10-9　数据存在粗差

采集的影像海量数据中,除了含有系统误差与偶然误差外,经常还有混进的粗差,如果不对这些粗差予以剔除而直接进行平差,势必会影响数据模型平差的质量和结果。

① 粗差对数据模型影响

对于模型关键位置(如模型接边或边缘),如果在原始测量数据上存在粗差,可能模型预测的结果就会截然不同。粗差与数据模型关系如图 10-10 所示,当存在箭头所指的粗差时,代表预测方向的虚线就会改变。

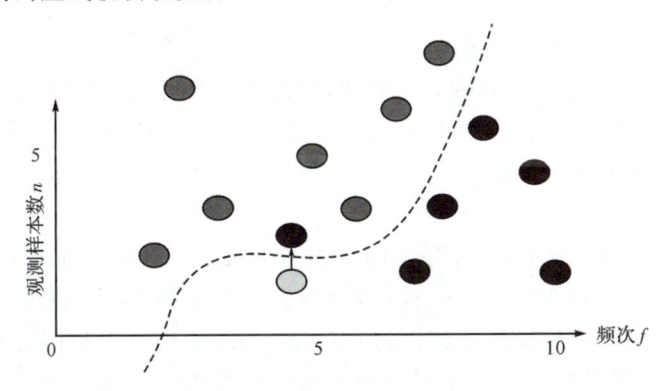

图 10-10　粗差与数据模型关系

② 空间数据采集中粗差产生原因

A. 外界条件

在测量过程中,由于外界条件的干扰、外界条件的突变、测量状态的瞬间改变等因素所产生的粗差。

B. 测量仪器

测量仪器本身存在缺陷,使用前未经检验,或者测量仪器某些部件的偶然失效等因素引起的测量粗差。

C. 人为因素

由于测量人员的疏忽、麻痹大意等出现读数错误、记录错误、测量错误、计算错误等,或者工作责任心不强、过度疲劳、缺乏经验、操作不当等。这些均是由于人为的因素所造成的粗差。

2. 空间数据精度(Precision)

数据的精度是指采集的数据所表示的精密程度,亦即数据表示的有效位数。根据不同比例产品的需要,其精度表示不同。如影像系列中常采用影像金字塔来表达空间数据精度,基于金字塔的空间数据精度如图 10-11 所示。

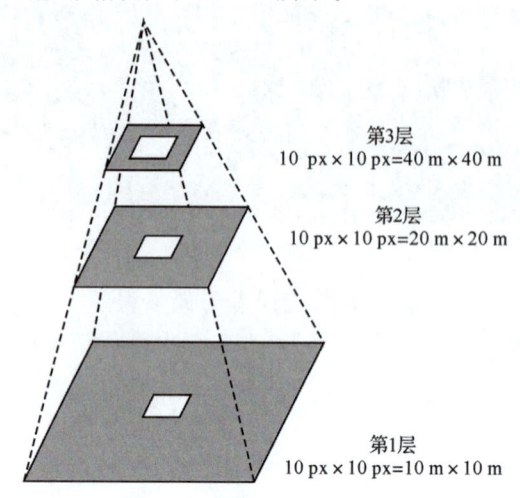

图 10-11　基于金字塔的空间数据精度

(1)不同比例尺的空间数据精度

比例尺是地图上记录的距离和它所表现的"真实世界的"距离之间的一个比例。地图的比例尺将决定地图上一条线的宽度所表现的地面的距离。例如,在一个 1∶10 000 比例尺的地图上,一条 0.5 mm 宽度的线对应着 5 m 的地面距离。如果这是线的最小的宽度,那么就不可能表示小于 5 m 的实体。

比例尺精度:通常人眼能够分辨的图上最小距离是 0.1 mm。即人描绘地形图时的精度只能达到 0.1 mm。图上 0.1 mm 所对应的实地水平距离称为比例尺精度。

比例尺不同,比例尺精度则不同。这意味着,不同比例尺地形图,测绘精度应不同。测绘大比例尺地形图成本相对较高,且对于不同的目的和用途,所要求地形图的比例尺与精度并不相同。不同比例尺地形图比例尺精度效果如图 10-12 所示,1∶500 比例尺精度为 5 cm,而 1∶5 000 比例尺精度为 5 dm。

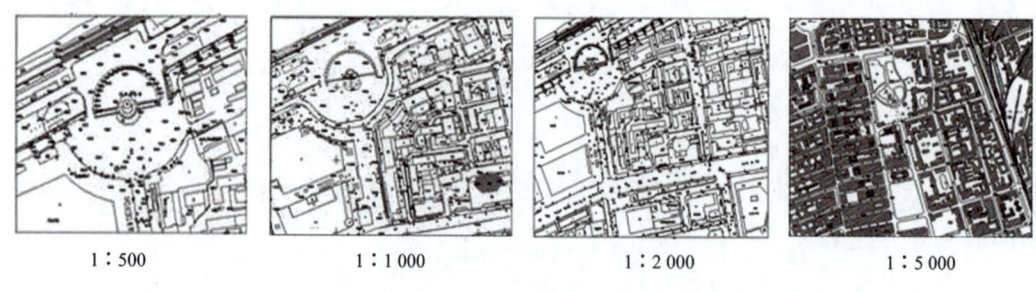

图 10-12　不同比例尺地形图比例尺精度效果

(2)影像数据精度之空间分辨率(Spatial Resolution)

空间分辨率是空间目标可辨识的最小尺寸,以地面采样距离(Ground Sampling

Distance,GSD)作为评判指标。GSD 表示数字影像中单个像元对应的地面尺寸,它描述了两个连续像素的中心点之间的距离。

对于数字航空影像或航天遥感影像,其影像分辨率通常指地面采样距离。其计算公式如下:$GSDh$=(飞行高度×传感器高度)/(焦距×图像高度);$GSDw$=(飞行高度×传感器宽度)/(焦距×图像宽度)。$GSDh$ 和 $GSDw$ 分别指单像元的高、宽对应的地面长度。

如 GSD 为 5 cm/px,代表一个像素表示实际 5 cm×5 cm 的大小。

不同空间分辨率影像如图 10-13 所示,不同卫星遥感影像上呈现的最小可分辨的地物目标大小不同。

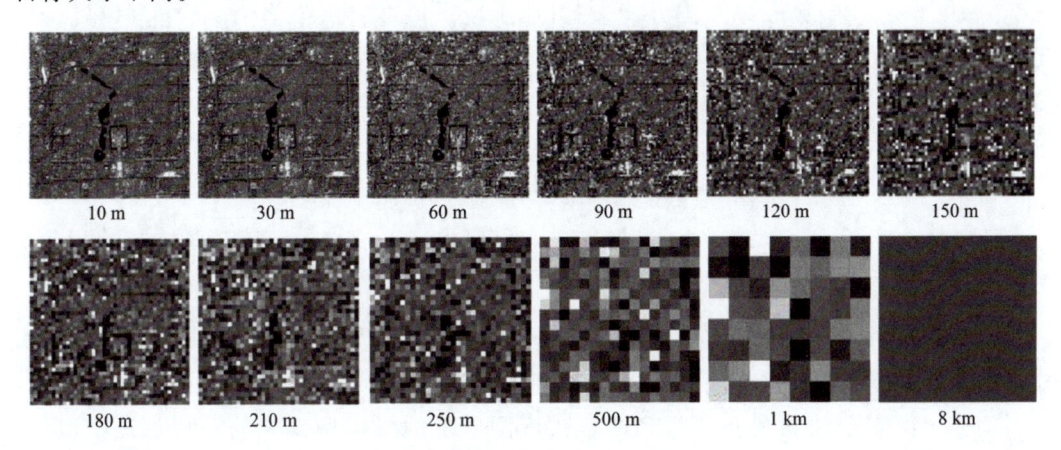

图 10-13 不同空间分辨率影像

在一个图形扫描仪中,GSD 最小的物理分辨率从理论上讲是由设施的像元大小来确定的。

3. 空间数据不确定性(Uncertainty)

空间数据不确定性是关于空间过程和特征不能被准确确定的程度。它是自然界各种空间现象自身固有的属性。在内容上,它是以真值为中心的一个范围,这个范围越大,数据的不确定性也就越大。这在数学上称为离散性大。

空间数据不确定性是空间数据采集中无法回避的事实存在。数据采样的近似和数学模型的抽象,综合造成了空间数据的不确定性。

如土地信息系统(Land Information System,LIS)的不确定性就包括空间位置的不确定性、属性不确定性、时域不确定性和逻辑上的不一致性及数据的不完整性。另外,空间概念和空间数据之间的转换是定性定量转换的基石,也具有不确定性。

对于测量实体,由于数据的不确定性存在,就不能很恰当地评估出测量实体是否满足规范要求。一般采用中误差这一指标对这组观测量的不确定度或随机误差大小进行评估。

(1)评定空间数据观测值不确定度指标

在相同的观测条件下,对某个固定量作一系列的观测。如果观测误差的符号和大小都没有表现出一致的倾向,即表面上没有任何规律性,例如读数时估读小数的误差,这种误差称为偶然误差即随机误差。评定其质量的指标为中误差(均方根误差)。

观测量偶然误差分布曲线如图 10-14 所示,从统计学观点看,偶然误差一般服从正态分布,而描述正态分布曲线的密度函数 $f(\Delta)$(一维)见式(10-1):

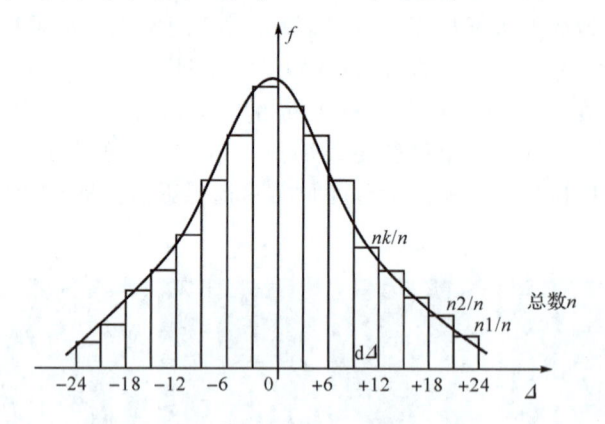

图 10-14 观测量偶然误差分布曲线

$$f(\Delta)=\frac{1}{\sqrt{2\pi}\sigma}e^{-\frac{\Delta^2}{2\sigma^2}} \tag{10-1}$$

可以证明当 $f''(\Delta)=0$ 时,$\Delta_{拐}=\pm\sigma$,称 σ 为标准差,σ 反映了曲线的误差离散程度或观测值总体精度大小。当观测值有限时,可用 $\hat{\sigma}$ 代替。

而评定由 n 个独立观测值得到的一次观测质量的指标中误差 m,可以按式(10-2)确定。

$$m=\hat{\sigma}=\pm\sqrt{\frac{[\Delta^2]}{n}} \tag{10-2}$$

上述一维观测误差分布也可以拓展为二维到多维空间点误差分布描述,图 10-15 所示为二维空间点 (X,Y) 偶然误差统计分布曲面特性。

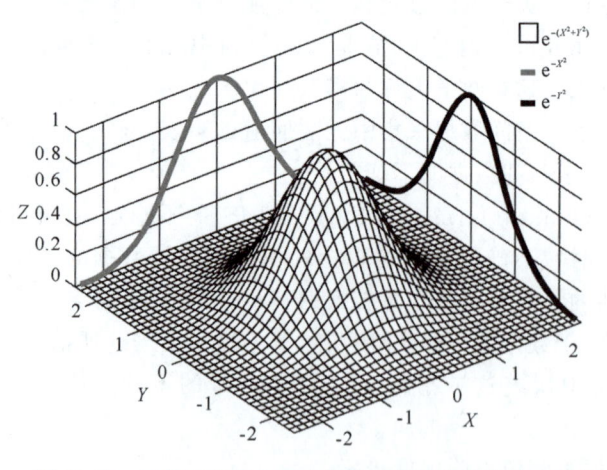

图 10-15 二维空间点 (x,y) 偶然误差统计分布曲面特性

基于图 10-15 所评定的空间观测点质量指标称为点位中误差 m_p,公式表达见式(10-3):

$$m_p=\pm\sqrt{m_X^2+m_Y^2+m_Z^2} \tag{10-3}$$

(2)测量数据精度分布可视表达方式

测量数据的集合是评估测量数据精度的基础,一般用观测值中误差、点位中误差等统计数值指标表示,但这些指标不能直观地反映观测数据精度的分布特点。如果利用误差数据对象构成可视化数据图,并根据数据对象特性以一维(高程值)、二维(平面坐标)、三维(空间坐标)的形式表示,则可以从不同的维度观察测量数据对象变化,从而对数据误差分布进行更深入的观察和分析。测量数据精度分布可视表达如图10-16所示,包括一维误差线段、二维误差椭圆、三维误差椭球。

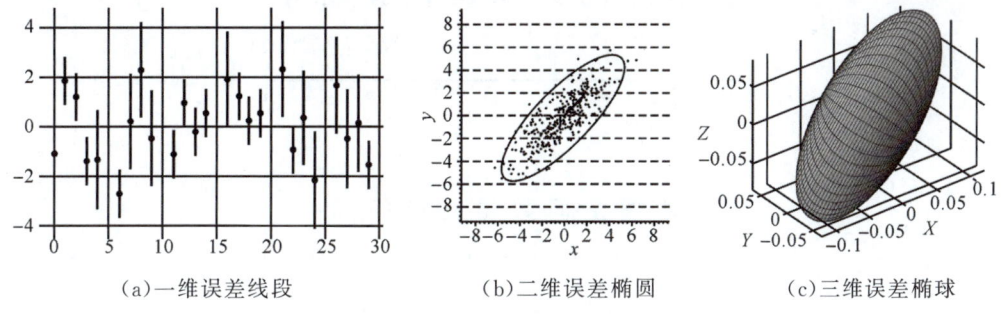

(a)一维误差线段　　(b)二维误差椭圆　　(c)三维误差椭球

图 10-16　测量数据精度分布可视表达

4. 空间数据相容性(Compatibility)

空间数据相容性是指两个不同来源的数据在同一个应用中使用的难易程度。

不同模型中空间数据相容如图10-17所示,如三维图层和二维图层的叠加,大、小比例尺地图的叠加使用等。在智能测绘大数据融合时代,空间数据相容性是一个非常关键的指标。

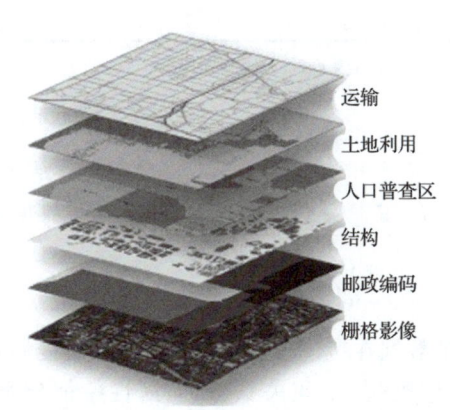

图 10-17　不同模型中空间数据相容

5. 空间数据一致性(Consistency)

空间数据一致性指地理数据关系上的统一和可靠性,包括数据结构、数据内容(空间特征、专题特征和时间特征),以及拓扑性质上的内在一致性。

空间数据的规范化与标准化一般要求如下:

(1)统一的地理基础:统一的地图投影系统、统一的地理坐标系统。

(2)统一的地理编码系统:统一分类编码原则应遵循科学性、系统性、实用性、统一性、完整性、可扩充性等原则。

(3)数据交换格式标准

数据交换格式标准是规定数据交换时采用的数据记录格式,主要用于不同系统之间数据交换。如图10-18所示为《地理空间数据交换格式》(GB/T 17798—2007)封面。

图 10-18 《地理空间数据交换格式》封面

空间数据值的不一致性存在于空间数据源内部及空间数据源之间,是空间数据规范化工作中常会遇到的。

6. 空间数据完整性(Completeness)

空间数据完整性指测量数据在范围、内容及结构等方面能满足所有要求的完整程度,包括测量数据范围、空间实体类型、空间关系分类、属性特征分类等方面的完整性。测量数据完整性从时间尺度反映,包括定位数据、非定位数据。空间数据完整性表达如图10-19所示。

如土地地块测量数据包括了土地位置的固定性、土地面积的有限性、土地质量的差异性、土地永续利用的相对性等。其中:

(1)土地位置的固定性决定了土地市场是一种不完全的市场。

(2)土地面积的有限性则表示土地数量的有限性。

(3)土地质量的差异性。不同地域,由于地理位置及社会经济条件的差异,土地构成的诸要素不同,最终表现在土地质量的差异上。

(4)土地永续利用的相对性。土地是一种非消耗性资源,在利用上具有永续性。

图 10-19　空间数据完整性表达

7. 空间数据可得性(Accessibility)

空间数据可得性指获取或使用数据的容易程度。尤其是公共数据的共享,可以提高数据的使用效率。

随着网络信息时代的来临,尤其是数字化、自动化技术的发展,智能数据采集系统的设计也得到了不断的改进和完善。

当今的空间数据采集技术实现了采集手段多样、采集数据海量、数据种类增多、数据网络智能化等多方面的发展。空间数据获取集成如图 10-20 所示,集成了 8 个不同种类数据源,空间数据可得性大为提高。

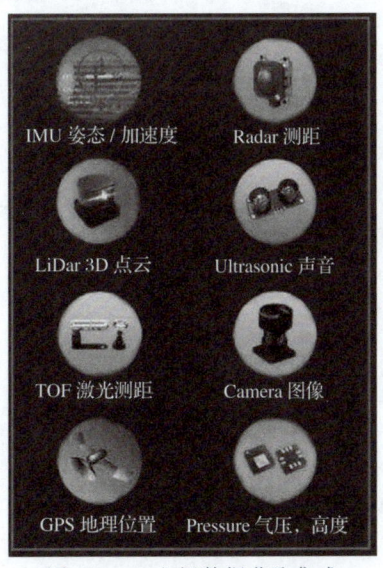

图 10-20　空间数据获取集成

8. 空间数据现势性(Timeliness)

(1)时间精度

空间数据现势性又称为时间精度,它可以通过数据更新的时间和频度来表现,又称空间数据的时态特征。

不同年代的流域变迁如图10-21所示,表现的是三维空间的时间精度。

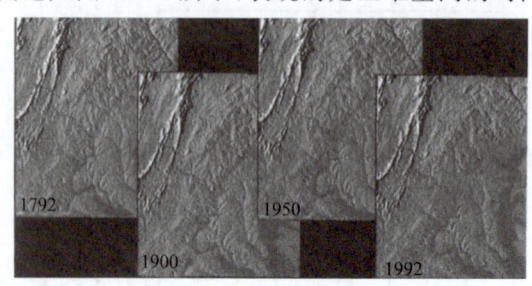

图10-21 不同年代的流域变迁

近年来随着智能测绘技术进步,空间数据的实时更新周期也在不断缩小,产品生产的层次也在扩展,空间数据的应用在深入和扩大。

(2)空间数据现势性与应用模型的可靠性关系

空间数据是许多与空间定位有关的专业建模的依据,空间数据的现势性与应用模型的可靠性关系描述如下:

空间数据稳定性(Stability):模型在运行期间实时数据运行结果不出错。

空间数据可靠性(Reliability):模型在不同数据层次上获取的成果正确可信。

空间数据可用性(Availability):模型在不同行业对象上均可以实时地转换输出。

数据的可靠性等级如图10-22所示,反映的是应用模型空间数据稳定性、可用性及可靠性间的关系。

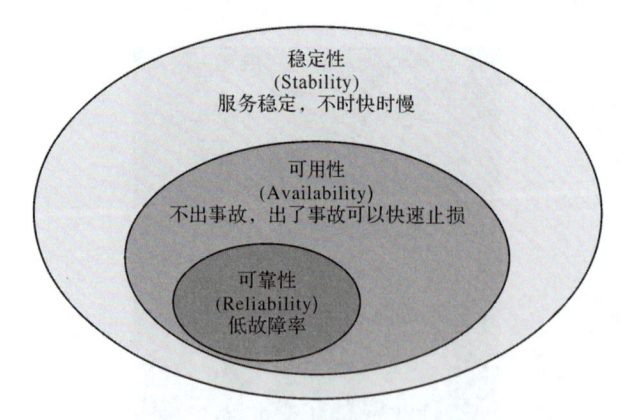

图10-22 数据的可靠性等级

9. 空间数据表达形式的合理性(Reasonable)

空间数据表达形式的合理性主要指数据拓扑抽象、数据可视表达与真实地理世界的吻合性,包括空间特征、专题特征和时间特征表达的合理性等。如图10-23所示为空间数据表达不合理现象,包括加油站设在小区内、铁路穿过小区、小区界线重叠等。

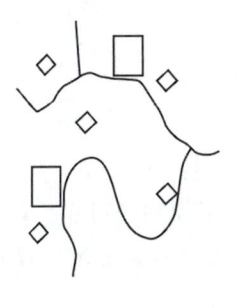

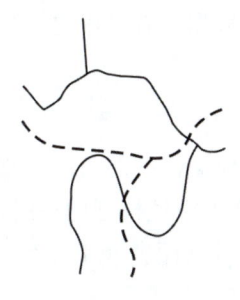

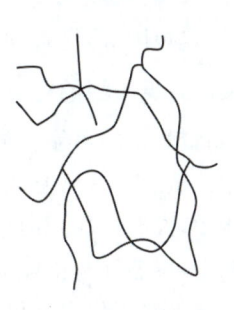

(a) 加油站在小区内　　　　(b) 铁路穿过小区　　　　(c) 小区界线重叠

图 10-23　空间数据表达不合理现象

10.4　空间数据模型可靠性评判

1. 海量空间数据模型质量问题

空间数据建模质量不高的原因(图 10-24)是多种的，主要包括：

(1) 多重异源数据不一致，如遥感影像数据、地面实测数据、LiDAR 采集车数据，基于不同时段、不同技术标准、不同取舍条件所造成数据不一致。

(2) 过松的输入限制。

(3) 冗余数据过多。

(4) 用户(政府、企业、个人)对数据的不同需求。

(5) 不同的编码方式造成不同的压缩效果。

(6) 可访问权限的限制。

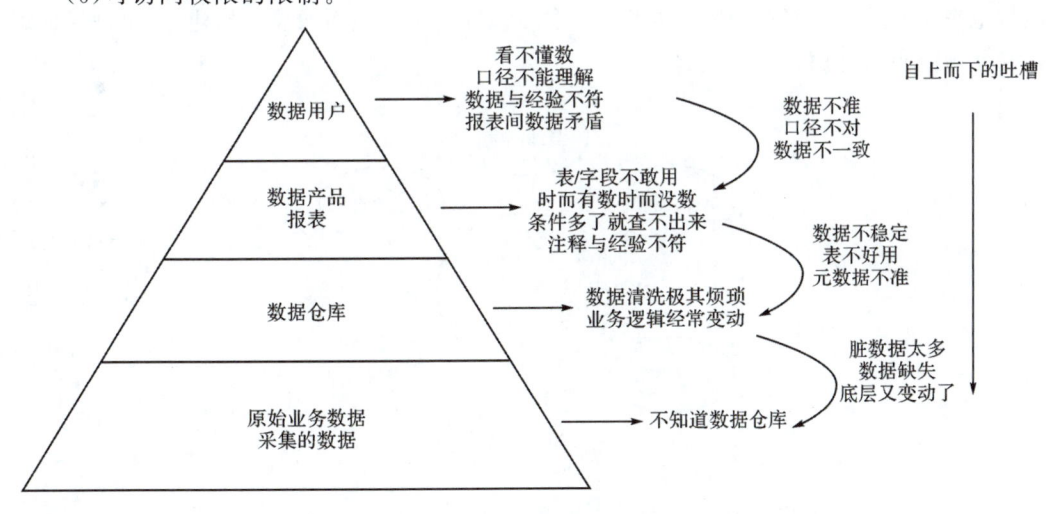

图 10-24　空间数据建模质量不高的原因

解决的基本方法有：使用统计分析的方法识别可能的错误值或异常值(如偏差分析、识别不遵守分布或回归方程的值)，分析空间数据模型可靠性；使用简单规则库(常识性规则、业务特定规则等)检查问题空间数据或者采用空间数据重组等。

2. 空间数据模型的可靠性

(1)测量数据的可靠性概念

可靠性概念是从研究测量平差模型误差的角度提出来的,在智能测绘的时代,大量的工程实践中,人们往往倾向于注重平差系统模型的精度,而忽略了模型的可靠性。

实际上,可靠性与精度同等重要,且两者并不等价。GPS精密单点定位中显示,高精度的解算结果并不代表其可靠性也好。

测量数据的可靠性定义,是指在相同测量条件下,对同一测量对象使用相同的测量手段,重复测量结果的一致性程度。

测量数据的可靠性和前述测量数据的准确性是两个不同的概念。在大多数情况下,测量的可靠性并不代表测量结果的准确性,原因如下:

①可靠性的引入是人们在无法测得真值,即无法确知测量误差的情况下,试图依靠多次重复测量,对结果进行确认的一种无奈之举。

②测量的可靠性是以测量方法的正确性和测量工具的精确性为前提的。

③对测量可靠性的估计,是与所使用的方法的信度计算方法相关联的。

根据巴尔达(Baarda)提出的测量系统"可靠性"理论,可靠性指标是衡量一个平差系统是否具有良好的抗御模型误差品质的参数,又称鲁棒特性。

可靠性指标包括测量空间数据平差系统中发现粗差的能力(内可靠性)和不可发现的粗差对平差结果的影响(外可靠性)。

(2)提高测量数据可靠性措施

①建立控制网,提高几何约束条件

国家或地方(及各项工程)各等级控制网测量是通过使用相应精密测量仪器和执行相应规范来实施的。平面控制网主要形式如图10-25所示。地面像控点的建立,也是保证影像测量中测点精度提高的措施之一。

图 10-25　平面控制网主要形式

②增加多余观测

增加多余观测即增加实体观测值 l_i 的重复次数。对于等精度的同系列重复观测,一

一般认为算术平均值 $\bar{l}$ 是最可靠的,其公式为式(10-4)

$$\bar{l}=\frac{l_1+l_2+\cdots l_n}{n} \tag{10-4}$$

一般来说,观测次数 n 越多,观测精度 m 也能提高。如图 10-26 所示反映了观测精度与观测次数的关系。

(3) 系统误差及粗差消除

①利用观测手段或物理方法消除系统误差

如长度测量中尺子的刻度与温度影响的修正、GPS 差分技术消除系统误差。

②提高测量空间模型的抗差鲁棒性

采取一些技术措施消除粗差,这对提高测量空间模型的抗差鲁棒性(Robustness)是有帮助的。如统计分析模型建立,约束条件平差模型应用等手段。

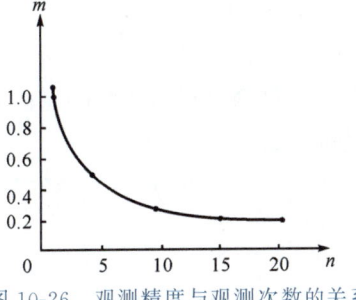

图 10-26 观测精度与观测次数的关系

现代智能测量设备,如 GPS、InSAR、测量机器人等的应用,一方面给测量采集空间点带来了很大的方便,但同时也带来了许多系统误差及粗差问题。比如 GPS 测量中,由于卫星在遥远的太空中运行,与地面接收机之间需要通过电磁波信号传播,这些信号要通过厚厚的电离层、大气层,电离层的折射、大气层中的尘埃、地面多路径效应等均会对信号产生一些影响,从而带来了测距误差。如果这些误差不能合理地处理,将会给测量结果带来不可预测的影响。

因此数据采集过程中,无论是采集中还是采集后,均需要一定形式的平差计算参与,在 GPS 平差计算模型中,采用 GPS 差分技术可以明显消除系统误差影响,GPS 差分技术消除系统误差比较如图 10-27 所示。

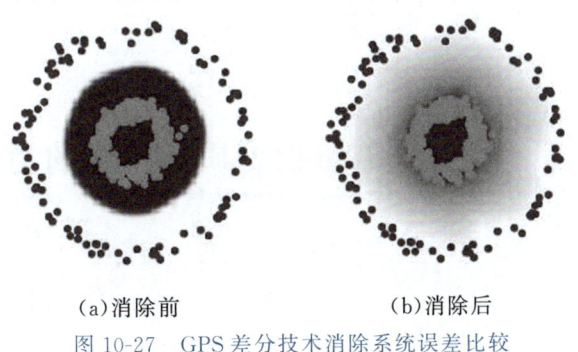

(a) 消除前　　　　　　(b) 消除后

图 10-27　GPS 差分技术消除系统误差比较

(4) 基于最小二乘的平差测量值可靠度

①最小二乘模型

1794 年,高斯首先提出了最小二乘原理,它主要用来解决利用含有误差的观测值求最优估值的问题,即基于满足式(10-5)条件下求得的最可靠值。

$$[pvv]=p_1v_1^2+p_2v_2^2+\cdots+p_nv_n^2=\min \tag{10-5}$$

这里 v 称为观测值的改正数,p 为观测值权。

$$v_i=\hat{L}-l_i \tag{10-6}$$

式中 $\hat{L}$ 称为最可靠估值。

②权与观测成果可靠度关系

权是表征观测值对结果的影响大小的指标,用于机器学习、神经网络建模计算等许多方面。

测量中,可根据不同精度观测值中误差 m 的平方倒数来定义相应的权 p(式(10-7)中 C 为常数)。

$$p=\frac{C}{m^2} \tag{10-7}$$

权是衡量观测精度高低的相对指标。而测量中误差则是衡量观测精度高低的绝对指标。

当一组观测值 L_i 对应的权为 p_i 时,可以得到这组观测值的最优(可靠)的观测值 $\hat{L}$:

$$\hat{L}=\frac{p_1L_1+p_2L_2+\ldots+p_nL_n}{p_1+p_2+\cdots+p_n} \tag{10-8}$$

$\hat{L}$ 称为加权平均值。可以看出,算术平均值是等权时的最可靠估值。

实例:水准测量结点最可靠估值计算。

如图 10-28 所示为结点的水准测量控制网,从图中观测数据可以得到:

$H_P=H_A+h_1$,或 $H_P=H_B+h_2$,或 $H_P=H_C+h_3$

由于水准测量权定义:$p=1/S$,S 为分段线路长,h 为对应线段高差,因此结点 P 最可靠的高程 H_P 应为

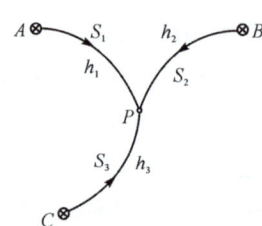

图 10-28 结点的水准测量控制网

$$H_P=\frac{p_1\times(H_A+h_1)+p_2\times(H_B+h_3)+p_3\times(H_C+h_3)}{(p_1+p_2+p_3)} \tag{10-9}$$

10.5 数字测量模型质量检查的指标

1. DLG 模型

①位置精度检查

位置精度检查是指地物的空间坐标与真实位置的接近程度,常表现为坐标数据的精度。DLG 的高程数据通常以属性项的形式存在于属性数据中,因此位置精度检查主要包括平面精度、接边精度等。具体的检查内容为图廓点精度、公里格网精度等。

②属性精度检查

属性精度是指空间实体的属性值与其真值相符合的程度,通常用文字、符号、数字、注记等表达。如地形图中建筑物的结构、层数,各要素的编码、层、线型等。

具体检查内容为地物的层是否正确,各层的属性结构、各项属性值是否正确,有无遗漏,接边处要素的属性值是否一致等。

③逻辑一致性检查

逻辑一致性检查主要是指检查图面上各要素的表达与真实地理世界的吻合性、图形间的相互关系是否符合逻辑规则,如图形的拓扑关系是否正确,以及与现实世界的一致性。具体检查内容包括各要素间关系的合理性、线状符号的整体性、有无间断点、点状符号与线状符号的协调性与一致性、面状地物的拓扑关系、接边处要素的符号表达是否一致等。

④要素完整性及正确性检查

要素完整性及正确性检查是指对地物是否遗漏,以及要素特征表达的正确性进行检查。数字化生产容易产生遗漏,数据格式转换的产品容易产生要素表达不正确的问题。具体检查内容包括要素是否有遗漏,要素表达是否正确、完整,注记是否正确等。

2. DEM 模型检查

①原始数据采集误差检查,如采样点密度和分布、人为误差、采点设备误差、数据源误差。

②DEM 构造误差检查包括 DEM 数据结构、内插方法、地形特征描述等。

3. DOM 模型检查

DOM 模型检查主要包括空间参照系、精度、影像质量、逻辑一致性和附件质量五个方面。

①空间参照系检查:空间参照系检查包括大地基准、高程基准和地图投影 3 个方面。大地基准检查的主要内容是采用的平面坐标系统是否符合要求。高程基准检查的主要内容是采用的高程基准是否符合要求。地图投影检查的主要内容是所采用的地图投影各参数是否符合要求。

②精度检查:精度检查包括检查影像点平面位置中误差、同名地物点位置中误差。

③影像质量检查:主要包括正射影像地面分辨率、数字正射影像图图幅范围、色彩模式、色彩特征、影像噪声、影像信息丢失等内容。

④逻辑一致性检查:逻辑一致性检查主要包括数据文件的组织存储、数据格式、数据文件完整性和数据文件命名等内容。

⑤附件质量检查:主要包括元数据、图历簿、附属文件等。

10.6 实景三维建模质量评估

1. 实景三维质量评估指标

实景三维质量评估指标又称为结构精度,是评估三维模型对真实地物结构还原度的指标。

实景三维质量评估指标如图 10-29 所示。说明如下:

(1)影像精度/地面分辨率:地面分辨率不同,识别信息的能力也不同,也就影响图中模型精细度、DOM 分辨率甚至地形表现精度。

(2)位置精度:其中像控点质量是影响模型位置精度一个很重要的因素,包括模型的平面和高程精度。

(3)纹理精度:是模型的纹理对实际地物纹理的还原程度。而原始影像质量是影响纹理精度的最大原因。

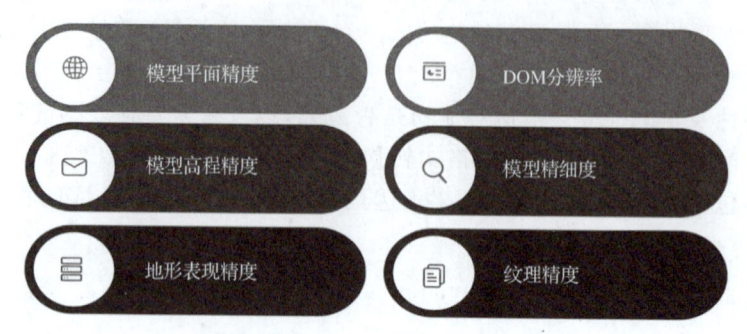

- 模型平面精度
- 模型高程精度
- 地形表现精度
- DOM分辨率
- 模型精细度
- 纹理精度

图 10-29　实景三维质量评估指标

2. 实景三维建模误差

实景三维建模主要采用无人机倾斜摄影技术来实现。而既然要做到实景建模,当然希望模型效果要尽可能地反映真实世界。但是直接通过现有建模软件生成的三维模型肯定有瑕疵,而这些瑕疵可能是由原理性因素与主观性因素两种情况造成的。

(1)倾斜摄影现场测量误差

基于无人机倾斜摄影实景测量技术生成的初始三维模型具有不同类型的畸变情况:首先,无人机姿态变化、颠簸等操作,会直接导致无人机倾斜摄影影像重叠度变小,发生几何畸变,进而导致无人机倾斜摄影实景三维模型出现凸包、破洞等情况。其次,大气环境噪声、不同时段光照变化,均会导致无人机倾斜摄影实景三维模型出现飞面、凸包、纹理不均、破洞等情况。最后,影像主控点落水、影像分辨率不足、影像模糊等问题,均会导致无人机倾斜摄影实景三维模型地物模型边缘平滑度不足、水面缺失等问题。

① 特殊场景误差

单一纹理面的建筑特征缺失如图 10-30 所示,模型无法反映物体真实纹理信息的反光面,例如水面、玻璃、大面积单一场景纹理面的建筑物。

图 10-30　单一纹理面的建筑特征缺失

场景中慢速运动的物体,例如十字路口的汽车产生的模型拉花(图10-31)。

图10-31 十字路口的汽车产生的模型拉花

场景中随风晃动的植被、无法匹配特征点或者匹配的特征点误差较大的场景,例如树木、灌木丛拉花(图10-32)。

图10-32 树木、灌木丛拉花

场景中复杂、镂空的建筑物。例如护栏、基站、铁塔、高压线、镂空的电塔等(图10-33)。

图10-33 镂空的电塔场景

对于上述1、2类型场景,无论怎么提高原始数据质量,模型效果都不会有太大改善,甚至有可能随着模型分辨率的提高,建模的效果还会更差。而对于3、4类型场景,虽然可以通过提高模型分辨率来改善一定的模型效果,但是仍然很容易出现空洞和拉花,而且低效。

现有主流倾斜摄影三维建模软件的原理都是基于影像特征点提取和匹配来实现模型建立的。而这四种场景下的模型瑕疵,是由倾斜摄影原理性问题导致的。在现阶段,这类问题在建模时是不可避免的。

②影像采集误差

影像采集误差主要是由航飞作业参数的设置、航飞光影条件、数据采集设备、建模软件等主观因素变化导致的。其表现为三维模型建筑物出现重影、整体拉花、融化、光影严重斑驳、建筑错位、变形、建筑粘连等问题。三维建筑模型扭曲如图10-34所示。

图10-34　三维建筑模型扭曲

(2)三维建模基础辅助资料误差

基础辅助资料的数据分布广、数量大、多源、多尺度、多比例、多分辨率且具有矢量和栅格等多种数据形式。同时,由于数据资料的投影方式、坐标系统、格式、作业方式、作业时间、数据质量、编码方案、采用的标准等一系列描述信息的不确定性,必然存在着资料杂、精度低、可比性差、利用率低的现实问题。

3. 提高倾斜摄影建模可靠性的措施

初始生产的基于无人机的倾斜摄影实景三维模型一般不能满足实际工程应用需求。因此,应在初始模型构建的基础上,利用几何修复、细节整理装饰、纹理修补等措施,对无人机倾斜摄影实景三维模型进行二次优化措施。

(1)几何修复主要针对无人机倾斜摄影实景三维模型破洞、凸包等问题,进行修补、抹平还原。同时筛除飞面碎部。

(2)细节整理装饰主要是利用替换或者修补措施,进行重要地物、标志物的处理。

(3)纹理修补则是通过替换、修补等措施,进行不均匀纹理处理。

另外,还可以结合传统建模优势,针对无人机倾斜摄影实景三维模型中待改进地物目标或者区域,进行二次处理以满足规划设计。

第10章 空间数据的质量及采集误差分析

本章知识点概述

1. 空间测量数据源构成。
2. 空间数据测量误差（点、线、面）。
3. 空间数据质量的评判指标。
4. 空间数据模型可靠性评判。
5. 数字模型可靠性与空间数据质量（DLG、DOM 质量）。
6. 实景三维建模质量评估。

思考题

1. 什么是测量误差？什么是不确定度？二者有何联系和区别？
2. 测量数据的偶然误差和系统误差及粗差间有何区别？
3. 空间测量数据的误差主要来源是哪些？
4. 内可靠和外可靠指标的特点分别是什么。
5. 评估空间数据质量的指标有哪些？
6. 介绍空间测量数据库数据构成元素。
7. 简述测量数据优化与最小二乘法关系。
8. 分析空间数据可靠性与精度有何关系。
9. 实景三维建模质量的评判标准是什么？
10. 列举提高倾斜摄影建模可靠性的措施。
11. 简述控制网建立目的。介绍平面控制网常用形式。

参考文献

1. 宁津生等《测绘学概论》,武汉大学出版社,2005
2. 刘先林,新时代,新测绘,南方测绘新型测绘技术全球实战直播,2020—04
3. 陈军,刘万增,武昊,智能化测绘的基本问题与发展方向,《GIS前沿》2021—09
4. 张祖勋,张剑清,《数字摄影测量学》,武汉大学出版社,2002年
5. 陈鹰,《遥感影像的数字摄影测量》,同济大学出版社,2004年
6. 李德仁,王树良,李德毅,《空间数据挖掘理论与应用》,科学出版社,2008
7. 李志林、朱庆,《数字高程模型》,武汉大学出版社,2005
8. 汤国安,张友顺等,遥感数字图像处理,科学出版社,2005
9. 冯文灏,《工业测量》,武汉大学出版社,2004年
10. 熊小东,倾斜摄影测量原理与关键技术,勘测联合网,2016—11
11. 张勤,李家权,《GPS测量原理基应用》,科学出版社,2005
12. 伊晓东等《测量学教程》,大连理工大学出版社,2023
13. 杨伯钢,高精尖工程测量介绍,测绘大讲堂,2021—05
14. 张祖勋,大数据摄影测量与全球测图,2021年自然资源监测与"双高"示范省建设高峰论坛,2021
15. 安锐测控,基坑施工结构安全自动化监测系统测点布设,2022—01
16. 李德仁,基于天地互联网的智能遥感卫星,测绘之家,2022—08
17. 刘基余,《GPS卫星与导航定位原理与方法》,科学出版社,2003
18. 丁龙远,新时代下的实景三维江苏建设,实景三维中国建设第五期,2022
19. 辽宁港口集团有限公司,港口设施智能巡检技术与装备研究报告,2021—07
20. 高井祥,王坚,李增科,智能背景下测绘科技发展的几点思考,武汉大学学报(信息科学版),2019
21. 上海航鼎电子科技发展有限公司,基于全息智慧杆的地上地下一体化工程监测全过程解决方案,2020—03
22. 《数字测绘成果质量检查与验收》(GB/T 18316—2008)
23. 刘晓文,杨晓琳,王啸晨,土石方快速测算的方法研究,北京测绘,2022—6
24. 马海志,基于安全测量技术的"地网"建设研究,现代测绘技术讲座,2021—05
25. 舒宁,《激光成像》,武汉大学出版社,2005年
26. 张祖勋,贴近摄影测量由来与含义,GIS前沿,2019
27. 王任享,我国卫星摄影测量发展及其进步,中国测绘学会,2022
28. 肖青,无人机遥感数据获取与应用,智慧城市大讲堂,2022
29. 《城市测量规范》CJJ 8—2011,中国建筑工业出版社,2011
30. 全站仪使用说明书 RTS005A,苏州一光仪器有限公司

31. 《工程测量规范》(GB 50026—2020)
32. 《建筑变形测量规程》JGJ/T8—2016,中国建筑工业出版社,2016
33. 《建筑基坑工程监测技术规范》(GB 50497—2019)
34. 《卫星定位城市测量技术标准》GJJ/T 73—2019
35. HIT 夜枭,SAR 成像系列:干涉合成孔径雷达(干涉 SAR,Interferometric SAR, InSAR)
36. John R.Jensen,《遥感数字影像处理导论》,科学出版社,2007
37. 吴学伟、伊晓东,《GPS 定位技术与应用》,科学出版社,2010
38. 汤国安、刘学军、闾国年,《数字高程模型及地学分析的原理与方法》,科学出版社,2005
39. 谢酬,干涉测量地表形变监测,中国科学院遥感与数字地球研究所,2016
40. 《数字航空摄影测量 空中三角测量规范》GB/T 23236—2009
41. 郭丙轩,无人机影像获取与处理,武汉大学测绘遥感信息工程国家重点实验室,2016
42. 东方道迩技术白皮书,LiDAR 技术特点及应用介绍,北京东方道迩信息技术有限责任公司,2010
43. 测绘家,徕卡 RTC360 扫描仪在钢结构变形分析中的应用,测绘家,2021
44. IBIS—L 在大坝微变形监测方面的应用,北京博泰克机械有限公司,2009
45. 中国水利水电科学研究院,北京模型(中心城区洪涝模拟模型),水务与数字孪生讲座,2022 年
46. 李德仁,关于推进实景三维中国建设的若干思考,第 15 届中国智慧城市大会,2022
47. 视觉 SLAM 与激光 SLAM 区别,思岚科技,2022
48. 宋关福,无人机遥感+GIS 大有可为,无人机组网遥感比测高端论坛,2022
49. 浅析人工智能在测绘科技领域的影响,团力空间科技,2021
50. 航天北斗大连公司,红沿河核电站海水温度测量技术报告,2017 年
51. 《国家基本比例尺地图图式 第 1 部分:1:500 1:1000 1:2000 地形图图式》(GB/T 20257.1—2017)
52. 辽宁水工院,大连市地质灾害详细调查及重要隐患点风险调查项目工作总结报告,2022—09
53. 丁龙远,新时代下的实景三维江苏建设,实景三维中国建设第 5 期,2022
54. 邬伦、刘瑜、张晶等,《地理信息系统原理方法和应用》,科学出版社,2004
55. 张成才、徐志辉、孟令奎等,《水利地理信息系统》,武汉大学出版社,2005
56. 房纯钢、姚成林、贾永梅,《堤坝隐患及渗漏无损监测技术及仪器》,中国水利水电出版社,2010